"双证融通"试点配套教材

数控铣削加工

主　编　吴悦乐　钱　斌

副主编　须　丽　沙　乾

ZHEJIANG UNIVERSITY PRESS
浙江大学出版社

图书在版编目（CIP）数据

数控铣削加工 / 吴悦乐, 钱斌主编. —杭州：
浙江大学出版社，2020.3
ISBN 978-7-308-20005-9

Ⅰ. ①数… Ⅱ. ①吴… ②钱… Ⅲ. ①数控机床－铣
削 Ⅳ. ①TG547

中国版本图书馆 CIP 数据核字（2020）第 022891 号

数控铣削加工

主　编　吴悦乐　钱　斌
副主编　须　丽　沙　乾

责任编辑	杜希武	
责任校对	陈静毅　蔡晓欢	
封面设计	刘依群	
出版发行	浙江大学出版社	
	（杭州市天目山路 148 号　邮政编码 310007）	
	（网址：http://www.zjupress.com）	
排　版	杭州好友排版工作室	
印　刷	杭州高腾印务有限公司	
开　本	787mm×1092mm　1/16	
印　张	20.75	
字　数	518 千	
版 印 次	2020 年 3 月第 1 版　2020 年 3 月第 1 次印刷	
书　号	ISBN 978-7-308-20005-9	
定　价	49.00 元	

前　言

　　本书是根据中等职业学校数控技术应用专业"双证融通"人才培养的标准与方案,结合编者在数控技术应用领域多年的教学经验编写。总体设计思路是遵循任务引领和做学一体原则,培养学生使用数控设备的安全意识、科学的工作方法和良好的职业道德意识,为提高学生职业能力发展奠定良好的基础,并在此基础上达到职业能力培养要求。

　　本书内容组织遵循学生学习认知规律,以数控铣削技能提升为主线,分成加工准备、操作数控铣床、铣削平面、铣削轮廓、加工孔、铣削曲面、综合要素零件铣削等七个学习项目。希望通过本书学习,使学生在规定时间和技术要求内完成工艺准备与操作机床加工零件、检测零件基本技能。以学生操作能力提升为主线,通过任务整合相关知识、技能与态度,将本课程设计为任务引领型课程。以学生为主体,以教师为主导,以职业综合能力学习为目标,充分发挥学生主观能动性和创新精神。本书的目标读者主要是职业学校数控技术应用专业学生,以及从事相关专业的职业培训人员。结合数控技术应用(双证融通)职业资格鉴定标准,完成职业资格鉴定相应的课题。可结合丛书"数控铣削程序编制与调试"使用,使学生掌握数控铣削零件加工相关知识和技能,让学生达到数控铣工(四级)职业资格标准中的相关模块要求,具备中等复杂程度零件数控铣削加工的职业能力。本教材由上海市高级技工学校—上海工程技术大学高等职业技术学院吴悦乐、钱斌担任主编,吴悦乐负责编写项目一、项目二、项目三、项目四、项目七,钱斌负责编写项目五、项目六;上海市高级技工学校—上海工程技术大学高等职业技术学院须丽、沙乾担任副主编,负责收集资料及审核全书图纸;参加本书编写工作的还有上海市高级技工学校—上海工程技术大学高等职业技术学院孙晶海、张伟、马海涛等。

　　由于编者水平有限,在编写中难免有不妥和错误之处,真诚希望广大读者批评指正。

编　者

2019 年 9 月

目 录

项目一　加工准备

项目导学

❖ 能适应机械加工生产环境;

❖ 能规范执行数控铣床操作安全规程;

❖ 能查阅数控铣床使用手册,规范熟练操作数控铣床;

❖ 能对数控铣床定期进行润滑与保养;

❖ 能排除数控铣床简单故障;

❖ 能做好加工前的各项准备工作。

模块一　数控铣床安全操作

模块目标

● 能按照安全防护规定穿戴劳动保护用品(以下简称"劳保用品"),执行数控铣床安全操作规程;

● 树立正确规范的安全文明操作意识。

学习导入

公路上行驶着大大小小不同的车辆,为了道路安全,驾驶员必须遵守交通规则,并熟悉车辆操作流程。同样道理,为了人员设备安全,机械加工人员也必须遵守数控实训安全生产规程,熟悉数控铣床机械结构及工作原理。如何避免事故并保证设备和人员安全操作,就是本模块学习的内容。

任务　数控实训安全文明生产规程

任务目标

1. 熟知数控铣床安全操作规程;

2. 服装穿戴符合安全操作要求;

3. 会按数控铣床操作要求安全操作;

4. 会对数控铣床操作环境对照标准进行检查;

5. 养成一丝不苟的安全操作的职业素养;

6. 养成时刻用安全操作的标准衡量自己的操作和周围环境的习惯;

7. 能对周围不安全因素提出改进方法。

知识要求

● 安全文明生产的重要性；

● 车床安全生产操作要领；

● 文明生产操作要领；

● 机床操作危险标志及操作警告；

● 企业现场管理6S制度。

技能要求

● 能规范穿戴安全用品；

● 能正确识记危险标志及操作警告；

● 能对周围不安全因素提出改进方法。

任务描述

任务名称：完成以下练习，熟知数控实训安全文明生产规程，包括：对着装的要求描述；机床通电操作步骤；场地安全规范。

练习1　回顾安全培训教育要求。

练习2　对应图示要求检查服装和劳保用品。

练习3　学习安全用电要求。

练习4　观察操作场地逃生通道。

练习5　观察防火消防设施。

练习6　掌握事故应急处理方法。

1）速把伤员搬到安全地带，与教师联系。

2）对伤员的救护要争分夺秒、就地抢救，动作迅速、果断，方法正确、有效。

3）要认真观察伤员情况，发现呼吸、心跳停止时，应立即在现场用心肺复苏术进行就地抢救。

4）在救护的同时，应该立即拨打"120"与急救中心或附近医院取得联系。

练习7　掌握伤口处理方法。

1）外伤和刀割伤，出血时先止血，再清伤口，然后包扎。

2）眼睛里不慎进了铁屑或沙子时，不要揉眼睛，要让医生处理。

练习8　按教师要求检查数控机床各部件机构是否完好，各按钮是否能自动复位。开机前，操作者应按机床使用说明书的规定给相关部位加油，并检查油标、油量。

练习9　熟悉机床电气柜及稳压电源等电气控制开关的位置和开启方法。

练习10　熟悉数控机床的操作说明书，数控车床的开机、关机顺序。

练习11　熟悉机床周围环境并整理辅助工具。

练习12　了解事故处理流程。

1）事故发生先救伤员。

2）保护操作现场。

3）报告上级安全员，分析事故原因并明确职责。

4）召开现场事故说明会，进行安全教育。

练习13　推选合适的学生担任安全员。

任务准备

1)组织方式

全班同学分为每两位或四位同学一组,定机床定岗位完成以后各个项目的教学活动,按照企业岗位形式进行作业。

2)生产准备

每位同学配备一套工作服及指定工位。相关设备及工量具如下:

(1)设备:每组一台数控铣床。

(2)工量具:每台数控铣床配备。

常用工具:平口钳、三爪卡盘、卡盘钥匙、借力杆、垫刀片、铁屑钩、毛刷、抹布。

任务实施

1. 操作步骤

(1)按着装要求练习穿戴并由教师和同学互相检查;

(2)按教学环境要求强调介绍;

(3)按教师的讲解内容逐一完成。

2. 任务评价(表 1-1)

表 1-1

班级			姓名			职业	数控铣工				
操作日期		日	时	分至	日	时	分				
序号	考核内容及要求			配分	评分标准				自评	实测	得分
1	教师对着装的要求描述	听懂教师的描述		5	正确描述着装要求						
		是否按标准着装		5	着装迅速正确						
2	机床通电操作步骤	检查电源		5	知晓电源开关位置及操作						
		检查润滑油箱及气压装置		15	会调整润滑油箱及启动空压机						
		检查刀具及刀架		15	会目测观察刀具安装位置						
3	场地安全规范	知晓通道划分内容		10	正确描述通道内容						
		对学习岗位和训练场地熟悉		10	明确工作岗位及安全撤退路线						
4	练习	练习次数		10	符合教师提出的要求						
		对练习内容是否理解和应用		15	正确合理地完成并能提出建议						
		互助与协助精神		10	同学之间互助和启发						
合计				100							
项目学习学生自评											
项目学习教师评价											

知识链接

一、安全生产规范

1. 安全培训教育要求

将安全生产培训作为第一堂课对新员工及学生进行教育。如图 1-1 所示为安全培训教育的相关内容。

2. 服装要求

在数控铣床工作时,请穿好工作服、耐油安全鞋,并戴上安全帽及防护镜,不允许戴手套操作数控机床,也不允许佩戴领带、胸卡等佩戴物。图 1-2 所示为劳动保护用品的使用,要求根据图示要求检查服装和劳保用品。

新员工进入企业,应先对他们进行"三级教育"(厂级、车间级、班组级),保证他们具备必要的安全生产知识。

《安全生产法》和国家安监总局3号令明确规定:生产经营单位的主要负责人、安全生产管理人员、特种作业人员和其他从业人员必须按规定进行安全培训。

《安全生产法》明文规定,未经过安全生产培训合格的从业人员,不得上岗作业!企业没有按照规定进行安全培训的,由安监部门责令整改,并处以2万元以下的罚款。

图 1-1　安全培训教育

要正确佩戴防护品

企业必须使用符合国家标准或行业标准的劳动保护用品,并监督教育从业人员正确使用。

从业人员必须严格按规定佩戴或使用劳动保护用品,保护身体不受到危害。

常见的劳动保护用品包括防护服、防护手套、护目镜、防尘防毒口罩、安全帽、安全带等,从业人员应该根据各岗位的不同要求,选用相应的保护用品。

图 1-2　劳动保护用品的使用

3. 安全用电

图 1-3 所示为安全用电要求,所有的电力装置都需要由有资格的电工人员定期检查。不要湿手接触设备,发现触电要利用绝缘体分离电源与伤者。

4. 紧急逃生

观察操作场地逃生通道,当遇见危险时可根据图 1-4 所示,紧急逃离现场。图 1-5 所示为防火安全知识。

二、开机前准备

安全生产原则:

原则一:"管生产必须管安全""管技能培训必须管安全"。

原则二:"三同时"(新、改、扩建工程项目的安全设施,必须与主体工程同时设计、同时施工、同时投入生产和使用。)

原则三:"三级教育"(新职工必须进行厂级、车间级、班组级安全教育,在考试合格后方准独立操作)。学生必须接受学校和班级安全教育。

安全用电

所有的电力装置、设备或电器应由有资格的电工人员进行作定期的维修及保养。

不要使用超负荷的电器，定时检查线路老化情况。发生电气火灾时，应立即切断电源。用黄沙、二氧化碳、四氯化碳等灭火器材灭火，切不可用水或者泡沫灭火器灭火。

湿手容易导电，不用湿手插灯头、开关和插座等。在打扫卫生，擦拭设备时严禁用水去冲洗电气设施，或用湿布擦拭，以防止短路和触电事故。

发现有人触电，要利用绝缘物体将伤者与电源分开，以免连环触电。

图 1-3　安全用电要求

原则四："三不伤害"（不伤害自己，不伤害他人，不被他人伤害）。

原则五："四不放过"（对事故原因没有查清不放过，事故责任者没有严肃处理不放过，广大职工没有受到教育不放过，防范措施没有落实不放过）。

原则六："五同时"（企业领导在计划、布置、检查、总结、评比生产的同时，计划、布置、检查、总结、评比安全）。

1. 理解教师的分组要求，知道操作工位。

2. 学习岗位操作要求。

两位同学为一组，但是不允许两人同时操作机床。但某项工作如需要两个人或多人共同完成，如搬运平口钳、卡盘等夹具时，应注意相互将动作协调一致。

检查机床周围及工辅量具，不要在数控机床周围放置障碍物，工作空间应足够大。

检查机床周围场地是否潮湿、油滑，应擦拭干净，以防滑倒。

操作前应熟悉数控机床的操作说明书，数控铣床的开机、关机顺序，一定要按照机床说明书的规定操作。

紧急逃生

发生事故时，要立即停止作业或在采取可能的应急措施后撤离作业现场。事故现场有关人员应该立即报告本单位负责人。单位负责人接到报告后，应该迅速采取有效措施，组织抢救，防止事故扩大，减少人员伤亡和财产损失。

当火灾、爆炸等危险来袭时，要迅速逃生，千万不要贪恋财物；受到火势威胁时，要当机立断，披上浸湿的衣物、被褥等向安全出口冲出去。

发生地震时，应该飞速跑到承重墙墙角，或卫生间等开间小、有支撑的房间，或躲在低矮牢固的物件处，用手或其他东西保护头部，尽量避开吊灯、电扇等悬挂物，待地震过后，迅速撤离。

图 1-4　紧急逃生

三、加工前准备

1. 机床工作开始工作前要有预热，认真检查润滑系统工作是否正常，如机床长时间未开动，可先采用手动方式向各部分供油润滑。

2. 在每次电源接通后，必须先完成各轴的返回参考点操作，然后再进入其他运行方式，以确保各轴坐标位置的正确性。

3. 了解零件图的技术要求，检查毛坯尺寸、形状有无缺陷。选择合理的安装零件方法。检查安装零件是否夹紧，并且检查是否在机床加工行程范围内。

4. 使用的刀具应与机床允许的规格相符，并检查刀具是否锋利，否则要及时更换。

5. 调整刀具、工件等所用的工具不要遗忘在机床内。

6. 刀具安装后应进行 1~2 次试切削。

7. 机床开动前，必须关好机床防护门。

8. 程序输入后要进行图形模拟和试运行检查，对刀路轨迹要仔细核对，在确定正确无误的情况下才可进入加工状态。

安全防火

停止作业

储存、使用易燃易爆物或可燃物较多的企业，必须标识明显的禁火（烟）警示标志，划定企业内禁火区域，落实防火安全措施。

禁止在具有火灾、爆炸危险的场所使用明火，确需用时必须报请主管部门批准，做好安全防范工作。

单位应当建立健全各项消防安全制度，加强防火防爆安全知识的宣传教育工作，禁止违章作业。

发生火灾应立即报警（拨打119）并报告领导，迅速组织灭火及疏散人员。

图 1-5　防火安全

四、加工过程中要求

1. 手动对刀时，应注意选择合适的进给速度。

2. 在单个零件的加工过程中，对刀具路径的第一次运行采用单段运行方法进行加工。

3. 学生在操作练习过程中不得离开机床，操作者应该根据切削情况调整切削用量，达到最佳状态。

4. 加工过程中，如有需要应先将进给速度调为零，再退出刀具。如出现异常危急情况可按下"急停"按钮，以确保人身和设备的安全。

5. 加工过程中禁止用手接触刀尖和铁屑，铁屑必须停机后用铁钩子或毛刷来清理。

6. 加工过程中禁止用手或其他任何方式接触正在旋转的主轴或工件等其他运动部位。

7. 禁止在加工过程中测量，更不能用棉丝擦拭工件。

8. 操作者在工作时更换刀具、工件，调整工件或离开机床时必须停机。

9. 操作者在加工过程中要注意观察和听机床是否有异响，如有异常立刻停机并报告指导教师，以免出现危险。

10. 如果是全封闭设备,在加工过程中,不允许打开机床防护门。

五、加工完成后要求

1. 清除切屑,擦拭机床,使机床与环境保持清洁状态。
2. 注意检查或更换磨损坏了的机床导轨上的油擦板。
3. 检查润滑油、冷却液的状态,及时进行添加或更换。
4. 依次关掉机床操作面板上的电源和总电源。
5. 完毕后应清扫机床及工作场地,保持清洁,并整理工量具等辅助设备和设施。
6. 操作者严禁修改机床参数,必要时必须通知设备管理员,请设备管理员修改。

六、了解现代企业现场管理6S(HSE)制度

20世纪,日本丰田公司提出倡导并实施5S管理,1987年中国企业开始引进5S管理。2000年,企业将安全纳入5S管理内容,也就形成了今天的6S管理。"6S"指的是日语的罗马拼音SEIRI(整理)、SEITON(整顿)、SEISO(清扫)、SEIKETSU(清洁)、SHITSUKE(素养)及英语SAFETY(安全)这6项,因为六个单词的第一个字母都是"S",所以统称为"6S"。它是在生产现场中对人员、机器、材料、行为、环境等生产要素进行有效管理的一种方法。

SEIRI(整理):就是按物品的使用频率,以取用方便,尽量把寻找物品时间缩短为0秒为目标,将人、事、物在空间和时间上进行合理安排,这是开始改善现场的第一步,也是6S中最重要的一步。如果整理工作没做好,以后的5个S便形同沙土上建起的城堡一般不牢靠。这项工作的重点在于培育心理强度,坚决将现场不需要的物品彻底清理出去。现场无不常用物,行道畅通,减少了磕碰和可能的错拿错用,这样既可以保证工作效果,还可以提高工作效率,更重要的是可以保障现场的工作安全。所以有的公司就提出口号:效率和安全始于整理!

SEITON(整顿):在整理的基础上再把需要的人、事、物加以定量、定位,创造一个一目了然的现场环境。将现场物品按照方便取用的原则进行合理摆放后,操作中的对错便能更易于控制和掌握,有利于提高工作效率,保证产品品质,保障生产安全。

SEISO(清扫):认真进行现场、设备仪器和管道的卫生清扫,在一个干干净净的环境中,通过设备点检,管道巡视,异常现象便能迅速发现并得到及时处理,使之恢复正常,这是安全隐患得到发现和治理的重要方法,也是"安全第一,预防为主"方针的最好落实和贯彻。清扫工作之所以如此必要,是因为:在生产过程中产生的灰尘、油污、铁屑、垃圾等,会使现场变脏、污染设备管道,导致设备精度降低,故障多发,影响产品质量,使安全事故防不胜防;脏的现场更会影响员工的工作情绪,产生懈怠麻痹思想,认真不够,操作失误,排障不彻底、不及时,导致安全事故的发生。因此,必须通过清扫活动来清除脏污,营造一个明快、舒畅、高效率的工作现场。

SAFETY(安全):以HSE管理体系执行行为准则,建立安全的工厂、科学的管理、安全的设备、安全的工作行为。安全就是消除工作中的一切不安全因素,杜绝一切不安全现象;就是要求在工作中严格执行操作规程,严禁违章作业;时刻注意安全,时刻注重安全。

SEIKETSU(清洁):为保持维护整理、整顿、清扫的成果,使现场保持安全生产的适宜状态,引入被赋予全新内涵的"清洁"概念,即通过将前三项活动制度化来坚持和深入现场的管理改善,从而更进一步地消除发生安全事故的根源,即为"治本",以创造一个人本至上的工作环境,使员工能愉快无忧地工作。

SHXTSUKE(素养):素养即平日之修养,指正确的待人、接物、处事的态度。实验得出

结论:一种行为被多次重复就有可能成为习惯。通过制度化的现场管理改善推进,规范员工行为,培养良好职业风范,并辅以自觉自动工作生活的文化宣导,达到全面提升员工素养的境界。培养工作、安全无小事的认真态度,有制度就严格按制度行事的职业风范,持续改善的进取精神,已成为"6S"管理螺旋式上升循环永远的起点和终点。在具有这样高素养员工的组织中,关注细节,持续改善,寓于无数细节之中的安全,则无一处不在掌控之中了。

任务拓展

拓展任务描述:

1)想一想

● 项目学习中如何运用现代企业现场管理 6S(HSE)制度。

2)试一试

● 对数控铣床进行维护及保养。

作业练习

一、操作练习

1. 学生互相检查着装是否符合要求;

2. 按操作规范练习开机步骤;

3. 按操作规范练习关机步骤;

4. 分组检查机床操作过程中的要求,要求学生面对工位及操作工具叙述对应的操作步骤。

模块二　工量具借用和材料领取

模块目标

● 能根据企业生产情境借用工量具和领用实训材料;

● 能采用观察、敲击等方法判别领用材料的材质;

● 能采用观察法检查校验工量具,并按工量具保养规范进行保养。

学习导入

工量具的领用和实训材料的领取是加工准备项目的重要环节之一,也是整个课程的准备工作。以往教学中常常忽略该模块,工量具的借用和材料的领用往往是教师事先准备,学生接过就用。培养学生自主性,了解并模拟企业生产情境借用工量具和领用实训材料的过程是本模块的学习重点。

任务一　工量具借用流程和方法

任务目标

1. 熟知工量具领用流程;

2. 掌握常用工量具的选用方法。

知识要求

● 量具的种类;
● 工量具领用流程。

技能要求

● 能选用合适的工量具。

任务描述

任务名称:去工量具室借合适的工量具。

任务准备

按照图纸(图1-6)所给零件,选用合适的工量具。

任务实施

1. 操作准备

识图、确定该零件的加工路线与加工工艺。经过对图纸的分析可以看出,零件毛坯为100mm×80mm×20mm板类零件。该零件由一个深度为3mm的外轮廓,一个深度为2mm的矩形内轮廓以及两个深度为4mm的左右对称内轮廓组成,另外还有四个Ø6mm的盲孔。内外轮廓以及深度尺寸均有公差要求。毛坯材料为45钢,上表面中心点为工艺基准,用平口钳装夹工件。一次装夹完成粗、精加工。

2. 操作步骤

填写材料领用单、刀具领用单、工量具借用单。

(1)工量具借用单(表1-2)

表1-2

序号	工量具编号	名称	规格型号	数量	借用日期	归还日期	工量具状态	借用人	备注
1	N001	游标卡尺	0～150mm	1把					
2	N002	百分表	0～5mm	1套					
3	N003	外径千分尺	50～75mm	1把					
4	N004	内径千分尺	0～25mm	1把					
5	N005	内径千分尺	25～50mm	1把					
6	Y001	虎钳扳手		1把					
7	Y002	平行垫铁	10mm×10mm	2块					
8	Y003	塞尺	0.05mm	1片					
9	Y004	锉刀	8″细齿	1把					
10	Y005	CF卡及转接卡	2G	1张					
11	Y006	木槌		1把					
12	Y007	刷子	1寸	1把					

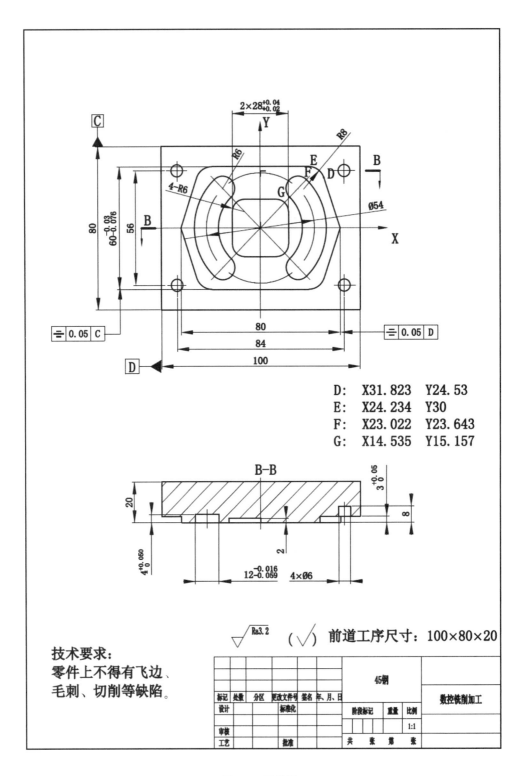

D: X31.823 Y24.53
E: X24.234 Y30
F: X23.022 Y23.643
G: X14.535 Y15.157

前道工序尺寸：100×80×20

技术要求：
零件上不得有飞边、
毛刺、切削等缺陷。

标记	处数	分区	更改文件号	签名	年、月、日		45钢		
设计			标准化			阶段标记	重量	比例	数控铣削加工
审核								1:1	
工艺			批准			共 张	第 张		

图 1-6　零件图

（2）刀具领用单（表1-3）

表 1-3

序号	名称	规格	数量	领用日期	领用人	备注
1	键槽铣刀	Ø10	1			
2	麻花钻	Ø6	1			
3	弹簧夹套	ER-32Ø10	1			
4	弹簧夹套	ER-32Ø6	1			
5	ER 刀柄	BT40-ER32-70/ JT40-ER32-70	1			

（3）材料领用单（表1-4）

表 1-4

序号	规格	材质	数量	领用日期	领用人	备注
1	100mm×80mm×20mm	45 钢	1			

3. 任务评价（表1-5）

表 1-5

序号	评价内容	配分	得分	说明	综合评价
1	量具借用	30			
2	工具借用	30	漏选、错选	
3	刀具领用	30		1 项扣 10 分	
4	材料领用	10			
合计		100			
最终评分					

注意事项：

（1）为保证生产工具的正确使用及有效管理,应规范各类工具的保管、领用、以旧换新、移交、报废程序,避免工具的超标领用及调任无交接等现象。

（2）除了填写材料、刀具、工量具领用单,还应该填写工量具库存情况登记表。

知识链接

一、常用量具的使用方法

1. 游标卡尺

游标卡尺是工业上常用的测量长度的仪器。如图1-7所示,它由尺身及能在尺身上滑动的游标组成。若从背面看,游标是一个整体。游标与尺身之间有一弹簧片,利用弹簧片的弹力使游标与尺身靠紧。游标上部有一紧固螺钉,可将游标固定在尺身上的任意位置。尺身和游标都有量爪,利用内测量爪可以测量槽的宽度和管的内径,利用外测量爪可以测量零件的厚度和管的外径。深度尺与游标连在一起,可以测量槽和筒的深度。

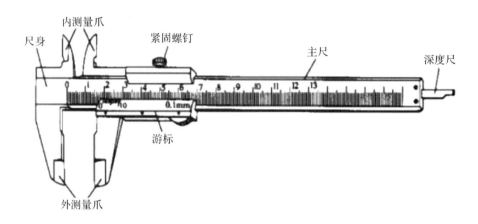

图 1-7　游标卡尺结构

使用方法:用软布将量爪擦干净,使其并拢,查看游标和主尺身的零刻度线是否对齐。如果对齐就可以进行测量,如没有对齐则要记取零误差,游标的零刻度线在尺身零刻度线右侧的叫正零误差,在尺身零刻度线左侧的叫负零误差(这种规定方法与数轴的规定一致,原点以右为正,原点以左为负)。测量时,右手拿住尺身,大拇指移动游标,左手拿待测外径(或内径)的物体,使待测物位于外测量爪之间,当与量爪紧紧相贴时,即可读数。

2. 高度游标卡尺

高度游标卡尺如图 1-8 所示,用于测量零件的高度和精密划线。它的结构特点是用质量较大的基座 4 代替固定量爪 5,而可动的尺框 3 则通过横臂装有测量高度和划线用的量爪,量爪的测量面上镶有硬质合金,提高量爪使用寿命。高度游标卡尺的测量工作应在平台上进行。当量爪的测量面与基座的底平面位于同一平面时,如在同一平台平面上,主尺 1 与游标 6 的零线相互对准。所以在测量高度时,量爪测量面的高度,就是被测量零件的高度,它的具体数值,与游标卡尺一样可在主尺(整数部分)和游标(小数部分)上读出。应用高度游标卡尺划线时,调好划线高度,用紧固螺钉 2 把尺框 3 锁紧后,也应在平台上先调整再进行划线。

3. 万能角度尺

万能角度尺是用来测量精密零件内、外角度或进行角度划线的角度量具,又被称为游标量角器、万能量角器等。

万能角度尺的读数机构如图 1-9 所示,是由刻有基本角度刻线的尺座 1 和固定在扇形板 6 上的游标 3 组成。扇形板可在尺座上回转移动(有制动器 5),形成了和游标卡尺相似的游标读数机构。万能角度尺尺座上的刻度线每格为 1°。由于游标上刻有 30 格,所占的总角度为 29°,因此,两者每格刻线的度数差即是万能角度尺的精度为(2′)。万能角度尺的读数方法和游标卡尺相同,先读出游标零线前的角度,再从游标上读出角度“分”的数值,两者相加就是被测零件的角度。

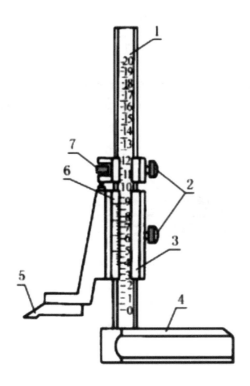

1-主尺　2-紧固螺钉　3-尺框　4-基座　5-固定量爪　6-游标　7-微调螺钉

图 1-8　高度游标卡尺结构

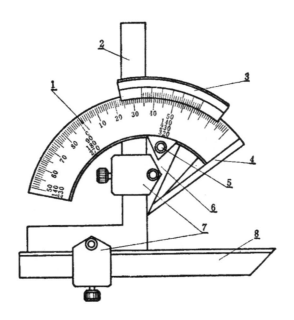

1-尺座　2-角尺　3-游标　4-基尺　5-制动器　6-扇形板　7-卡块　8-直尺

图 1-9　万能角度尺结构

4. 深度游标卡尺

深度游标卡尺如图 1-10 所示,用于测量零件的深度尺寸、台阶高低或槽的深度。它的结构特点是尺框 3 和两个量爪连在一起成为一个带游标的测量基座 1,基座的端面和尺身 4 的端面就是它的两个测量面。如测量内孔深度时应把基座的端面紧靠在被测孔的端面上,使尺身与被测孔的中心线平行,伸入深度游标卡尺尺身,则尺身端面至基座端面之间的距离,就是被测零件的深度。它的读数方法和游标卡尺完全一样。

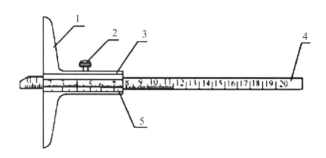

1-测量基座　2-紧固螺钉　3-尺框　4-尺身　5-游标

图 1-10　深度游标卡尺结构

5. 外径千分尺

外径千分尺常简称为千分尺,它是比游标卡尺更精密的长度测量仪器,常见的一种如图 1-11(a)所示,它的量程是 0～25mm,分度值是 0.01mm。图 1-11(b)为外径千分尺的结构图,由固定的尺架、测砧、测微螺杆、精密螺杆、固定套管、微分筒、测力装置、锁紧装置等组成。固定套管上有一条水平线,这条线上、下各有一列间距为 1mm 的刻度线,上面的刻度线恰好在下面两相邻刻度线中间。微分筒上的刻度线是将圆周分为 50 等分的水平线,它是旋转运动的。

根据螺旋运动原理,当微分筒(又称可动刻度筒)旋转一周时,测微螺杆前进或后退一个螺距——0.5mm。这样,当微分筒旋转一个分度后,它转过了 1/50 周,这时螺杆沿轴线移动了 1/50×0.5mm=0.01mm,因此,使用千分尺可以准确读出 0.01mm 的数值。

外径千分尺的零位校准:使用千分尺时先要检查其零位是否校准,因此先松开锁紧装置,清除油污,特别是测砧与测微螺杆接触面要清洗干净。检查微分筒的端面是否与固定套管上的零刻度线重合,若不重合应先旋转旋钮,直至螺杆要接近测砧时,旋转测力装置,当螺杆刚好与测砧接触时会听到“咔嗒”声,这时停止转动。如两零线仍不重合(两零线重合的标志是:微分筒的端面与固定刻度的零线重合,且可动刻度的零线与固定刻度的水平横线重合),可将固定套管上的小螺丝松动,用专用扳手调节套管的位置,使两零线对齐,再把小螺丝拧紧。不同厂家生产的千分尺的调零方法不一样,这里仅是其中一种调零的方法。

检查千分尺零位是否校准时,要使螺杆和测砧接触,偶尔会发生向后旋转测力装置两者不分离的情形。这时可用左手手心用力顶住尺架上测砧的左侧,右手手心顶住测力装置,再用手指沿逆时针方向旋转旋钮,便可以使螺杆和测砧分开。

外径千分尺的读数方法:读数时,先以微分筒的端面为准线,读出固定套管下刻度线的分度值(只读出以毫米为单位的整数),再以固定套管上的水平横线作为读数准线,读出可动刻度上的分度值,读数时应估读到最小刻度的十分之一,即 0.001mm。如果微分筒的端面

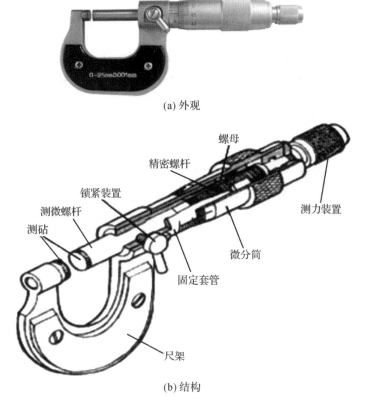

图 1-11 外径千分尺

与固定套管的下刻度线之间无上刻度线,测量结果即为下刻度线的数值加可动刻度的值;如
微分筒端面与下刻度线之间有一条上刻度线,测量结果应为下刻度线的数值加上 0.5mm,
再加上可动刻度的值。

6. 内径千分尺

利用螺旋副原理对主体两端球形测量面间分隔的距离,进行读数的通用内尺寸测量工
具。内径千分尺是根据螺旋传动原理进行读数的通用内尺寸测量工具。

如图 1-12 所示,内径千分尺主要由测量触头、微分筒、固定套筒、固定螺钉、测力装置和
各种接长杆组成。成套的内径千分尺配有调整量具,用于校对微分头零位。

内径千分尺适合在机械加工中测量 IT10 或低于 IT10 级工件的孔径、槽宽及两端面距
离等内尺寸。一般会结合数据采集软件一起进行测量,采集软件会自动采集内径千分尺里
的数据并进行数据分析,可以减少由于人工读数所造成的误差,大大提高测量效率。

内径千分尺的使用方法:

1)内径千分尺在测量及其使用时,必须用尺寸最大的接杆与其测量触头连接,依次顺接
到测量触头,以减少连接后的轴线弯曲。

2)测量时应看测量触头固定和松开时的变化量。

3)在日常生产中,用内径千分尺测量孔时,将其测量触头测量面支撑在被测表面上,调
整微分筒,使微分筒一侧的测量面在孔的径向截面内摆动,找出最小尺寸,然后拧紧固定螺

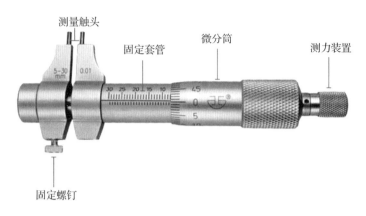

图 1-12　内径千分尺结构

钉后取出内径千分尺并读数。但也有不拧紧螺钉直接读数的,这样就存在着姿态测量问题。姿态测量:即测量时与使用时的一致性。例如:测量 75～600/0.01mm 的内径尺时,接长杆与测微头连接后尺寸大于 125mm 时,其拧紧与不拧紧固定螺钉时读数值相差的 0.008mm 即为姿态测量误差。

4)内径千分尺测量时支承位置要正确。接长后的大尺寸内径尺重力变形,涉及直线度、平行度、垂直度等形位误差。其刚度的大小,具体可反映在"自然挠度"上。理论和实验结果表明由工件截面形状所决定的刚度对支承后的重力变形影响很大。如不同截面形状的内径尺其长度 L 虽相同,当支承在 $(\frac{2}{9})L$ 处时,都能使内径千分尺的实测值误差符合要求。但支承点稍有不同,其直线度变化值就较大。所以在国家标准中将支承位置移到最大支承距离位置时的直线度变化值称为"自然挠度"。为保证刚性,我国国家标准中规定了内径千分尺的支承点要在 $(\frac{2}{9})L$ 处和在离端面 200mm 处,即测量时变化量最小,并将内径千分尺每转 90°检测一次,其示值误差均不应超过要求。

7. 百分表

百分表是将被测尺寸引起的测杆微小直线移动,经过齿轮传动放大,变为指针在刻度盘上的转动,从而读出被测尺寸的大小的量具。如图 1-13 所示为 0～5mm 百分表,精度为 0.01mm。百分表主要由 3 个部件组成:表体部分、传动系统、读数装置。

百分表是一种精度较高的比较量具,它只能测出相对数值,不能测出绝对值,主要用于检测工件的形状和位置误差(如圆度、平面度、垂直度、跳动等),也可在机床上于工件安装时找正。

8. 杠杆百分表

杠杆百分表是利用杠杆齿轮传动将测杆的直线位移变为指针的角位移的计量器具,其外形如图 1-14 所示,它主要用于比较测量和产品形位误差的测量。

(1)使用前检查

1)检查相互作用:轻轻移动测杆,指针应有较大位移,指针与表盘应无摩擦,测杆、指针无卡阻或跳动。

2)检查测头:测头应为光洁圆弧面。

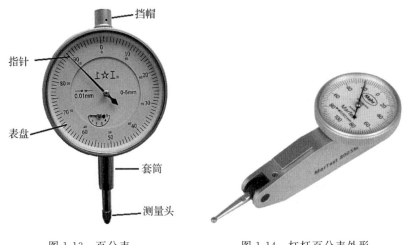

图 1-13　百分表　　　　　图 1-14　杠杆百分表外形

3）检查稳定性：轻轻拨动几次测头，松开后指针均应回到原位。

4）沿测杆安装轴的轴线方向拨动测杆，测杆无明显晃动，指针位移应不大于 0.5 个分度。

（2）读数方法

读数时眼睛要垂直于指针，防止偏视造成读数误差。测量时，观察指针转过的刻度数目，乘以分度值得出测量尺寸。

（3）正确使用

1）将表固定在表座或表架上，稳定可靠。

2）调整表的测杆轴线垂直于被测尺寸线。对于平面工件，测杆轴线应平行于被测平面；对圆柱形工件，测杆的轴线要与被测母线的相切面平行，否则会产生很大的误差。

3）测量前调零位。比较测量用对比物（量块）做零位基准。形位误差测量用工件做零位基准。调零位时，先使测头与基准面接触，压测头到量程的中间位置，转动刻度盘使零线与指针对齐，然后反复测量同一位置 2～3 次后检查指针是否仍与零线对齐，如不齐则重调。

4）测量时，用手轻轻抬起测杆，将工件放入测头下测量，不可把工件强行推入测头下。显著凹凸的工件不用杠杆百分表测量。

5）不要使杠杆百分表突然撞击到工件上，也不可强烈震动、敲打杠杆百分表。

6）测量时注意表的测量范围，不要使测头位移超出量程。

7）不使测杆做过多无效的运动，否则会加快零件磨损，使表失去应有精度。

8）当测杆移动发生阻滞时，须送计量室处理。

任务拓展

拓展任务描述：

1）想一想

● 企业的生产管理类制度流程中，哪些地方我们可以借鉴？

2）试一试

● 分别使用外径千分尺和游标卡尺对零件外轮廓进行测量。

任务二 材料牌号、性能及使用场合

任务目标

1. 掌握零件材料的牌号；
2. 掌握材料性能及使用场合。

知识要求

● 常用零件材料的牌号；

● 材料的性能；

● 材料使用场合。

技能要求

● 能采用观察、敲击等方法判别领用材料的材质。

任务描述

任务名称：领用实训零件毛坯。

任务准备

识读零件图(图1-6)，能从外观简单区分铝合金、铸铁和45钢。

任务实施

1. 操作准备

确认毛坯材料及尺寸，材料为45钢，尺寸为100mm×80mm×20mm，填写材料领用单(表1-6)。

表1-6

序号	规格	材质	数量	领用日期	领用人	备注
1	100mm×80mm×20mm	45钢	1块			

2. 操作步骤

根据材料领用单去材料库自行选择合适材料。

3. 任务评价(表1-7)

表1-7

班级		姓名		职业	数控铣工			
操作日期		日 时 分至		日	时 分			
序号	考核内容及要求		配分	评分标准		自评	实测	得分
1	着装要求	正确穿着工作服	10	符合着装要求				
		戴工作手套	10	正确佩戴工作手套				
2	场地安全规范	对学习岗位和训练场地熟悉	10	明确工作岗位及安全撤退路线				
3	材料选择	自行选择正确材料	30	正确选择45钢				
		填写材料领用单	10	办理领用手续				

续表

序号	考核内容及要求		配分	评分标准	自评	实测	得分
4	练习	练习次数	10	符合教师提出的要求			
		对练习内容是否理解和应用	10	正确合理地完成并能提出建议			
		互助与协助精神	10	同学之间互助和启发			
合计			100				
项目学习学生自评							
项目学习教师评价							

知识链接

一、铝合金

铝合金是工业中应用最广泛的一类有色金属结构材料,在航空、航天、汽车、机械制造、船舶及化学工业中已大量应用。图 1-15(a)所示为铝合金毛坯料,图 1-15(b)所示为外表已加工的铝合金料,光泽度高。

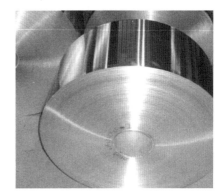

(a)铝合金毛坯料　　　　　　　　　　　(b)铝合金料

图 1-15　铝合金料

1. 物质特性

铝合金密度低,但强度比较高,接近或超过优质钢,塑性好,可加工成各种型材,具有优良的导电性、导热性和抗蚀性,工业上广泛使用,使用量仅次于钢。一些铝合金可以采用热处理获得良好的机械性能、物理性能和抗腐蚀性能。硬铝合金属 Al-Cu-Mg 系,一般含有少量的 Mn,可热处理强化。其特点是硬度大,但塑性较差。超硬铝属 Al-Cu-Mg-Zn 系,可热处理强化,是室温下强度最高的铝合金,但耐腐蚀性差,高温软化快。锻铝合金主要是 Al-Zn-Mg-Si 系合金,虽然加入元素种类多,但是含量少,因而具有优良的热塑性,适宜锻造,故又称锻造铝合金。

2．物质结构

纯铝的密度小（ρ＝2.7g/cm³），大约是铁的 1/3，熔点低（660℃）。铝是面心立方结构，故具有很高的塑性（δ：32％～40％，φ：70％～90％），易于加工，可制成各种型材、板材，抗腐蚀性能好。但是纯铝的强度很低，退火状态 σ_b 值约为 8kgf/mm²，故不宜作结构材料。通过长期的生产实践和科学实验，人们逐渐以加入合金元素及运用热处理等方法来强化铝，这就得到了一系列的铝合金。添加一定元素形成的合金在保持纯铝质轻等优点的同时还能具有较高的强度，σ_b 值可达 24～60kgf/mm²。这样使得其"比强度"（强度与比重的比值 σ_b/ρ）胜过很多合金钢，成为理想的结构材料，并广泛用于机械制造、运输机械、动力机械及航空工业等方面，飞机的机身、蒙皮、压气机等常以铝合金制造，以减轻自重。采用铝合金代替钢板材料的焊接，结构重量可减轻 50％以上。

二、铸铁

铸铁是主要由铁、碳和硅组成的合金的总称。

铸铁是含碳量大于 2.11％（一般为 2.5％～4％）的铁碳合金。它是以铁、碳、硅为主要组成元素并比碳钢含有较多的锰、硫、磷等杂质的多元合金。有时为了进步铸铁的机械性能或物理、化学性能，还可加进一定量的合金元素，得到合金铸铁。

早在公元前六世纪，我国已开始使用铸铁，比欧洲各国要早将近二千年。直到目前为止，在产业生产中铸铁仍然是最重要的材料之一。

1．根据碳在铸铁中存在形式的不同，铸铁可分为：

1）白口铸铁 碳除少数溶于铁素外，其余的碳都以渗碳体的形式存在于铸铁中，其断口呈银白色，故称白口铸铁。目前白口铸铁主要用作炼钢原料和生产可锻铸铁的毛坯。

2）灰口铸铁 碳全部或大部以片状石墨形式存在于铸铁中，其断口呈暗灰色，故称灰口铸铁。

3）麻口铸铁 碳一部分以石墨形式存在，类似灰口铸铁；另一部分以自由渗碳体形式存在，类似白口铸铁。断口中呈黑白相间的麻点，故称麻口铸铁。这类铸铁也具有较大硬脆性，故产业上也很少应用。

2．根据铸铁中石墨形态不同，铸铁可分为：

1）灰口铸铁 铸铁中石墨呈片状存在。

2）可锻铸铁 铸铁中石墨呈团絮状存在。它是由一定成分的白口铸铁经高温长时间退火后获得的。其机械性能（特别是韧性和塑性）较灰口铸铁高，故习惯上称为可锻铸铁。

3）球墨铸铁 铸铁中石墨呈球状存在。它是在铁水浇注前经球化处理后获得的。这类铸铁不仅机械性能比灰口铸铁和可锻铸铁高，生产工艺比可锻铸铁简单，而且还可以通过热处理进一步提高其机械性能，所以它在生产中的应用日益广泛。

外观确认，一般未打磨处理的铸铁如图 1-16（a）所示很粗糙，呈现黑蓝色。图 1-16（b）所示为外表面切削后的铸铁零件。

三、45 钢

45 钢是国标中的叫法，也叫"油钢"。该钢冷塑性一般，退火、正火比调质时要稍好，具有较高的强度和较好的切削加工性。图 1-17（a）所示为 45 钢料的外观，图 1-17（b）所示呈现了 45 钢的断面。

(a) 毛坯 1

(b) 毛坯 2

图 1-16　铸铁料

(a) 外观

(b) 断面

图 1-17　45 钢料

1. 成分

主要成分为 Fe(铁元素),且含有以下少量元素:

C:0.42% ～ 0.50%;Si:0.17% ～ 0.37% Mn:0.50% ～ 0.80%;P:≤ 0.035%;
S:≤0.035%;Cr:≤0.25%;Ni:≤0.25%;Cu:≤0.25%。

密度 7.85g/cm³,弹性模量 210GPa,泊松比 0.269。

2. 特性

常用中碳调质结构钢。该钢冷塑性一般,退火、正火比调质时要稍好,具有较高的强度和较好的切削加工性,经适当的热处理以后可获得一定的韧性、塑性和耐磨性,材料来源方便。适合氢焊和氩弧焊,不太适合气焊。焊前需预热,焊后应进行去应力退火。

正火可改善硬度小于 160HBS 毛坯的切削性能。该钢经调质处理后,其综合力学性能要优化于其他中碳结构钢,但该钢淬透性较低,水中临界淬透直径为 12～17mm,水淬时有开裂倾向。当直径大于 80mm 时,经调质或正火后,其力学性能相近,对中、小型模具零件进行调质处理后可获得较高的强度和韧性,而大型零件,则以正火处理为宜,所以,此钢通常在调质或正火状态下使用。

任务拓展

拓展任务描述:机械零件材料选用原则

1)想一想

● 机械零件材料选用原则有哪些? 从使用要求、工艺要求、经济性要求等方面考虑。

2)试一试

● 用敲击的方法听听铝合金、铸铁和45钢的声音有何不同。

作业练习

一、单选题

1. 测量范围为( )的内径千分尺是没有的。

A. 0～25mm　　　　B. 125～150mm　　　C. 75～100mm　　　D. 5～30mm

2. 机床液压系统压力表和油面高度、各保护装置、压缩空气气源压力等的检查周期为( )。

A. 每天　　　　　　B. 每年　　　　　　C. 不定期　　　　　　D. 每半年

3. 某轴端面全跳动误差为0.025,则该端面相对于轴线的垂直度误差为( )。

A. 小于等于0.025　　　　　　　　B. 小于0.025

C. 可能大于0.025　　　　　　　　D. 等于0.025

4. 形位误差的基准使用三基面体系时,第一基准应选( )。

A. 任意平面　　　　　　　　　　B. 最重要或最大的平面

C. 次要或较长的平面　　　　　　D. 不重要的平面

5. 百分表在使用时,被测工件表面和测杆要( )。

A. 倾斜60°　　　　B. 垂直　　　　　　C. 水平　　　　　　D. 倾斜45°

6. 轴径 $\varnothing30\pm0.03$ 的尺寸公差和直线度公差之间遵守包容要求,当轴径实际尺寸处处为 $\varnothing29.98$ 时,允许的直线度误差为( )。

A. $\varnothing0.05$mm　　B. $\varnothing0.03$mm　　C. $\varnothing0.04$mm　　D. $\varnothing0.02$mm

7. 下列选项中,由立铣刀发展而成的是( )。

A. 圆柱铣刀　　　B. 模具铣刀　　　C. 键槽铣刀　　　D. 鼓形铣刀

8. 为了方便测量直径,一般选用( )齿数铰刀。

A. 少　　　　　　B. 偶　　　　　　C. 奇　　　　　　D. 多

9. 下列测量垂直度的方法中,测量精度最高的是( )。

A. 平板＋90°角度尺＋塞尺　　　　B. 万能角度尺

C. 平板＋90°角度尺＋光隙估测　　D. 平板＋90°角度尺＋指示表

10. 为抑制或减小机床的振动,近年来数控机床大多采用( )来固定机床和进行调整。

A. 弹性支承　　　B. 阶梯垫铁　　　C. 调整垫铁　　　D. 等高垫铁

11. 杠杆百分表的分度值为( )。

A. 0.02mm　　　　B. 0.05mm　　　　C. 0.1mm　　　　D. 0.01mm

12. 根据客户的特殊要求而设计生产的量具属于(　　)。

A. 通用量具　　　B. 常规量具　　　C. 标准量具　　　D. 专用量具

13. 用杠杆百分表测量工件时,测量杆轴线与工件平面要(　　)。

A. 倾斜45°　　　B. 平行　　　C. 垂直　　　D. 倾斜60°

14. 数控机床(　　)需要检查润滑油油箱的油标和油量。

A. 不定期　　　B. 每半年　　　C. 每天　　　D. 每年

15. 平板和带指示表的表架不能用来测量的误差是(　　)。

A. 圆度　　　B. 位置度　　　C. 平行度　　　D. 平面度

16. 搬动高度游标卡尺时,应握持(　　)。

A. 底座　　　B. 尺身　　　C. 量爪　　　D. 划线规

17. 一般数控铣床主轴和加工中心主轴的主要区别是数控铣床主轴(　　)。

A. 不能自动松开刀具　　　　　B. 不能实现主轴孔自动吹屑

C. 不能准停　　　　　D. 不能自动夹紧刀具

18. 飞出的切屑打入眼睛造成眼睛受伤属于(　　)。

A. 刺割伤　　　B. 物体打击　　　C. 烫伤　　　D. 绞伤

19. 游标卡尺的零误差为-0.2mm,游标卡尺直接读得的结果为20.45mm,那么物体的实际尺寸为(　　)。

A. 20.65mm　　　B. 20.45mm　　　C. 20.25mm　　　D. 20.35mm

20. 在评定机床主要工作面的安装水平时,普通精度的机床,水平读数不应大于(　　)。

A. 0.06/1000mm　　B. 0.08/1000mm　　C. 0.02/1000mm　　D. 0.04/1000mm

二、多选题

1. 影响刀具寿命的因素有(　　)。

A. 刀具磨损　　　B. 刀具几何参数　　　C. 切削液　　　D. 工件材料

E. 切削用量

2. 数控铣床对刀的方法有(　　)。

A. 机外对刀仪对刀

B. 百分表(或千分表)对刀法

C. 用寻边器、偏心棒和Z轴设定器等工具对刀法

D. 试切对刀

E. 塞尺、标准芯棒和块规对刀法

三、判断题

1. 工具显微镜是一种高精度的二次元坐标测量仪。(　　)

2. 测量范围0~25mm的外径千分尺应附有校对量杆。(　　)

3. 高度游标卡尺除了用于测量零件的高度外,还可用于钳工精密划线。(　　)

一、单选题(答案)

1. A　2. A　3. D　4. B　5. B　6. A　7. B　8. B　9. D　10. A　11. D　12. D　13. B　14. C　15. B　16. A　17. C　18. A　19. A　20. D

二、多选题(答案)

1. ABCDE 2. ABCDE

三、判断题(答案)

1. √ 2. ✕ 3. √

项目二　操作数控铣床

项目导学

❖ 能按机床操作规范要求完成数控铣床基本操作；

❖ 能安装找正工、夹、刀具；

❖ 能完成对刀操作并设置工件坐标系；

❖ 能编辑及运行程序；

❖ 能设置刀具半径补偿参数；

❖ 能维护与保养数控铣床。

模块一　操作数控铣床

模块目标

● 能按机床操作规范要求完成数控机床的开机、启动、停止、关机等操作；

● 能以每分钟输入 80 个字符的速度正确操作面板上的字符键及相关功能键。

学习导入

想一想什么是数控铣床。

数控铣床是在普通铣床基础上由 CNC 数控系统、伺服进给控制系统等组成,按编制的数控程序自动运行三轴及以上的金属切削机床。数控铣床的操作方法和普通铣床有很大的区别。希望在学习完这个模块后,学员能掌握数控铣床的基本结构和操作方法。

任务　认识数控机床

任务目标

1. 熟知数控铣床安全操作规程；

2. 掌握数控铣床基本结构；

3. 能记住 FANUC 数控铣床面板各功能键。

知识要求

● 掌握数控铣床的分类；

● 了解数控铣床基本参数内容；

● 了解数控铣床常用系统；

● 掌握 FANUC 数控铣床基本结构；

● 熟记 FANUC 数控铣床面板各功能键的含义与用途。

技能要求

● 掌握 FANUC 数控铣床的常用操作方法;

● 能合理选择和使用手动和手脉功能,并分清轴的移动方向。

任务描述

任务名称:FANUC 数控铣床操作练习。

任务准备

掌握 FANUC 数控铣床基本结构知识,并能熟记 FANUC 数控铣床面板各功能键的含义与用途。会使用工量具。

任务实施

1. 操作准备

1)设备:FANUC 系统数控铣床;

2)量具:游标卡尺、1 米卷尺、150mm 钢板尺;

3)工具:T 形螺栓、活络扳手、月牙扳手。

程序单:

O2001
G54 G90 G17 G40 G15 G80;
G0Z50;
M03 S1000;
G0 X35.858Y25.858;

Z5;
G99G83X35.858Y25.858Z−5.R5.Q1.F100;
G80G0Z100;
M30;

2. 加工方法

测量、观察记录数控铣床面板操作。

3. 操作步骤

(1)检测数控铣床主要参数。

1)用游标卡尺测量主轴锥孔大端尺寸并记录数值;

2)用 1 米卷尺测量工作台面的宽度;

3)确定 T 形槽数和用钢板尺测 T 形槽间距;

4)用游标卡尺测量 T 形槽宽度及深度;

5)用游标卡尺测量三轴滚珠丝杠直径及螺距;

6)识读数控操作面板上的系统名称并记录。

(2)阅读如图 2-1 所示机床传动结构图并核对实物位置。

(3)按以下步骤完成操作机床。

1)开机、启动;

2)返回参考点;

3)手动方式移动 X、Y、Z 轴;

4)手摇方式移动 X、Y、Z 轴;

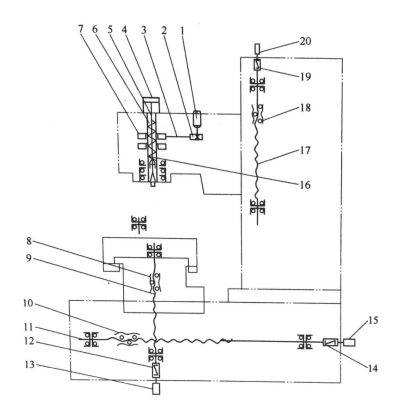

1—主电机 2、7—同步内齿带轮 3—同步内齿带 4—气缸 5—拉杆
6—碟形弹簧 8、9、11、17—滚球丝杠 10、18—丝杠螺母
12、14、19—弹性膜片联轴器 13、15、20—伺服电机 16—主轴

图 2-1 机床传动结构图

5）MDI 方式下，使主轴正转每分钟 800 转；

6）5 分钟内完成程序输入（O2001）；

7）手动方式移动 X 轴超程后，解除机床超程；

8）停止、关机。

4. 任务评价(表 2-1)

表 2-1

班级			姓名		职业	数控铣工			
操作日期		日		时	分至	日	时	分	

序号	考核内容及要求		配分	评分标准	自评	实测	得分
1	数控铣床基本结构	机床结构中各部分名称	15	描述正确			
		铣床各参数	15	测量数值正确			

续表

序号	考核内容及要求		配分	评分标准	自评	实测	得分
2	数控铣床面板操作	开机、启动	5	能完成开机启动,顺序正确			
		回参考点	5	操作步骤正确			
		手动操作运动机床	5	机床运动方向正确,速度控制合理			
		手轮操作运动机床	5	机床运动方向正确,速度控制合理			
		MDI 运行机床(转动)	5	会按指令操作机床运转			
		程序输入正确	10	每分钟 80 个字符的速度正确输入			
		解除机床超程操作	5	能判断超程轴并会解除超程			
		停止、关机	5	能完成停止、关机,顺序正确			
3	安全规范操作	知道安全操作要求	5	操作过程符合安全要求			
		机床设备安全操作	5	符合数控机床操作要求			
4	练习	练习次数	5	符合教师提出的要求			
		对练习内容是否理解和应用	5	正确合理地完成并能提出建议和问题			
		互助与协助精神	5	同学之间互助和启发			
	合计		100				
	项目学习学生自评						
	项目学习教师评价						

注意事项:

(1)开机前按数控机床操作规程进行必要的检查(如气压是否达到规定值)。

(2)回参考点前要确保各轴在运动时不与工作台上的夹具或工件发生干涉。

(3)回参考点时一定要注意各轴运动的先后顺序。

(4)关机前将工作台移动到机床中间位置,不要在极限位置关机。

知识链接

一、数控机床的产生

随着科学技术的发展,人们对机械产品的质量和生产率提出越来越高的要求,因此对加工机械产品的生产设备——机床也相应提出了高性能、高精度与高自动化的要求。

在大批量生产的企业,如汽车、拖拉机及家用电器等制造厂,大多采用了自动机床、组合机床和专用自动生产线。这些专用生产设备需要很大的初始投资及较长的生产准备时间,产品改型不易,因而使新产品的开发周期增长。所以称为"刚性"自动化设备。

占机械加工总量 80% 以上的中、小批量生产企业,其生产特点是加工批量小,改型频繁,零件的形状复杂而且精度高,这类产品一般都采用通用机床加工。当产品改变时,机床与工艺装备均需作相应的变换和调整,而且通用机床的自动化程度不高,基本上由人工操作,难以提高生产效率和保证加工质量。

为了解决这些问题,满足多品种、小批量的自动化生产,人们迫切需要一种灵活的、通用的、能够适应产品频繁变化的"柔性"自动化机床。数字控制(Numerical Control,简称 NC)机床就是在这样的背景下诞生与发展起来的,它极其有效地解决了上述一系列矛盾,为单件、小批量生产的精密复杂零件提供了自动化加工手段。

1948 年,美国帕森斯公司在研制直升机叶片加工机床时,提出初始设想。

1952 年,帕森斯试制成功世界上第一台数控机床(三坐标数控立式铣床)——电子管元件。

1955 年,真正在宇航工业和船舶、汽车、铁路、电力和建筑等民用机械制造业中应用。

二、数控机床的特点与应用

1. 对加工对象改型的适应性强

只需要重新编制程序或更换一条新的穿孔纸带或手动输入程序就能实现对零件的加工。

2. 加工精度高,加工质量稳定

(1) 数控机床的制造精度较高,一般数控机床的定位精度可达 0.03mm,重复定位精度为 0.01mm;

(2) 可利用软件进行精度校正和补偿;

(3) 根据数控程序自动进行加工,可避免人为的误差。

3. 加工生产率高

(1) 数控机床的良好刚性结构允许采用大的切削用量,大量节省了机动工时;

(2) 主运动和进给运动调速范围大,能使用无级调速、自动换速、自动换刀和其他辅助操作等自动化功能,使辅助时间大大减少;

(3) 有快速移动功能;

(4) 装夹工件简单;

(5) 由于质量稳定,可减少停机检测的时间。

4. 减轻操作者的劳动强度

用数控机床加工是自动进行的,零件加工过程中并不需要工人干预。加工完毕即可自动停车,使工人的劳动强度大为减轻。

5. 有利于生产管理现代化

(1) 可准确确定单件工时;

(2) 简化工夹量具及半成品的管理;

(3) 使用数字信号与标准代码作为输入信号,适于与计算机连接,所以它为计算机控制与现代化生产管理创造了条件;

(4) 也为实现生产过程自动化创造了有利条件。

6. 良好的经济效益

(1) 减少划线和校正工件工时;

(2) 减少加工调整检验时间;

(3) 节省大量靠模、凸轮、钻模板等制作工艺装备的费用;

(4) 质量稳定,降低了废品率。

7. 能完成复杂型面的加工

(1) 有些复杂型面的零件如果用通用机床是很难加工的;

(2) 使用数控机床进行加工可利用计算机自动编程,从而摆脱了技术上的束缚;

(3) 多坐标数控机床更容易加工复杂零件。

8. 减少厂房面积

(1) 工序集中,减少了加工设备的数量;

(2) 一机多用,减少了设备的种类。

三、数控铣床的类型

1. 按执行机构的伺服系统类型分类

(1) 开环控制系统

开环控制系统就是指不带反馈装置的控制系统。通常使用功率步进电机或电液脉冲马达作为执行机构。数控装置输出的脉冲通过环形分配器和驱动电路,不断改变供电状态,使步进电机转过相应的步距角,再经过减速齿轮带动丝杆旋转,最后转换为移动部件的直线位移。移动部件的移动速度与位移量是由输入脉冲的频率和脉冲数所决定的。

开环控制系统具有结构简单,成本较低等优点。但是系统对移动部件的实际位移量是不进行检测的,也不能进行误差校正,因此,步进电机的步距误差,齿轮与丝杆等的传动链误差都将反映到被加工零件的精度中去。目前开环控制系统已不能满足数控机床日益提高的精度要求。尽管如此,开环控制系统在数控机床的发展过程中仍起到相当重要的作用。

(2) 半闭环控制系统

半闭环控制系统是在开环系统的丝杆上安装角位移检测装置(感应同步器和光电编码器等),通过检测丝杆的转角间接地检测移动部件的位移,然后反馈至数控装置中。由于角位移检测装置比直线位移检测装置的结构简单,安装方便,因此配有精密滚珠丝杆和齿轮的调试比较方便,并有很好的稳定性。目前角位移检测装置已经逐步和伺服电机设计成一个部件,使系统变得更加简单。

(3) 闭环控制系统

闭环控制系统是在机床移动部件位置上直接安装直线位置检测装置,将测量到的实际位移值反馈到数控装置中,与输入的指令位移值进行比较,用差值进行控制,使移动部件按照实际需要的位移量运动,最终实现移动部件的精确定位。从理论上说,闭环系统的运动精度主要取决于检测装置的精度,而与传动链的误差无关,显然其控制精度将超过半闭环系统,这就为进一步提高机床的加工精度创造了条件。

闭环控制系统仍然对机床的结构以及传动链提出比较严格的要求,传动系统的刚性不足及间隙,导轨的爬行等各种因素将增加调试的困难性,甚至使伺服系统产生振荡。

2. 按主轴位置分类

（1）立式数控铣床（图 2-2）

图 2-2　XKA71A 立式数控铣床

（2）卧式数控铣床（图 2-3）

图 2-3　卧式数控铣床

（3）龙门数控铣床（图 2-4）

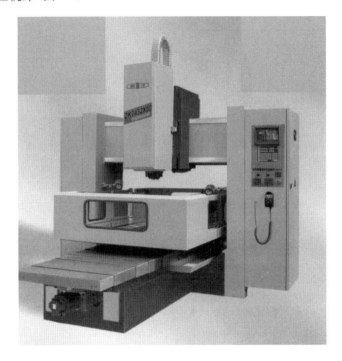

图 2-4　龙门数控铣床

3. 按系统功能分类

（1）经济型数控铣床（图 2-5）

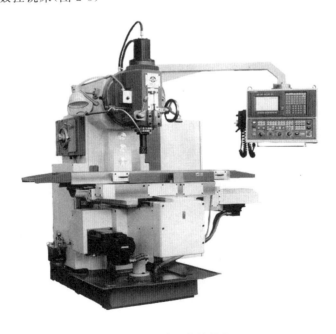

图 2-5　经济型数控铣床

（2）全功能数控铣床（图 2-6）

图 2-6　全功能数控铣床

（3）高速多轴数控铣床（图 2-7）

图 2-7　高速多轴数控铣床

（4）大型数控龙门铣床（图 2-8）

图 2-8　大型数控龙门铣床

四、数控铣床结构

数控铣床主要由程序输入输出系统、数控装置、伺服系统、辅助装置、检测反馈装置和机床本体等组成，如图 2-9 所示为机床各组成部分的运行关系。

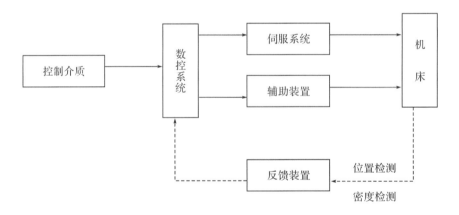

图 2-9　数控铣床运行原理

（1）程序输入输出系统

以程序指令的形式记载各种加工信息，如零件加工的工艺过程、工艺参数和刀具运动等，通过 MDI 面板或 I/O 端口将这些信息输入到数控装置，控制数控机床对零件切削加工。

（2）数控装置

数控装置是数控机床的核心，其功能是接受输入的加工信息，经过数控装置的系统软件和逻辑电路进行译码、运算和逻辑处理，向伺服系统发出相应的脉冲，并通过伺服系统控制机床运动部件按加工程序指令运动。

（3）伺服系统

伺服系统由伺服电机和伺服驱动装置组成，通常所说的数控系统是指数控装置与伺服系统的集成，因此说伺服系统是数控系统的执行系统。数控装置发出的速度和位移指令控制执行部件按进给速度和进给方向位移。它将 CNC 装置送来的脉冲运动指令信息进行放大，驱动机床的移动部件（刀架或工作台）按规定的轨迹和速度移动或精确定位，加工出符合图样要求的工件。原理图如图 2-10 所示。

步距角 θ：每输入一个脉冲，电机轴所转过的角度。

脉冲当量 δ：每输入一个脉冲，使机床移动部件产生的位移量。常用的脉冲当量有 0.01mm/脉冲、0.005mm/脉冲、0.001mm/脉冲。脉冲当量 δ 计算公式如式（2-1）所示，θ 为步距角，Z_1、Z_2 为齿数，P 为螺距。

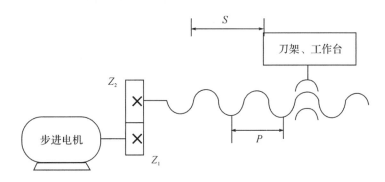

图 2-10　伺服系统工作原理

$$\delta = \frac{\theta}{360°} \times \frac{Z_1}{Z_2} \times P \quad (\text{mm/脉冲}) \tag{2-1}$$

例：已知步进电极的步距角 $\theta = 0.75°$/脉冲，$Z_1 = 30$，$Z_2 = 60$，$P = 10\text{mm}$，求脉冲当量 δ，若要刀架位移 S 为 30mm，应发多少个脉冲？

解：

$$\delta = \frac{\theta}{360°} \times \frac{Z_1}{Z_2} \times P = \frac{0.75°}{360°} \times \frac{30}{60} \times 10 = 0.0104(\text{mm/脉冲})$$

$$N = \frac{S}{\delta} = \frac{30}{0.0104} \approx 2885(\text{个})$$

伺服系统有开环、半闭环和闭环之分，半闭环和闭环控制的数控机床带有位置检测反馈系统，它将机床移动的实际位置、速度参数检测出来，转换成电信号，反馈到 CNC 装置与指令位移进行比较，并由 CNC 装置发出相应的指令，控制进给运动，修正偏差，提高加工精度。

（4）检测反馈装置

由检测元件和相应的电路组成，主要是检测速度和位移，并将信息反馈于数控装置，实现闭环控制以保证数控机床加工精度。

（5）机床本体

数控机床的本体与普通机床基本类似，不同之处是数控机床结构简单、刚性好，传动系统采用滚珠丝杠代替普通机床的丝杠和齿条传动，主轴变速系统简化了齿轮箱，普遍采用变频调速和伺服控制。

五、简介 XK714 数控铣床

1．数控铣床型号命名

X——铣床

K——数控

7——床身铣床(组代号)

1——床身铣床(系代号)

4——台面宽度 400/100

2．数控铣床结构

如图 2-11 所示,XK714 数控铣床由数控系统(CNC 运算系统,输入输出,MDI 面板)、伺服系统(伺服电机,滚珠丝杠,编码器)、机床本体(床身,滑动台面,主轴箱)、电气控制柜、冷却润滑系统组成。

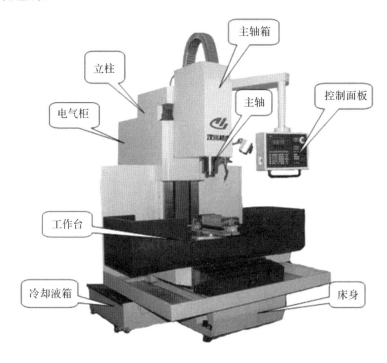

图 2-11　XK714 数控铣床

3．XK714 数控铣床主要特性

XK714 数控铣床采用稠筋封闭式框架结构,刚性高、抗震性好;主传动采用交流调速电机,在 45～450rpm 范围内无级变速,对不同零件加工的适应力强。三向采用镶钢——贴塑导轨副,滚珠丝杠传动,高速进给震动小,低速无爬行,精度稳定性高。间隙自动润滑系统使各主要运动部件均能得到良好的自动润滑,有效地提高了可靠性并延长了使用寿命。因此,该机床具有刚性好、变速范围宽、精度高、柔性大等特点,特别适用于多品种生产的机器制造厂。

六、数控铣床如何操作

操作人员通过数控系统操作面板的按钮和加工程序控制机床的运行。不同数控系统操作面板不同。如图 2-12 所示为 FANUC 0i 数控系统操作面板。

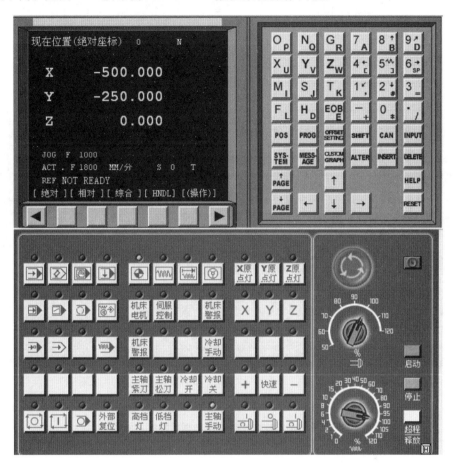

图 2-12　FANUC 0i 数控系统操作面板

1. MDI 操作面板

键盘的说明（图 2-13）

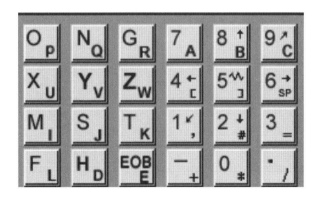

图 2-13　FANUC 0i 数控系统键盘

图 2-13 中,例如 4、G 类的为地址/数字键,按下这些键可以输入字母、数字等文字,EOB 为确定键。

2. 操作面板功能按钮

图 2-14 所示为 FANUC 0i 数控系统操作面板,表 2-2 为按钮功能说明。

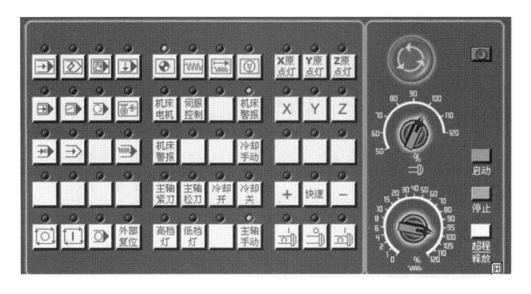

图 2-14 FANUC 0i 数控系统操作面板

表 2-2 FANUC 0i 数控系统操作面板按钮功能说明

按钮图标	功能
	自动运行按钮,使其指示灯亮
	此时已进入编辑状态,使其指示灯亮。
	进入 MDI 运行模式
	远程执行
	检查操作面板上回原点指示灯
	机床进入手动操作模式
	手动脉冲
	手轮操作模式
	单段执行

按钮图标	功能
	"单节跳过"按钮
	选择性停止,则程序中 M01 有效
	未使用
	未使用
	机床锁定
	试运行
	暂停键
	循环启动键
	循环停止键
机床电机 伺服控制	机床电动机和伺服控制的指示灯变亮
机床警报 冷却手动	机床报警和手动冷却
主轴紧刀 主轴松刀	主轴的紧刀和松刀
冷却开 冷却关	冷却液开关
X Y Z	移动轴选择
+ 快速 −	正、反向快速移动
	控制主轴的转动和停止
启动	启动按钮
	主轴倍率旋钮

续表

按钮图标	功能
	进给倍率旋钮,来调节主轴旋转的速度和移动的速度
	急停按钮
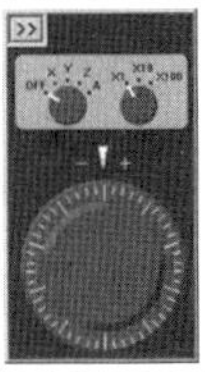	用手动脉冲方式精确移动机床,点击 H 显示手轮

3. 机床面板功能操作步骤

(1) 机床开机操作

1) 打开电箱上的总电源控制开关。

2) 合上总电源开关(空气开关),这时操作面板上的 POWER 指示灯亮,表示电源接通。

3) 按下操作面板上的 CNC POWER ON 按钮,这时 CNC 通电,面板上 CNC POWER 电源指示灯亮。

4) 释放急停按钮,这时显示屏显示 READY 表示机床自检完成。

【练习目标】熟悉开机步骤,避免误操作影响机床电器寿命。

(2) 数控铣床手动控制操作(主轴控制)

1) 点动

在手动模式下(JOG) 按下主轴点动键 ,则可使主轴正转点动。

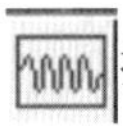

2) 连续运转

在手动模式下(JOG) 按下主轴正、反转键 ,主轴按设定的速度旋转,按停止键则主轴停止,也可以按复位键停止主轴。

在自动和 MDI 方式下编入 M03、M04 和 M05 可实现如上的连续控制。

注意机床开机后首次运行主轴要使用 MDI 方式运行,这样才能使用点动和连续运转方法控制主轴转动。

【练习目标】会正确控制主轴旋转方向及掌握调整转速的方法。

(3) 坐标轴的运动控制

1) 手轮操作

首先进入手轮操作模式 ,再选择脉冲当量和要移动的坐标轴,然后按正确的方向摇动手动脉冲发生器手轮,如图 2-15 所示。根据坐标显示确定是否达到目标

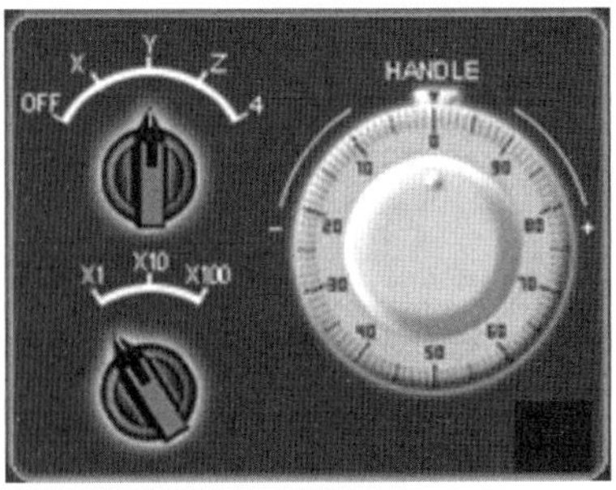

图 2-15 手动脉冲发生器手轮

位置。

2）连续进给

选择手动模式 ，则按下任意坐标轴运动键即可实现该轴的连续进给（进给速度可以设定），释放该键，运动停止。

3）快速移动

选择手动模式 ，按下移动坐标轴 X Y Z ，同时按下快速移动键和移动方向按钮 ＋ 快速 － 则可实现该轴的快速移动，运动速度为 G00。

注意，这种操作模式建议学生不使用。

【练习目标】做到熟练控制轴的移动方向和移动速度

（4）工作台的手动调整步骤

工作台拖板的手动调整是采用方向按键通过产生触发脉冲的形式或使用手轮通过产生手摇脉冲的方式来实施的。和手柄的粗调、微调一样，其手动调整也有两种方式。

1）粗调：

（A）按下手动操作面板上的操作方式开关 （JOG 键）；

（B）先选择要移动的轴，再按坐标轴移动方向按钮，则刀具主轴相对于工作台向相应的方向连续移动；

（C）移动速度受快速倍率旋钮的控制，移动距离受按压轴方向选择钮的时间的控制，即按即动，即松即停。采用该方式无法进行精确的尺寸调整，当移动量大时可采用此方法。

2）微调：本机床系统的微调需使用手轮来操作。

（A）将方式开关设置为 ；

（B）再在手轮中选择移动轴和进给增量，按"逆正顺负"方向旋动手轮手柄，则刀具主轴相对于工作台向相应的方向移动，移动距离视进给增量档值和手轮刻度而定，手轮旋转360°，相当于 100 个刻度的对应值。

【练习目标】对工作台面移动做到远快近慢，快速准确到位，手轮操作熟练。

（5）工作台的运动行程确定

根据机床说明书内容分别核对三轴行程范围：

X 轴 800mm

Y 轴 400mm

Z 轴 500mm

【练习目标】掌握机床加工范围，测出机床实际运行范围。

（6）手动回机床原点（参考点）

开机后首先应回机床原点。

1）将模式选择开关选到回原点模式（REF 键）上；

2）再选择快速移动倍率开关到合适倍率上；

3）选择各轴依次回原点。

(A)按下手动操作面板上的操作方式开关 ；

(B)先将手动轴选择为 Z 轴,再按下"＋"移动方向键,则 Z 轴将向参考点方向移动,一直至回零指示灯亮。根据自己的需要选择适合的速度;

(C)然后分别选择 Y、X 轴进行同样的操作;

(D)此时 LED 上指示机床坐标 X、Y、Z 均为零。

【练习目标】掌握机床回原点操作方法。

(7) 移动轴超程解除

在手动控制机床移动(或自动加工)时,若机床移动部件超出其运动的极限位置(软件行程限位或机械限位),则系统出现超程报警,机床锁住,无法移动。

处理方法为:

1) 按下超程解除按钮;

2)同时手动将超程部件移至安全行程内;

3)按 解除报警。

【练习目标】会解除超程报警。

(8) MDI 程序运行

MDI 方式是指从数控面板上输入一段或几程序段的指令并立即实施的运行方式。其基本操作方法如下:

1)按手动操作面板上的 MDI 方式操作。

2)按数控面板上的"PROG"功能键。

3)在输入缓冲区输入一段程序指令,并以分号(EOB)结束,然后按 INSERT(插入)键,程序内容即被加到番号为 O0000 的程序中。运行完后程序内容即被清空。

4)程序输入完成后,按 RESET(复位)键,光标回到程序开头,按"循环启动"键即可实施MDI 运行方式。若光标处于某程序行行首时按了"循环启动"键,则程序将从当前光标所在行开始执行。

【练习目标】会使用 MDI 运行方式启动机床运转。

任务拓展

拓展任务描述:在阅读机床主要结构图并核对实物位置后,对机床各部件的功能及使用方法有更深入的了解。

1) 想一想

● 教师将刀柄装入主轴的方法和过程是怎么样的?

● 床身与床脚部分的连接方法是怎么样的? 能否确定床身材料。

● 铣头主轴箱和平衡块之间连接方法是什么样的? 有何优点?

2) 试一试

● 试试完成夹刀运动:刀具装于主轴前,压缩空气使气缸活塞下压碟形弹簧,使丝杠下端的夹套处于放松状态,当刀具装入主轴后,气缸活塞上移,碟形弹簧复位,拉杆被拉向上,从而使其端部夹套内的钢球拉紧刀柄尾部的拉钉,将刀柄夹紧在主轴锥孔内。

● 察看压缩空气开关,并开启使用,观察空气压力及吹气枪试用。

模块二　安装找正工、夹、刀具

模块目标

● 能掌握定位与夹紧原理;
● 能熟悉夹具的分类、了解夹具的结构;
● 能记住常用铣刀具的材料、结构、性能;
● 能在规定时间内完成夹具的定位、找正与夹紧;
● 能在规定时间内完成工件的装夹与校正;
● 能使用卸刀座装拆刀具。

学习导入

在数控铣床上加工工件,首先要知道工件的当前位置,因此机床必须有一个基准点。工件是通过工装夹具固定在机床上。这对保证产品质量,提高生产率,减轻劳动强度,扩大机床使用范围,缩短产品试制周期等都具有重要意义。数控铣削加工中工件是如何安装的?你是否会装拆刀具、装夹工件? 在本学习模块中我们将介绍卡盘、平口钳等常见夹具的安装方法,并要求掌握零件的安装与校正技能。

任务一　夹具的定位与装夹

任务目标

1. 了解数控铣床夹具的选择方法;
2. 能在规定时间内完成夹具的定位、找正与夹紧。

知识要求

● 了解常用夹具的结构;
● 掌握夹具的分类。

技能要求

● 在数控铣床上完成平口钳或三爪卡盘等夹具的定位、找正与夹紧。

任务描述

● 任务名称:能在 15 分钟内在数控铣床上完成平口钳的定位、找正与夹紧。

任务准备

掌握定位与夹紧原理并熟悉夹具的分类,了解夹具的结构。会操作数控铣床。

任务实施

1. 操作准备

(1) 设备:装有 FANUC 0i 数控系统的数控铣床、QH-125mm 机用平口钳。

（2）量具：0～5mm 百分表及表架。

（3）工具：活络扳手、木榔头、T 型螺栓、铜片。

2. 加工方法 用双手将平口钳放在数控铣床上，用木榔头敲击调整位置。

3. 操作步骤

（1）将机床操作方式置于 JOG 状态。

（2）将工作台与平口钳底面擦拭干净。

（3）将平口钳放到工作台上，左右移动保证底面吻合后放置在台面中间。

（4）沿 Z 轴上下移动百分表校正平口钳固定钳口与机床 Z 轴平行度，如有误差垫入铜片，平行度误差在 0.01mm 内合格。

（5）拧紧底座螺栓使平口钳紧固在工作台上。

（6）沿 X 轴左右移动百分表校正平口钳固定钳口与机床 X 轴平行度，如有误差转动转盘调整，平行度误差在 0.01mm 内合格。

（7）拧紧转盘螺栓使转盘紧固底座上，然后再用百分表校验一下平行度是否有变化。

4. 任务评价（表 2-3）

表 2-3

班级		姓名		职业	数控铣工			
操作日期		日	时	分至	日	时	分	
序号		考核内容及要求		配分	评分标准	自评	实测	得分
1	平口钳装夹	清洁工作台及平口钳		5	无铁屑等杂质			
		位置符合要求		10	处于工作台中间位置			
		校正方法符合要求		20	操作方法正确			
		校正精度达到要求		20	平行度误差 0.01mm			
		校正速度达到要求		20	15 分钟内完成			
2	安全规范操作	知道安全操作要求		5	操作过程符合安全要求			
		机床设备安全操作		5	符合数控机床操作要求			
3	练习	练习次数		5	符合教师提出的要求			
		对练习内容是否理解和应用		5	正确合理地完成并能提出建议和问题			
		互助与协助精神		5	同学之间互助和启发			
	合计			100				
	项目学习学生自评							
	项目学习教师评价							

注意事项：

1. 要区分平口钳的固定钳口和活动钳口，调整时百分表表头要指向固定钳口。

2. 由于平口钳较重，搬运过程中要注意安全，如果二人合作需要互相配合提示。

知识链接

一、夹具的作用

1. 减少加工误差，保证加工精度

用机床夹具装夹工件，能准确确定工件与刀具、机床之间的相对位置关系，可以保证加工精度。

2. 提高生产效率

机床夹具能快速地将工件定位和夹紧，可以减少辅助时间，提高生产效率。

3. 减轻劳动强度

机床夹具采用机械、气动、液动夹紧装置，可以减轻工人的劳动强度。

4. 扩大机床的工艺范围

利用机床夹具，能扩大机床的加工范围。

二、夹具的分类

机床夹具按专门化程度分为通用、专用、组合随行夹具等，按使用的机床可分为车床夹具、铣床夹具等，按夹紧动力源可分为手动、气动、液压夹具等。

1. 通用夹具

通用夹具是指已经标准化的，在一定范围内可用于加工不同工件的夹具。例如，车床上三爪卡盘和四爪单动卡盘，铣床上的平口钳、分度头和回转工作台等。这类夹具一般由专业工厂生产，常作为机床附件提供给用户。其特点是适应性广，生产效率低，主要适用于单件、小批量的生产中。

2. 专用夹具

专用夹具是指专为某一工件的某道工序而专门设计的夹具。其特点是结构紧凑，操作迅速、方便、省力，可以保证较高的加工精度和生产效率，但设计制造周期较长、制造费用也较高。当产品变更时，夹具将由于无法再使用而报废。只适用于产品固定且批量较大的生产中。

3. 通用可调夹具和成组夹具

其特点是夹具的部分元件可以更换，部分装置可以调整，以适应不同零件的加工。用于相似零件的成组加工所用的夹具，称为成组夹具。通用可调夹具与成组夹具相比，加工对象不固定，适用范围更广一些。

4. 组合夹具

组合夹具是指按零件的加工要求，由一套事先制造好的标准元件和部件组装而成的夹具。由专业厂家制造，其特点是灵活多变，万能性强，制造周期短，元件能反复使用，特别适用于新产品的试制和单件、小批量生产。

5. 随行夹具

随行夹具是一种在自动线上使用的夹具。该夹具既要起到装夹工件的作用，又要与工件成为一体沿着自动线从一个工位移到下一个工位，进行不同工序的加工。

三、夹具的结构

1. 定位元件

它是与工件定位基准面接触使工件相对于机床有正确位置的夹具元件。常用的定位元件有：

（1）平面定位用的支撑钉和支撑板

（2）内孔用的心轴和定位销

（3）外圆柱面用的 V 型架

2. 夹紧机构

它是用来紧固工件的机构，以保证在加工过程中不因外力和振动而破坏工件定位时所占有的正确位置。多数夹紧机构是由斜锲夹紧机构、螺钉夹紧机构和偏心夹紧机构为基础构成的。

3. 对刀元件、导向元件

夹具中用于确定（或引导）刀具相对于夹具定位元件具有正确位置关系的元件。

4. 联接元件

用于确定夹具在机床上具有正确位置并与之连接的元件。

5. 其他元件及装置

夹具中因特殊需要而设置的装置或元件。

6. 夹具体

用于联接夹具元件和有关装置使之成为一个整体的基础件，夹具通过夹具体与机床连接。

四、数控铣床的夹具选择

数控铣床可以加工形状复杂的零件，但在数控铣床上的工件装夹方法与普通铣床的工件装夹方法一样，所使用的夹具往往并不复杂，只要求有简单的定位、夹紧机构就可以了。但要将加工部位敞开，不能因装夹工件而影响进给和切削加工。

五、平口钳的使用

平口钳是数控铣床用于夹紧矩形零件常用的夹具之一，结构简单，方便实用。它主要用在铣削加工零件的平面、台阶、斜面，铣削加工轴类零件的键槽等场合。

1. 平口钳的结构

平口钳如图 2-16 所示，由固定钳口、活动钳口、活动钳身、压紧螺杆、转盘、底座等构成。

2. 铣床机用平口钳主要技术参数（表 2-4）

平口钳的规格是以钳口铁的宽度而定的，常用的有 80mm、100mm、125mm、136mm、160mm、200mm 和 250mm 等 7 种规格。

3. 平口钳放置方式

平口钳放置方式如图 2-17 所示，（a）图为固定钳口与台面 T 型槽平行放置，（b）图为固定钳口与台面 T 型槽垂直放置。

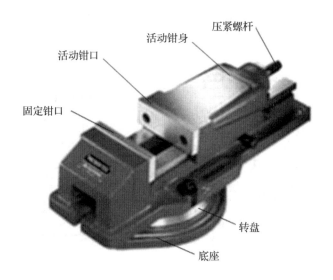

图 2-16 平口钳构成

表 2-4　机用平口钳主要技术参数

型号规格	钳口宽度/mm	钳口高度/mm	最大张开度/mm	定位键宽度/mm
QH-80mm	80	46	80	14
QH-100mm	100	46	80	14
QH-125mm	125	46	100	14
QH-136mm	136	46	110	14
QH-160mm	160	57	125	18
QH-200mm	200	64	165	18
QH-250mm	250	66	200	18

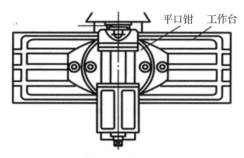

(a) 固定钳口与台面T形槽平行　　　　　　(b) 固定钳口与台面T形槽垂直

图 2-17　平口钳放置方式

4. 平口钳安装步骤

（1）将机床操作方式置于 JOG 状态。

（2）将工作台与平口钳底面擦拭干净。

（3）将平口钳放到工作台上，左右移动保证底面吻合后放置在台面中间。

（4）如图 2-18（a）所示，沿 Z 轴上下移动百分表校正平口钳固定钳口与机床 Z 轴平行度，如有误差用垫入铜片，平行度误差为 0.01mm 内合格。

（5）拧紧底座螺栓使平口钳紧固在工作台上。

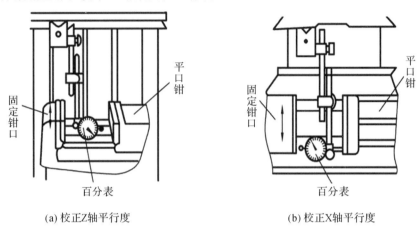

(a) 校正Z轴平行度   (b) 校正X轴平行度

图 2-18　平口钳校正安装

（6）如图 2-18（b）所示，沿 X 轴左右移动百分表校正平口钳固定钳口与机床 X 轴平行度，如有误差转动转盘调整，平行度误差为 0.01mm 内合格。

（7）拧紧转盘螺栓使转盘紧固底座上。然后再用百分表校验一下平行度是否有变化。

六、三爪卡盘的使用

三爪卡盘是机床上用来夹紧工件的机械装置，在铣削加工圆柱零件时，采用卡盘安装是简捷有效的方法。

1．三爪卡盘的结构及夹紧原理

如图 2-19 所示用卡盘钥匙扳手旋转锥齿轮，锥齿轮带动平面矩形螺纹，然后带动三爪向心运动，因为平面矩形螺纹的螺距相等，所以三爪运动距离相等，有自动定心的作用。三爪卡盘是由一个大锥齿轮，三个小锥齿轮，三个卡爪组成。三个小锥齿轮和大锥齿轮啮合，大锥齿轮的背面有平面螺纹结构，三个卡爪等分安装在平面螺纹上。当用扳手扳动小锥齿轮时，大锥齿轮便转动，它背面的平面螺纹就使三个卡爪同时向中心靠近或退出。

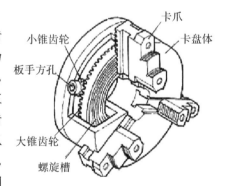

图 2-19　三爪卡盘结构图

2．三爪卡盘使用技术参数（200mm）

如图 2-20 所示，三爪卡盘规格 D 为 200mm，正爪夹紧范围 A-A_1 为 4～85mm，反爪夹紧范围 C-C_1 为 65～200mm。

3．三爪卡盘放置方式

三爪卡盘与法兰盘配合连接后置于台面上，用压板或螺栓压紧就可使用。

任务拓展

拓展任务描述：完成三爪自定心卡盘在数控铣床上的装夹。

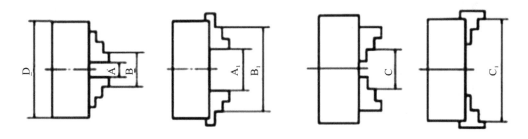

图 2-20　三爪卡盘技术参数

1）想一想

● 三爪自定心卡盘的装夹和平口钳的装夹有何不同？

2）试一试

● 10 分钟内在数控铣床上完成平口钳的定位、找正与夹紧。

任务二　利用卸刀座装拆刀具

任务目标

1. 了解铣刀刀具材料、结构、性能；

2. 掌握在数控铣床上安装刀具的方法；

3. 能使用卸刀座装拆刀具。

知识要求

● 了解铣刀刀具材料、结构、性能；

● 掌握刀柄的结构和种类。

技能要求

● 能选择适合数控铣床的刀柄；

● 能使用卸刀座装拆刀具。

任务描述

任务名称：能在 10 分钟内完成刀柄的选择并利用卸刀座装拆刀具。

任务准备

掌握有关刀柄和铣刀的基本知识；会操作数控铣床。

任务实施

1. 操作准备

（1）设备：装有 FANUC 0i 数控系统的数控铣床、卸刀座、BT40 刀柄、BT 拉钉、JT40 刀柄、JT40 拉钉、弹簧夹套 ER-32Ø10、弹簧夹套 Q2-Ø10。

（2）刀具：键槽铣刀 Ø10。

（3）工具：月牙扳手、木榔头。

2. 加工方法

选择合适的刀柄和弹簧夹套，在卸刀座上用月牙扳手拆装刀具。

3．操作步骤

（1）选择合适的刀柄、拉钉、弹簧夹套；

（2）将刀柄插入装刀器，键对准缺口；

（3）装入弹簧夹套和刀具，用月牙扳手旋紧；

（4）将拉钉旋入刀柄内；

（5）用扳手将拉钉与刀柄紧固；

（6）将装有刀具的刀柄装回数控铣床；

（7）从数控铣床上取下刀柄，并拆下刀具。

4．任务评价（表2-5）

表 2-5

班级		姓名			职业	数控铣工			
操作日期		日	时	分至	日	时 分			
序号	考核内容及要求				配分	评分标准	自评	实测	得分
1	拆装刀具	选择正确的刀柄、拉钉、弹簧夹套			10	选择正确			
		清洁刀柄、拉钉、弹簧夹套			10	无铁屑等杂质			
		拆装方法顺序符合要求			25	操作方法和顺序正确			
		拆装夹紧力符合要求			10	能夹紧刀具			
		拆装速度达到要求			20	10分钟内完成			
2	安全规范操作	知道安全操作要求			5	操作过程符合安全要求			
		机床设备安全操作			5	符合数控机床操作要求			
3	练习	练习次数			5	符合教师提出的要求			
		对练习内容是否理解和应用			5	正确合理地完成并能提出建议和问题			
		互助与协助精神			5	同学之间互助和启发			
	合计				100				
	项目学习学生自评								
	项目学习教师评价								

注意事项：

使用月牙扳手时要注意用力方式，使用蛮力容易受伤。

知识链接

一、工具系统的注意事项

为了减少刀具的品种规格，把通用性较强的几种装夹工具（如铣刀、镗刀、扩铰刀和丝锥等)系列化、标准化就成为通常所说的工具系统,包括刀柄、拉钉(连接刀柄与主轴)和弹簧夹头(连接刀柄与刀具),如图 2-21 所示。

1)拉钉与主轴里的拉紧机构相匹配

2)拉钉与刀柄相匹配

3)刀柄与主轴孔的规格一致

4)刀柄应与弹簧夹头相匹配

5)弹簧夹头与刀具相匹配

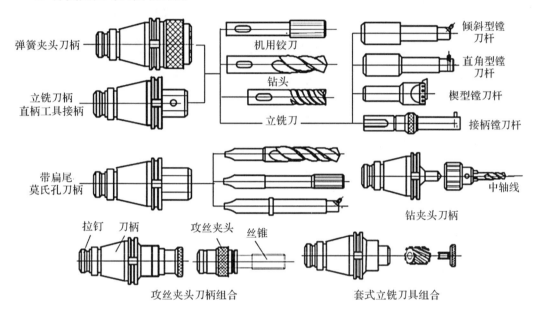

图 2-21　常见工具系统

二、刀柄与拉钉选用

如何区别 BT 刀柄(图 2-22 所示)和 JT 刀柄(图 2-23 所示),BT 刀柄和 JT 刀柄锥度是一样的,都是锥度 7∶24。但是两种刀柄的制造标准不一样,BT 刀柄是日本标准 MAS-403,JT 刀柄是德国标准 DIN 69871。

BT 刀柄与 JT 刀柄的区别在于机械手夹持部分与拉钉不同。BT 刀柄法兰盘厚度较大,机械手夹持槽靠近刀具一侧,两个端键槽的深度相同并且不铣通;JT 刀柄法兰厚度较小,有一装刀用的定位缺口,两个端键槽的深度不同并且铣通。

BT 刀柄还有一种制造标准 JIS B 6339,日本标准 JIS B 6339 虽已替代了日本工作机械工业会标准 MAS-403,但由于其主要外形尺寸相同,对使用基本没影响,所以许多刀具制造商的样本上仍然标注 MAS-403 标准代号,而未标注 JIS B 6339。但应注意,这两个标准所用的拉钉是不同的。

各种规格的拉钉对应相应规格的刀柄及相应规格拉钉卡不。BT 型刀柄拉钉有两种标准,即 MAS-403 标准和 JIS B 6339 标准。MAS-403 拉钉有Ⅰ型和Ⅱ型两种,Ⅰ型拉钉的拉紧面斜角为 30°,用于不带钢球的拉紧装置;Ⅱ型拉钉的拉紧面斜角为 45°,用于带钢球的拉紧装置。这两种拉钉的头部长度比 JIS B 6339 拉钉头部直径小,颈部长度长。

JIS B 6339 拉钉的拉紧面斜角只有 15°一种型式,用于不带钢球的拉紧装置。

注意:数控铣床采用手动换刀,BT 刀柄和 JT 刀柄可以通用,即采用 BT 机床用 BT 拉钉+JT 刀柄或 JT 机床用 JT 拉钉+BT 刀柄的形式,使用时一般没有问题。

1)按下图确定实物刀柄中的 BT 刀柄和 JT 刀柄。

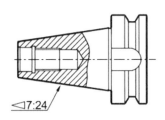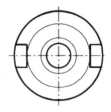

图 2-22 BT 刀柄

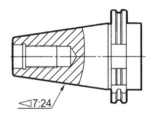

图 2-23 JT 刀柄

2)按下图确定实物拉钉中的 BT 拉钉(图 2-24 所示)和 JT 拉钉(图 2-25 所示)。

图 2-24 BT 拉钉   图 2-25 JT 拉钉

三、卸刀器

图 2-26 所示为卸刀器,用于安装刀具时固定刀柄,有竖放和水平放置两种位置。

四、数控加工刀具及特点

数控铣床除了可以使用各种通用铣刀、成型铣刀外,还常使用适用于加工空间曲面零件的球头铣刀,还有鼓形铣刀,它主要用于加工变斜角面。

数控刀具举例:

1. 面铣刀

面铣刀的圆周表面和端面上都有切削刃,端部切削刃为副切削刃。面铣刀多制成套式镶齿结构,刀齿为高速钢或硬质合金,刀体为 40Cr。图 2-27 所示(a)为整体焊接式,(b)为机夹焊接式,(c)为可转位式面铣刀。

图 2-26　卸刀器

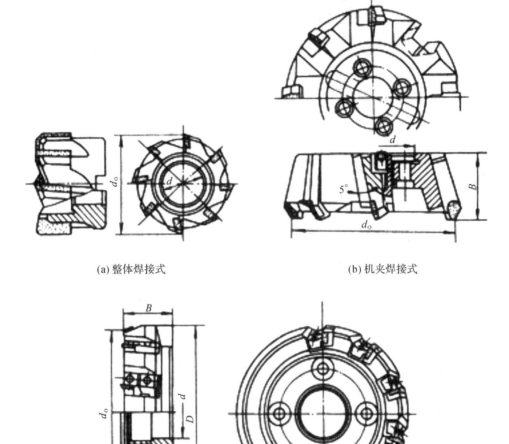

(a) 整体焊接式　　　　　　　　(b) 机夹焊接式

(c) 可转位式

图 2-27　面铣刀

2．立铣刀

立铣刀是数控机床上用得最多的一种铣刀，其结构如图 2-28 所示。立铣刀的圆柱表面和端面上都有切削刃，它们既可同时进行切削，也可单独进行切削。

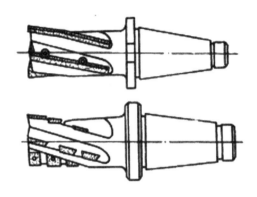

(a) 硬质合金立铣刀

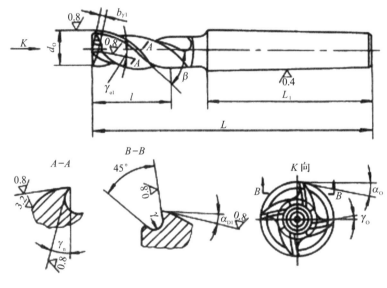

(b) 高速钢立铣刀

图 2-28　立铣刀

3．模具铣刀

模具铣刀由立铣刀发展而成，如图 2-29 所示，可分为圆锥形立铣刀（圆锥半角 $\alpha/2=3°$、$5°,7°,10°$）、圆柱形球头立铣刀和圆锥形球头立铣刀三种，其柄部有直柄、削平型直柄和莫氏锥柄。

4．键槽铣刀

键槽铣刀如图 2-30 所示，它有两个刀齿，圆柱面和端面都有切削刃，端面刃延至中心，既像立铣刀，又像钻头。加工时先轴向进给达到槽深，然后沿键槽方向铣出键槽全长。

5．鼓形铣刀

如图 2-31 所示是一种典型的鼓形铣刀，它的切削刃分布在半径为 R 的圆弧面上，端面

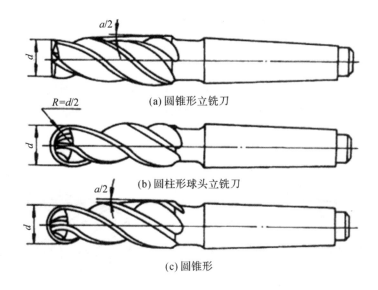

(a)圆锥形立铣刀

(b)圆柱形球头立铣刀

(c)圆锥形

图 2-29　模具铣刀

无切削刃。加工时控制刀具上下位置,相应改变刀刃的切削部位,可以在工件上切出从负到正的不同斜角。R 越小,鼓形刀所能加工的斜角范围越广,但所获得的表面质量也越差。这种刀具的缺点是刃磨困难,切削条件差,而且不适合加工有底的轮廓表面。

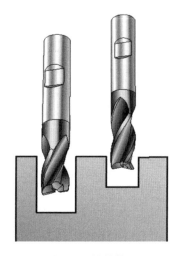

图 2-30　键槽铣刀

图 2-31　鼓形铣刀

6. 成型铣刀

常见的几种成型铣刀,一般都是为特定的工件或加工内容专门设计制造的,如角度面、凹槽、特形孔或台等。

五、切削用量的选择

铣削加工的切削用量包括切削速度、进给速度、背吃刀量和侧吃刀量,如图 2-32 所示。从刀具寿命出发,切削用量的选择方法是先选择背吃刀量或侧吃刀量,其次选择进给速度,最后确定切削速度。

1. 背吃刀量 a_p 或侧吃刀量 a

背吃刀量或侧吃刀量的选取主要由加工余量和对表面质量的要求决定。

2. 进给量 f 与进给速度 V_f 的选择

进给量与进给速度是数控铣床加工切削用量中的重要参数,根据零件的表面粗糙度,加工精度要求,刀具及工件材料等因素,参考切削用量手册选取或通过选取每齿进给量 f_z(见表 2-6)再根据公式 $f=Zf_z$(Z 为铣刀齿数)计算。

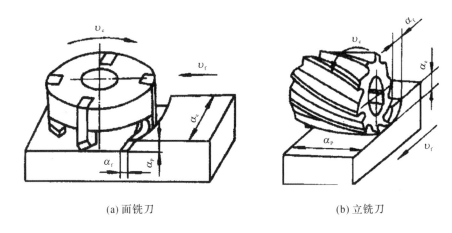

(a) 面铣刀　　　　　　　　　　　　　(b) 立铣刀

图 2-32　切削要素

表 2-6　铣刀每齿进给量参考值　　　　　　　　（单位:mm）

工件材料	f_z			
	粗铣		精铣	
	高速钢铣刀	硬质合金铣刀	高速钢铣刀	硬质合金铣刀
钢	0.10~0.15	0.10~0.25	0.02~0.05	0.10~0.15
铸铁	0.12~0.20	0.15~0.30		

任务拓展

拓展任务描述:直接在数控铣床上拆装刀具。

1)想一想

● 除了在卸刀架上换刀,是否还可以在数控铣床上直接换刀?

● 如果在数控铣床上直接换刀,一把月牙扳手是否可以完成?需要几把月牙扳手?

2)试一试

● 请利用月牙扳手在数控铣床上直接换刀。

任务三　工件在平口钳上的装夹

任务目标

1. 掌握在数控铣床上使用平口钳装夹工件并校正的方法;

2. 了解几种铣刀的到位点。

知识要求

掌握工件定位基本原理。

技能要求

在数控铣床上使用平口钳完成工件的夹紧与校正。

任务描述

任务名称：能在 10 分钟内使用平口钳完成工件的装夹与校正。

任务准备

了解数控铣床夹具的选择方法，掌握使用平口钳装夹与校正的方法。

任务实施

1. 操作准备

（1）设备：装有 FANUC 0i 数控系统的数控铣床、QH-125mm 机用平口钳。

（2）工件材料：100mm×80mm×20mm 铝合金板块。

（3）刀具：键槽铣刀。

（4）量具：0～5mm 百分表及表架。

（5）工具：活络扳手、木榔头、平行垫铁、铜片。

2. 加工方法

通过百分表检查平口钳的装夹和定位，用手安装工件，用扳手夹紧工件。

3. 操作步骤

（1）检查夹具的装夹定位

沿 Z 轴上下移动百分表校正平口钳固定钳口与机床 Z 轴平行度，沿 X 轴左右移动百分表校正平口钳固定钳口与机床 X 轴平行度，平行度误差均为0.01mm内。

（2）工件定位

1）平口钳安装好后，把工件放入钳口内，应将工件的基准面紧贴固定钳口或钳体的导轨面，并使固定钳口承受铣削力，如图 2-33（a）（b）所示。

2）工件的装夹高度以铣削尺寸高出钳口平面 3～5mm 为宜，如装夹位置不合适，应在工件下面垫上适当厚度的平行垫铁。垫铁应具有合适的尺寸与表面粗糙度及平行度。

3）为使工件基准面紧贴固定钳口，可在活动钳口与工件之间垫一圆棒，圆棒应尽量水平放置在钳口高度的中间，如图 2-33（c）所示。

4）为保护钳口，避免夹伤已加工工件表面，可在工件与钳口间垫钳口铁（如铜皮）。

（3）工件夹紧

将工件向固定钳口方向轻轻推压，轻微夹紧后，再用铜锤或木榔头等轻轻敲击，以使工件紧贴于底部垫铁上，直到用手不能轻易推动垫铁，最后用扳手将工件夹紧在平口钳内。

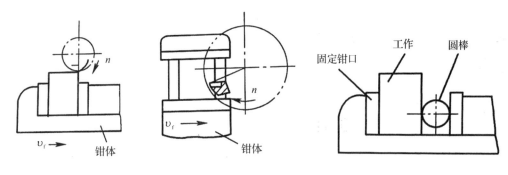

(a) 由固定钳口承受铁削力   (b) 由固定钳口承受铁削力   (c) 垫圆棒夹紧工件

图 2-33　平口钳上工件的装夹

4. 任务评价(表 2-7)

表 2-7

班级		姓名		职业	数控铣工			
操作日期		日	时 分至	日	时 分			
序号	考核内容及要求			配分	评分标准	自评	实测	得分
1	工件装夹	检查平口钳装夹		10	有检查平行度			
		清洁工件、平行垫铁、平口钳		5	无铁屑等杂质			
		工件定位符合要求		20	操作方法正确			
		工件夹紧符合要求		20	夹紧力合适			
		工件装夹速度达到要求		20	10 分钟内完成			
2	安全规范操作	知道安全操作要求		5	操作过程符合安全要求			
		机床设备安全操作		5	符合数控机床操作要求			
3	练习	练习次数		5	符合教师提出的要求			
		对练习内容是否理解和应用		5	正确合理地完成并能提出建议和问题			
		互助与协助精神		5	同学之间互助和启发			
	合计			100				
	项目学习学生自评							
	项目学习教师评价							

注意事项:

(1)安装平口钳时,应擦净钳座底面、工作台面。安装工件时,应擦净钳口铁平面、钳体导轨面及工件表面。

（2）装夹毛坯时，应在毛坯面与钳口面之间垫上铜皮等物。

（3）装夹工件时，必须将工件的基准面贴紧固定钳口或导轨面。加工过程中承受切削力的钳口必须是固定钳口。

（4）工件的加工表面必须高出钳口，以免铣坏钳口或损坏铣刀。如果工件加工表面低于钳口平面，可在工件下面垫放适当厚度的平行垫铁，并使工件紧贴平行垫铁。

（5）工件的装夹位置和夹紧力的大小应合适，使工件装夹后稳固、可靠。

（6）用平行垫铁装夹工件时，所选垫铁的平面度、上下表面的平行度以及相邻表面的垂直度应符合要求。垫铁表面应具有一定的硬度。

（7）矩形工件安装时可以采用图 2-34 所示的方法在活动钳口和工件中间夹入一个圆棒，减少活动钳口影响工件的装夹精度的误差。

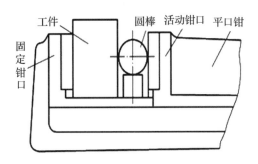

图 2-34　矩形工件装夹方法

知识链接

在机械加工过程中为确保加工精度，在数控机床上加工零件时，必须先使工件在机床上占据一个正确的位置，即定位，然后将其夹紧。这种定位与夹紧的过程称为工件的装夹。用于装夹工件的工艺装备就是机床夹具。

一、工件定位基本原理

1. 六点定位原理

工件在空间具有六个自由度，即沿 X、Y、Z 三个直角坐标轴方向的移动自由度和绕这三个坐标轴的转动自由度，如图 2-35 所示。因此，要完全确定工件的位置，就必须消除这六个自由度，通常用六个支承点（即定位元件）来限制关键的六个自由度，其中每一个支承点限制相应的一个自由度。如在 Y 平面上，不在同一直线上的三个支承点限制了工件的三个自由度，这个平面称为主基准面；在 X 平面上沿长度方向布置的两个支承点限制了工件的拿两个自由度，这个平面称为导向平面；工件在 XOZ 平面上，被一个支承点限制了一个自由度，这个平面称为止动平面。

综上所述，若要使工件在夹具中获得唯一确定的位置，就需要在夹具上合理设置相当于定位元件的六个支承点，使工件的定位基准与定位元件紧贴接触，即可消除工件的所有六个自由度，这就是工件的六点定位原理。

2. 六点定位原理的应用

六点定位原理对于任何形状工件的定位都是适用的，如果违背这个原理，工件在夹具中

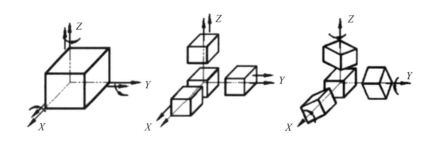

图 2-35　六个自由度

的位置就不能完全确定。然而,用工件六点定位原理进行定位时,必须根据具体加工要求灵活运用。工件形状不同定位表面不同,定位点的分布情况会各不相同,定位宗旨是使用最简单的定位方法,使工件在夹具中迅速获得正确的位置。

（1）完全定位

工件的六个自由度全部被夹具中的定位元件所限制,而在夹具中占有完全确定的唯一位置,称为完全定位。

（2）不完全定位

根据工件加工表面加工要求的不同,定位支承点的数目可以少于六个。有些自由度对加工要求有影响,有些自由度对加工要求无影响,只要确定与加工要求有关的支承点,就可以用较少的定位元件达到定位的要求,这种定位情况称为不完全定位。不完全定位是允许的。

（3）欠定位

按照加工要求应该限制的自由度没有被限制的定位称为欠定位。欠定位是不允许的,因为欠定位保证不了加工要求。

（4）过定位

工件的一个或几个自由度被不同的定位元件重复限制的定位称为过定位。当过定位导致工件或定位元件变形,影响加工精度时,应该严禁采用;但当过定位并不影响加工精度,反而对提高加工精度有利时,也可以采用,要具体情况具体分析。

3. 定位与夹紧的关系

定位与夹紧的任务是不同的,两者不能互相取代。若认为工件被夹紧后,其位置不能动了,所以自由度都已限制了,这种理解是错误的。定位时,必须使工件的定位基准紧贴在夹具的定位元件上,否则不称其为定位,而夹紧是使工件不离开定位元件。

4. 避免过定位的措施

（1）提高夹具定位面和工件定位基准面的加工精度是避免过定位的根本方法。

（2）由于夹具加工精度的提高有一定限度,因此采用两种定位方式组合定位时,应以一种定位方式为主,减轻另一种定位方式的干涉,如采用长芯轴和小端面组合或短芯轴和大端面组合,或工件以一面双孔定位时,一个销采用菱形销等。从本质上说,这也是另一种提高夹具定位面精度的方法。

（3）利用工件定位面和夹具定位面之间的间隙和定位元件的弹性变形来补偿误差,减轻干涉。在分析和判断两种定位方式在误差作用下属于干涉还是过定位时,必须对误差、间隙和弹性变形进行综合计算,同时结合工件的加工精度要求才能做出正确判断。

从广义上讲,只要采用的定位方式能使工件定位准确,并能保证加工精度,则这种定位方式就不属于过定位,就可以使用。

二、工件的安装方法

安装的正确与否直接影响加工精度,安装是否方便和迅速,又会影响辅助时间的长短,从而影响到加工的生产率。因此,工件的安装对于加工的经济性、质量和效率有着重要的作用,必须给以足够的重视。

在各种不同的生产条件下加工时,工件可能有不同的安装方法,但归纳起来大致有三种主要的方法:

1. 直接找正安装

工件的定位过程可以由操作工人直接在机床上利用千分表、高度尺、划线盘等工具,找正某些有相互位置要求的表面,然后夹紧工件,称之为直接找正安装。形状简单的工件,直接找正工件相关表面;复杂的工件,按图纸要求,先在工件表面上划出加工表面的位置线,再按划线找正安装。直接找正安装比较费时,而且找正精度的高低主要取决于所用工具或仪表的精度,以及工人的技术水平。定位精度不易保证,而且效率较低。但定位精度可以很高,适合于单件小批量生产或在精度要求特别高的生产中使用。

2. 划线找正安装

这种安装方法是按图纸要求在工件表面上划出位置线以及加工线和找正线,装夹工件时,先在机床上按找正线找正工件的位置,然后夹紧工件。划线找正安装不需要其他专门设备,通用性好,但生产效率低,精度不高(一般划线找正的对线精度为 0.1mm 左右),适用于单件、中小批生产中的复杂铸件或铸件精度较低的粗加工工序。

3. 用夹具安装

工件安装在专门设计和制造的夹具中,无须进行找正,就可迅速而可靠地保证工件对机床和刀具的正确相对位置,并可迅速夹紧。但由于夹具的设计、制造和维修需要一定的投资,所以只有在成批生产或大批大量生产中,才能取得比较好的效益。对于单件小批量生产,当采用直接安装法难以保证加工精度,或非常费工时,也可以考虑采用专用夹具安装。

三、数控铣床对夹具的基本要求、常用夹具的种类及选用原则

1. 对夹具的基本要求

实际上数控铣削加工时一般不要求很复杂的夹具,只要求有简单的定位、夹紧机构就可以了。其设计原理也与通用铣床夹具相同,结合数控铣削加工的特点,这里只提出几点基本要求:

(1) 为保持零件安装方位与机床坐标系及程编坐标系方向的一致性,夹具应能保证在机床上实现定向安装,还要求能协调零件定位面与机床之间保持一定的坐标尺寸联系。

(2) 为保持工件在本工序中所有需要完成的待加工面充分暴露在外,夹具要做得尽可能开敞,因此夹紧机构元件与加工面之间应保持一定的安全距离,同时要求夹紧机构元件能低则低,以防止夹具与铣床主轴套筒或刀套、刀具在加工过程中发生碰撞。

(3) 夹具的刚性与稳定性要好。尽量不采用在加工过程中更换夹紧点的设计,当非要在加工过程中更换夹紧点不可时,要特别注意不能因更换夹紧点而破坏夹具或工件定位精度。

2．数控铣削加工常用的夹具种类

（1）万能组合夹具

适用于小批量生产或研制时的中、小型工件在数控铣床上进行铣加工。

（2）专用铣切夹具

是特别为某一项或类似的几项工件设计制造的夹具，一般在批量生产或研制非要不可时采用。

（3）多工位夹具

可以同时装夹多个工件，可减少换刀次数，也便于一面加工，一面装卸工件，有利于缩短准备时间，提高生产率，较适宜于中批量生产。

（4）气动或液压夹具

适用于生产批量较大，采用其他夹具又特别费工、费力时的工件。能减轻工人劳动强度和提高生产率，但此类夹具结构较复杂，造价往往较高，而且制造周期较长。

（5）真空夹具

适用于有较大定位平面或具有较大可密封面积的工件。有的数控铣床（如壁板铣床）自身带有通用真空平台，在安装工件时，对形状规则的矩形毛坯，可直接用特制的橡胶条（有一定尺寸要求的空心或实心圆形截面）嵌入夹具的密封槽内，再将毛坯放上，开动真空泵，就可以将毛坯夹紧。对形状不规则的毛坯，用橡胶条已不太适宜，须在其周围抹上腻子（常用橡皮泥）密封，这样做不但很麻烦，而且占用时间长，效率低。为了克服这种困难，可以采用特制的过渡真空平台，将其叠加在通用真空平台上使用。

除上述几种夹具外，数控铣削加工中也经常采用虎钳、分度头和三爪夹盘等通用夹具。

3．数控铣削夹具的选用原则

在选用夹具时，通常需要考虑产品的生产批量，生产效率，质量保证及经济性等，选用时可参照下列原则：

（1）在生产量小或研制时，应广泛采用万能组合夹具，只有在组合夹具无法解决工件装夹时才可放弃；

（2）小批或成批生产时可考虑采用专用夹具，但应尽量简单；

（3）在生产批量较大时可考虑采用多工位夹具和气动、液压夹具。

任务拓展

拓展任务描述：完成工件在三爪卡盘上的装夹。

1）想一想

● 卡盘装夹工件时的注意事项。

（1）安装卡盘时，应擦净法兰底面、工作台面。安装工件时，应擦净卡爪表面、卡盘平面及工件表面。

（2）装夹工件时，保证工件的圆柱面垂直于导轨面。

（3）工件的加工表面必须高出卡爪，以免铣坏卡爪或损坏铣刀。如果工件加工表面低于卡爪平面，可在工件下面垫放适当厚度的平行垫铁，并使工件紧贴平行垫铁。

（4）工件的装夹位置和夹紧力的大小应合适，使工件装夹后稳固、可靠。

2）试一试

● 10分钟内在数控铣床上完成工件在三爪卡盘上的装夹。

模块三　对刀操作并设置工件坐标系

模块目标

- 能掌握机床坐标系和工件坐标系的关系;
- 能叙述工作坐标系建立的方法;
- 能运用试切法完成 X/Y/Z 轴找正及对刀操作,误差≤0.02mm;
- 能运用环表法完成 X/Y/Z 轴找正及对刀操作,误差≤0.02mm;
- 能完成工件坐标系 G54～G59 参数设置。

学习导入

数控机床的运动是各轴协调运动实现,工作台上每一点位置是由各轴的运动位置形成的坐标标识。要加工工件必须知道工件的形状、尺寸,因此需要建立工件坐标系。在数控铣床上有三个零点:机床零点、工件零点和刀具零点。对刀的目的就是通过刀具或对刀工具确定工件坐标系与机床坐标系之间的空间位置关系,这直接影响到零件的加工精度,因此通过本模块的学习必须掌握刀具零点处于机床坐标系和工件零点处于工件坐标系的关系,并掌握对刀操作的方法。

任务一　在六面体上对刀

任务目标

1. 掌握六面体上对刀的方法;
2. 能完成工件坐标系 G54～G59 参数设置。

知识要求

- 掌握在六面体上对刀的方法;
- 掌握工件坐标系知识;
- 掌握六面体工件坐标系的设定方法;

技能要求

- 运用试切法完成 X/Y/Z 轴找正及对刀操作,误差≤0.02mm;
- 完成工件坐标系 G54～G59 参数设置。

任务描述

- 任务名称:采用刀具试切在 100mm×80mm×30mm 六面体上对刀。

在 15 分钟内,在数控铣床上,运用试切法完成 X/Y/Z 轴找正及对刀操作,误差控制在 0.02mm 以内,并完成工件坐标系 G54 的参数设置。

任务准备

会操作数控铣床,会装夹刀具,会安装夹具及工件,掌握工件坐标系知识,理清机床坐标系和工件坐标系的关系。

对工件左下角建立坐标系对刀,将机床操作方式置于 JOG 状态。

任务实施

1. 操作准备

（1）设备：装有 FANUC 0i 数控系统的数控铣床、装刀器、BT40 刀柄、BT 拉钉、QH-125mm 机用平口钳、弹簧夹套 Q2-Ø10。

（2）刀具：Ø10 键槽铣刀。

（3）量具：0～150mm 游标卡尺。

（4）工具：活络扳手、木榔头、T 型螺栓、铜片、平行垫铁、月牙扳手、铜杠 Ø30×150。

（5）材料：45 钢、100mm×80mm×30mm 标准矩形工件。

2. 加工方法

试切法对刀（直接对刀）利用已学技能将刀具安装在主轴上，通过手轮移动工作台，使旋转的刀具与工件的表面做微量的接触（产生切屑或摩擦声），根据面板上的数据完成工件坐标系 G54 的参数设置。需要注意这种方法简单方便，但会在工件上留下切削痕迹，且对刀精度较低。

3. 操作步骤

（1）回参考点操作

在数控铣床上，机床参考点一般取在 X、Y、Z 三个直线坐标轴正方向的极限位置上。

（2）X、Y 向对刀

1）将工件安装在平口钳上，装夹时工件的左侧面和前面应留出刀具试切位置；

2）快速移动工作台和主轴，让刀具靠近工件的左侧，用 MDI 输入"M03 S400"程序并运行；

3）改用微调操作，让刀具慢慢接触到工件左侧，观察切削情况，碰到即可；

4）按"OFFSET"再按"工件坐标系"把光标移到 G54 的 X 处；

5）按"X-5"再按"测量"X 向对刀完成（刀具直径为 10mm）；

6）同理可测得工件坐标系原点 W 在机械坐标系中的 Y 坐标值。

（3）Z 向对刀

1）将刀具移到工件上平面；

2）用刀具端面慢慢切削工件，碰到即可；

3）按"OFFSET"再按"工件坐标系"把光标移到 G54 的 Z 处；

4）按"Z0"再按"测量"Z 向对刀完成。

（4）检查对刀

检查刀位偏差的设定是否正确，在 MDI 方式下输入程序"G54 G90 G0 X0 Y0"，循环启动，观察刀具中心是否位于工件原点。Z 方向的位置检查使用手轮方式，将刀具移动到距离在工件上表面 20mm 左右的位置，观察显示屏上的绝对坐标的 Z 值。

4. 任务评价(表 2-8)

表 2-8

班级			姓名		职业	数控铣工			
操作日期		日	时	分至	日	时	分		
序号	考核内容及要求		配分		评分标准		自评	实测	得分
1	六面体对刀	选择合适的切削深度	10		切削深度大于 2mm				
		校正方法符合要求	25		操作方法正确				
		校正精度达到要求	20		平行度误差 0.02mm				
		校正速度达到要求	20		10 分钟内完成				
2	安全规范操作	知道安全操作要求	5		操作过程符合安全要求				
		机床设备安全操作	5		符合数控机床操作要求				
3	练习	练习次数	5		符合教师提出的要求				
		对练习内容是否理解和应用	5		正确合理地完成并能提出建议和问题				
		互助与协助精神	5		同学之间互助和启发				
合计			100						
项目学习学生自评									
项目学习教师评价									

注意事项：

(1)对刀前必须要回零操作；

(2)对刀时需小心操作,尤其要注意移动方向,避免发生碰撞危险；

(3)对刀数据一定要存入对应的存储地址；

(4)用刀具或基准样棒对刀时,要注意加上或减去一个刀具或基准样棒的半径值。

知识链接

一、机床坐标系和机床参考点

如图 2-36 所示,加工工件时,要将工件安装在数控机床上进行加工,确定工件原点在机床坐标系中的位置。

1. 机床坐标系的确定

(1)机床相对运动的规定

在机床上,始终认为工件静止,而刀具是运动的。这样编程人员在不考虑机床上工件与刀具具体运动的情况下,就可以依据零件图样,确定机床的加工过程。

(2)机床坐标系的规定

标准机床坐标系中 X、Y、Z 坐标轴(图 2-37 所示)的相互关系用右手笛卡尔直角坐标系

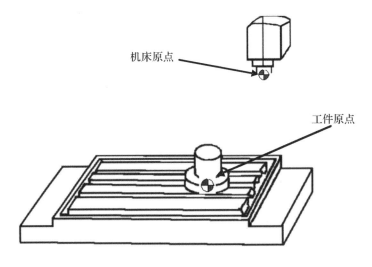

图 2-36　机床原点与工件原点

决定。

　　在数控机床上,机床的动作是由数控装置来控制的,为了确定数控机床上的成形运动和辅助运动,必须先确定机床上运动的位移和运动的方向,这就需要通过坐标系来实现,这个坐标系被称之为机床坐标系。

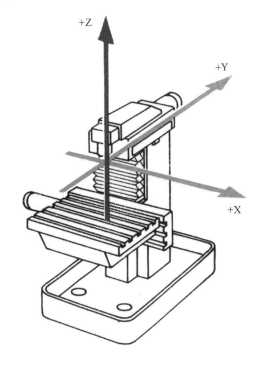

图 2-37　机床 X、Y、Z 坐标轴

　　在铣床上,有机床的纵向运动、横向运动以及垂向运动。在数控加工中就应该用机床坐标系来描述。

标准机床坐标系中 X、Y、Z 坐标轴的相互关系,如图 2-38 所示用右手笛卡尔直角坐标系决定:

1)伸出右手的大拇指、食指和中指,并互为 90°。则大拇指代表 X 坐标,食指代表 Y 坐标,中指代表 Z 坐标。

2)大拇指的指向为 X 坐标的正方向,食指的指向为 Y 坐标的正方向,中指的指向为 Z 坐标的正方向。

3)围绕 X、Y、Z 坐标旋转的旋转坐标分别用 A、B、C 表示,根据右手螺旋定则,大拇指的指向为 X、Y、Z 坐标中任意一轴的正向,则其余四指的旋转方向即为旋转坐标 A、B、C 的正向。

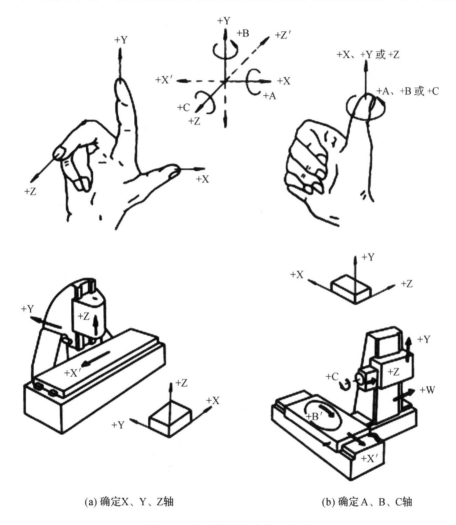

(a) 确定X、Y、Z轴　　　　　(b) 确定A、B、C轴

图 2-38　右手笛卡尔直角坐标系

(3)运动方向的规定

增大刀具与工件距离的方向即为各坐标轴的正方向。

(4)坐标轴方向的确定

1)Z 坐标

Z 坐标的运动方向是由传递切削动力的主轴所决定的,即平行于主轴轴线的坐标轴即为 Z 坐标,Z 坐标的正向为刀具离开工件的方向。

如果机床上有几个主轴,则选一个垂直于工件装夹平面的主轴方向为 Z 坐标方向;如果主轴能够摆动,则选垂直于工件装夹平面的主轴方向为 Z 坐标方向。

2)X 坐标

X 坐标平行于工件的装夹平面,一般在水平面内。

对于立式数控铣床,观察者面对刀具主轴向立柱看,+X 运动方向指向右方。

3)Y 坐标

在确定 X、Z 坐标的正方向后,可以用根据 X 和 Z 坐标的方向,按照右手直角坐标系来确定 Y 坐标的方向。

(5)机床原点的设置

机床原点是指在机床上设置的一个固定点,即机床坐标系的原点。它在机床装配、调试时就已确定下来,是数控机床进行加工运动的基准参考点。

在数控铣床上,机床原点一般取在 X、Y、Z 坐标的正方向极限位置上。

2.机床参考点

机床参考点是用于对机床运动进行检测和控制的固定位置点。机床参考点的位置是由机床制造厂家在每个进给轴上用限位开关精确调整好的,坐标值已输入数控系统中。因此参考点对机床原点的坐标是一个已知数。

数控机床开机时,必须先确定机床原点,通常在数控铣床上机床原点和机床参考点是重合的。只有在机床参考点被确认后,刀具(或工作台)移动才有基准。

二、对刀

在数控加工中,应首先确定零件的加工原点,用来建立准确的工件坐标系,此外确定刀尖在工件坐标系中的位置也是操作数控机床中非常重要的问题。

1.对刀点

"对刀点"就是在数控机床上加工零件时,刀具相对于工件运动的起点。由于程序段从该点开始执行,所以对刀点又称为"程序起点"或"起刀点",如图 2-39 所示。

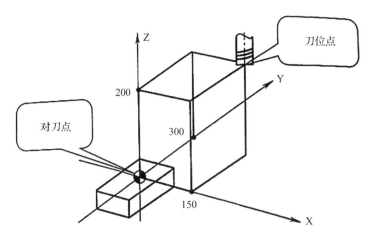

图 2-39 对刀点

2. 常用刀具的刀位点（图 2-40 所示）

（1）车刀的刀位点是刀尖。

（2）钻头的刀位点是钻尖。

（3）立铣刀、盘铣刀的刀位点是刀头底面的中心。

（4）球头铣刀的刀位点是球头中心。

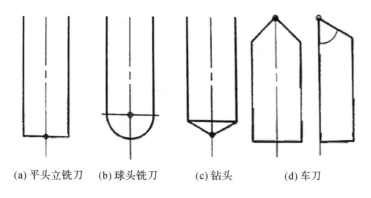

(a) 平头立铣刀　(b) 球头铣刀　(c) 钻头　(d) 车刀

图 2-40　常用刀具刀位点

3. 用 G92 建立工件坐标系的对刀方法（用于 FANUC 系统）

G92 指令的功能是设定工件坐标系，执行 G92 指令时，系统将该指令后的 X、Y、Z 的值设定为刀具当前位置在工件坐标系中的坐标，即通过设定刀具相对于工件坐标系原点的值来确定工件坐标系的原点。

以下为六面体工件的对刀步骤

如图 2-41 所示，通过对刀将图中所示方形工件的 X、Y、Z 的零点设定成工件坐标系的原点。

（1）安装工件

将工件毛坯装夹在工作台上，用手动方式分别使 X 轴、Y 轴和 Z 轴回到机床参考点。采用点动进给方式、手轮进给方式或快速进给方式，分别移动 X 轴、Y 轴和 Z 轴，将主轴刀具先移到靠近工件的 X 方向的对刀基准面——工件毛坯的右侧面。

（2）启动主轴

用手轮进给方式转动手摇脉冲发生器慢慢移动机床 X 轴，使刀具侧面接触工件 X 方向的基准面，使工件上出现一极微小的切痕，即刀具正好碰到工件侧面，如图 2-41 所示。

设工件长宽的实际尺寸为 80mm×60mm，使用的刀具直径为 10mm，这时刀具中心坐标相对于工件 X 轴的零点的位置可以计算得到：（60/2＋10/2）mm＝35mm。

（3）对 X 轴进行操作

停止主轴，将机床工作方式转换成手动数据输入方式，按"程序"键，进入手动数据输入方式下的程序输入状态，输入 G92，按"输入"键，再输入此时刀具中心的 X 坐标值 X35，按"输入"键，此时已将刀具中心相对于工件坐标系原点的 X 坐标值输入。

按"循环启动"键执行"G92 X35"这一程序，这时 X 坐标已设定好，如果按"位置"键，屏幕上显示的 X 坐标值为输入的坐标值，即当前刀具中心在工件坐标系内的坐标值。

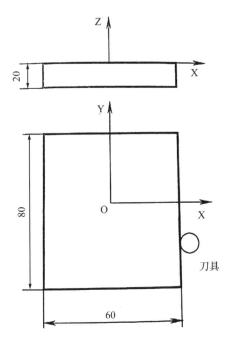

图 2-41　方形工件图及 X 方向对刀的刀具位置

（4）对 Y 轴进行操作

按照上述步骤同样再对 Y 轴进行操作,这时刀具中心相对于工件 Y 轴零点的坐标为:$(80/2+10/2)$mm＝45mm。在手动数据输入方式下输入 G92 和 Y45,并按"输入"键,这时刀具的 Y 坐标已设定好。

（5）对 Z 轴进行操作

此时刀具中心相对于工件坐标系原点的 Z 坐标值为 Z＝0mm,输入 G92 和 Z0,按"输入"键,这时 Z 坐标也已设定好,实际上工件坐标系的零点已设定如图 2-41 所示的位置上。

4. 用 G54～G59 建立工件坐标系的对刀方法

（1）采用刀具试切对刀（采用分中法）

分中对刀方法适用于工件在长宽两方向的对边都经过精加工(如平面磨削),并且工件坐标原点(编程原点)在工件正中间的情况。

左边正确寻边,读出机床坐标 X_1,右边正确寻边,读出机床坐标 X_2;下边正确寻边,读出机床坐标 Y_1,上边正确寻边,读出机床坐标 Y_2。

则工件坐标原点的机床坐标值 X、Y 为

$$X=\frac{X_1+X_2}{2} \qquad 公式 2\text{-}2$$

$$Y=\frac{Y_1+Y_2}{2} \qquad 公式 2\text{-}3$$

如果对刀精度要求不高,为方便操作,可以采用加工时所使用的刀具进行试切对刀,此法适用于毛坯对刀。为了对称分配毛坯余量,常采用键槽铣刀双边试切对刀,以图 2-42 所示工件为例,工件坐标系原点建立在顶面中心标记处,对刀前安装好工件刀具,清楚工件坐标系需要建立在何处。

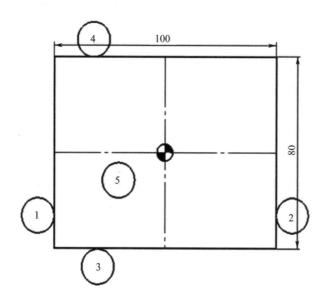

图 2-42　刀具试切对刀刀与工件位置

其操步骤如下：

1）X、Y 向对刀

● 将工件安装在平口钳上，装夹时工件的四周应留出刀具试切位置；

● 快速移动工作台和主轴，让刀具靠近工件的左侧 1 位置，用 MDI 输入"M03 S400"程序并运行；

● 改用微调操作，让刀具慢慢接触到工件左侧，观察切削情况，碰到即可；

● 按 POS 按钮、按相对坐标 X 起源。（将左侧 1 位置设为 X 轴 0 位，即 $X_1 = 0$）；

● 提刀移动到右侧 2 位置，切到工件即可，读坐标数值为 X_2，通过公式 2-2 计算 X 值；

● 按"OFFSET"再按"工件坐标系"把光标移到 G54 的 X 处；

按"X 值"再按"测量"X 向对刀完成。

● 同理可测得工件坐标系原点 W 在机械坐标系中的 Y 坐标值。

2）Z 向对刀

● 将刀具移到工件上平面；

● 用刀具端面慢慢切削工件，碰到即可；

● 按"OFFSET"再按"工件坐标系"把光标移到 G54 的 Z 处；

● 按"Z0"再按"测量"Z 向对刀完成。

（2）Z 轴设定器 Z 向对刀

Z 轴设定器主要用于确定工件坐标系原点在机床坐标系的 Z 轴坐标，或者说是确定刀具在机床坐标系中的高度。

光电式 Z 轴设定器使用方法：移动刀具接触 Z 轴设定器，使指示灯亮，然后轻微退至灯灭，再慢速前进至灯亮，此时机床坐标系所显示的值即为所求的 Z 向偏差值。

此外，虽然数控铣床的主轴上只有一把刀具，但大部分程序中至少需要两把刀具甚至更多,此时必须考虑如何把多把刀具编程应用到一个程序中,如何实现自动加工后,顺利地执行一个有多把刀具工作的程序。

常用的方法是,在编程时,每一把刀具工作的程序内容之间用 M00 实现停止,然后按顺序把已经对好的刀具装到主轴上,按"循环启动"键继续加工。由于刀具的长度造型不一样,所以在对刀时,必须把每把刀具 Z 向的坐标零点的距离测量出来,将每把刀具的长度补偿值,输入到对应的刀具长度补偿单元号中。可选择一把最短的(或最长的)刀具设为标准刀,设定该把刀具的长度补偿单元中的数值为零,其他刀具到工件表面的距离与该把刀具到工件表面的距离的差值为其他刀具的长度补偿值。因此,必须在机床上或专用对刀仪上测量每把刀具的长度(即刀具预调)。

一般采用机上对刀方法。这种方法是采用 Z 向设定器依次确定每把刀具与工件在机床坐标系中的相互位置关系,其操作步骤如下:

1)依次将刀具装在主轴上利用 Z 向设定器确定每把刀具在 Z 向到工件坐标系零点的距离,如图 2-43 所示的 A、B、C,并记录下来;

2)找出其中最长(或最短)到工件距离最小(最大)的刀具如图 2-43 中的 T03(或 T01)将其对刀值 C(或 A)作为工件坐标系的 Z 值,此时 H03=0。

3)确定其他刀具的长度补偿值,即 H01=±|C−A|,H02=±|C−B|,正负号由程序中的 G43 或 G44 来确定。

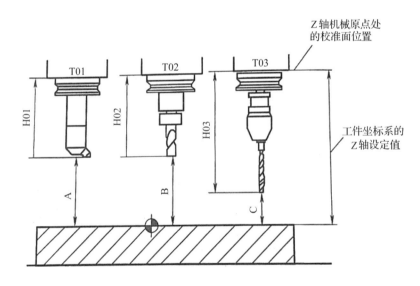

图 2-43　刀具长度补偿

(3)采用寻边器的对刀方法

寻边器既可以以面对刀,也可以以孔(柱)对刀,而且以每分钟几十转的转速转起来,对称测量精度更高。但一般不要用于 Z 向对刀,因为这个方向无缓冲,易损坏寻边器。用寻边器对刀方法简便,且对刀精度较高,但要求对刀面表面粗糙度在 $Ra6.3\mu m$ 以上。

1)寻边器分类

寻边器比较常用的有光电式寻边器、偏心式寻边器、陶瓷寻边器等,如图 2-44 所示。光电式寻边器一般由柄部和触头组成,常应用在数控铣床、数控加工中心上。触头和柄部之间有一个固定的电位差,触头装在机床主轴上时,工作台上的工件(金属材料)与触头电位相同,当触头与工件表面接触时就形成回路电流,使内部电路产生光电信号。其操作步骤与采用刀具对刀相似,只是将刀具换成了寻边器,这种方法简单,对刀精度较高。

(a) 光电式寻边器

(b) 偏心式寻边器

图 2-44　寻边器分类

2) 采用光电式寻边器对刀

首先将所用寻边器装在主轴上。沿 X(或 Y)方向缓慢移动测头,当接触工件表面时逐级降低移动量(0.1mm→0.01mm→0.001mm),直至指示灯亮。然后记录 X、Y 坐标值,如图 2-45 所示。

注意:光电式寻边器不适合旋转使用。

按图 2-46 所示要求对工件中心建立坐标系对刀。其操作步骤如下:

a) X、Y 向对刀

● 将工件安装在平口钳上,装夹时工件的四个侧面都应留出寻边器的测量位置;

● 快速移动工作台和主轴,让寻边器测头靠近工件的左侧;

● 改用微调操作,让测头慢慢接触到工件左侧,直到寻边器发光;

● 按"OFFSET"再按"工件坐标系"把光标移到 G54 的 X 处;

● 按"X-55"再按"测量"X 向对刀完成。(测头直径为 10mm);

● 同理可测得工件坐标系原点 W 在机械坐标系中的 Y 坐标值。

b) Z 向对刀

● 卸下寻边器,将加工所用刀具装上主轴;

● 将 Z 轴设定器(或固定高度的对刀块,以下同)放置在工件上平面上;

● 快速移动主轴,让刀具端面靠近 Z 轴设定器上表面;

● 改用微调操作,让刀具端面慢慢接触到 Z 轴设定器上表面,直到其指针指示到零位;

● 按"OFFSET"再按"工件坐标系"把光标移到 G54 的 X 处;

● 按"Z50"再按"测量"Z 向对刀完成。(Z 轴设定器的高度为 50mm)。

3) 采用偏心式寻边器对刀

偏心式寻边器使用方法:Ø10mm 的寻边器可安装于铣削夹头或钻孔夹头上(图 2-47
(a)),以手指轻压测定子的侧边使其偏心 0.5mm(图 2-47(b)),使其以 400～600r/min 的速度转动。如图 2-47 所示,使测定子与加工工件的端面相接触,逐级降低移动量(0.1mm→

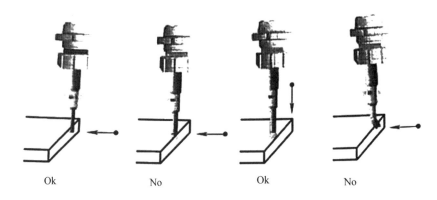

(a) 光电寻边器的正确使用方法

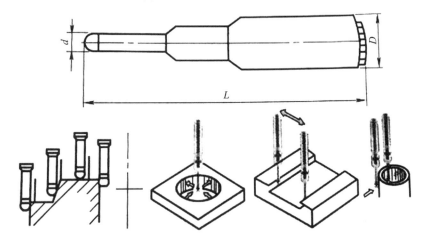

(b) 光电寻边器的测量方法

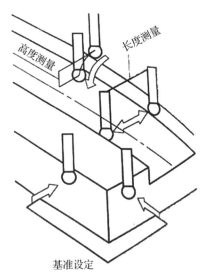

(c) 光电寻边器的基准定位测量

图 2-45 光电寻边器使用与测量

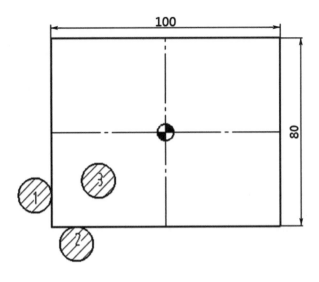

图 2-46　工件中心建立坐标系对刀

0.01mm→0.001mm)移动,就会变成如图 2-47(c)所示,测定子不再振动,如静止的状态,接着如果以更细微的进给来碰触移动的话,测定子就会如图 2-47(d)所示,开始朝一定的方向滑动,这个滑动起点就是所要寻求的基准位置。

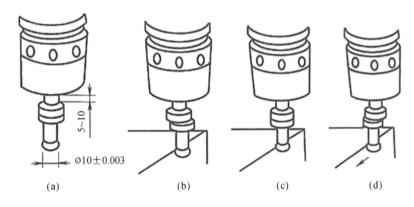

| (a) | (b) | (c) | (d) |

图 2-47　偏心式寻边器使用方法

按图 2-48 所示要求对工件左下角建立坐标系对刀。其操步骤如下:

a) X、Y 向对刀

● 将工件安装在平口钳上,装夹时工件的左侧面和前面应留出寻边器的测量位置;

● 快速移动工作台和主轴,让偏心式寻边器靠近工件的左侧,用 MDI 输入"M03S300"程序并运行;

● 改用微调操作,让测头慢慢接触到工件左侧,观察偏心使上下同轴即可;

● 按"OFFSET"再按"工件坐标系"把光标移到 G54 的 X 处;

● 按"X-5"再按"测量"X 向对刀完成。(偏心帮直径为 10mm);

● 同理可测得工件坐标系原点 W 在机械坐标系中的 Y 坐标值。

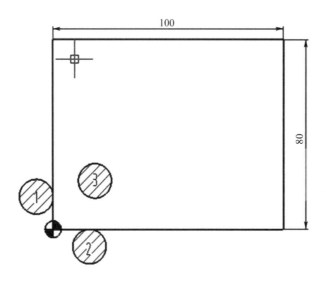

图 2-48 工件左下角建立坐标系对刀

b)Z 向对刀

● 卸下寻边器,将加工所用刀具装上主轴;

● 将 Z 轴设定器(或固定高度的对刀块,以下同)放置在工件平面上;

● 快速移动主轴,让刀具端面靠近 Z 轴设定器上表面;

● 改用微调操作,让刀具端面慢慢接触到 Z 轴设定器上表面,直到其指针指示到零位;

● 按"OFFSET"再按"工件坐标系"把光标移到 G54 的 X 处;

● 按"Z50"再按"测量"Z 向对刀完成。(Z 轴设定器的高度为 50mm)。

注意事项:

请勿使寻边器发生弯曲或勉强拖拉。

勿使滑动面沾附上异物飞尘。

使用时,转速不要超过 600r/min。

(4)采用圆柱棒对刀

圆柱校棒(图 2-49)是具有一定精度的圆棒(如铣刀刀柄),对刀时用塞尺配合使用,用这种工具对刀时应注意塞尺的松紧度,过松或过紧都会影响对刀精度。

按图 2-48 所示要求对工件左下角建立坐标系对刀。其操步骤如下:

1)X、Y 向对刀

● 将工件安装在平口钳上,装夹时工件的左侧面和前面应留出寻边器的测量位置;

● 快速移动工作台和主轴,让圆柱棒靠近工件的左侧;

● 改用手轮操作,脉冲当量置于 X0.001,让圆柱棒慢慢接触到工件左侧,同时将 0.1mm 的塞尺在圆柱棒和工件之间来回移动,当圆柱棒压住工件时为合适;

● 按"OFFSET"再按"工件坐标系"把光标移到 G54 的 X 处;

● 按"X-5.1"再按"测量"X 向对刀完成。(偏心帮直径为 10mm,塞尺厚 0.1mm)

同理可测得工件坐标系原点 W 在机械坐标系中的 Y 坐标值。

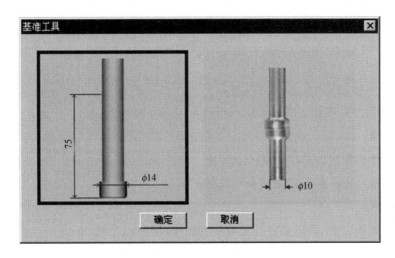

图 2-49　基准工具圆柱校棒

2）Z 向对刀

●卸下寻边器，将加工所用刀具装上主轴；

●将 Z 轴设定器（或固定高度的对刀块，以下同）放置在工件上平面上；

●快速移动主轴，让刀具端面靠近 Z 轴设定器上表面，改用微调操作，让刀具端面慢慢接触到 Z 轴设定器上表面，直到其指针指示到零位；

●按"OFFSET"再按"工件坐标系"把光标移到 G54 的 X 处；

●按"Z50"再按"测量"Z 向对刀完成。（Z 轴设定器的高度为 50mm）。

5. 检查对刀是否准确

检查刀位偏差的设定是否正确，完成对刀后，在 MDI 方式下输入程序"G54 G90 G0 X0 Y0"，循环启动，观察刀具中心是否位于工件原点。Z 方向的位置检查使用手轮方式，将刀具移动到距离在工件上表面 20mm 左右的位置，观察显示屏上的绝对坐标的 Z 值。如果位置正确，则说明对刀成功，可以进行加工。如果位置有显明的偏差，则说明对刀失败。其原因大致有几个方面：

（1）对刀前未回零。

（2）对刀时记录的坐标值有误。

（3）计算时有差错（多数是加、减搞错）即坐标的方向搞错。

重新对刀或重新计算后，再重新设定 G54 的值，然后按上述要求再作一次检查，直至完全正确为止。

任务拓展

拓展任务描述：采用圆柱校棒对刀在 100mm×80mm×30mm 六面体上对刀。

1）想一想

●采用试切法对刀和采用圆柱校棒对刀有何不同？有哪些地方需要注意？

2）试一试

●10 分钟内在数控铣床上完成采用圆柱校棒对刀的方法在 100mm×80mm×30mm 六面体上对刀

任务二　在圆柱形零件上对刀

任务目标

1. 掌握在圆柱形零件上对刀的方法；
2. 能完成圆柱形零件的工件坐标系 G54～G59 参数设置。

知识要求

● 掌握圆柱形零件对刀的方法；
● 掌握圆柱形零件的工件坐标系的设定方法。

技能要求

● 运用环表法完成 X/Y/Z 轴找正及对刀操作，误差≤0.02mm；
● 完成圆柱形零件的工件坐标系 G54～G59 参数设置。

任务描述

● 任务名称：采用环表法在 Ø80×40 圆柱形零件上对刀

能 10 分钟内在数控铣床上，运用环表法完成 X/Y/Z 轴找正及对刀操作，误差控制在 0.02mm 以内，并完成工件坐标系 G54 的参数设置。

任务准备

会操作数控铣床，会装夹刀具，会安装夹具及工件，会使用百分表。掌握工件坐标系知识，理清机床坐标系和工件坐标系的关系。

按图 2-50 所示要求对工件中心建立坐标系对刀，将机床操作方式置于 JOG 状态。

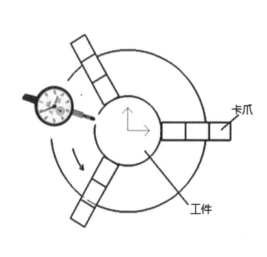

(a)示意图

(b)实物图

图 2-50　圆柱形零件中心对刀

任务实施

1. 操作准备

(1) 设备：装有 FANUC 0i 数控系统的数控铣床、装刀器、BT40 刀柄、BT 拉钉、三爪子定心卡盘、弹簧夹套 Q2-Ø10。

(2) 刀具：Ø10 键槽铣刀。

(3) 量具：0～150mm 游标卡尺、0～5mm 百分表及表架。

(4) 工具：卡盘钥匙、木榔头、铜片、月牙扳手、铜杠 Ø30×150。

(5) 材料：45 钢、Ø80×40 圆柱料。

2. 加工方法

环表法即百分表找正中心的方法，用已安装在主轴上的百分表（或杠杆表），通过手轮移动工作台，找正工件中心。这种方法简单方便，且对刀精度较高。

3. 操作步骤

(1) 回参考点操作

在数控铣床上，机床参考点一般取在 X、Y、Z 三个直线坐标轴正方向的极限位置上。

(2) 将机床操作方式置于 JOG 状态。

(3) 装夹工件后将百分表压入工件 0.3mm，上下移动 Z 轴，在圆柱体两个方向分别校正，保证零件安装与工作台面垂直。

(4) 主轴内装入刀具，移动 X 轴和 Y 轴，目测将刀具移动至工件中心。

(5) 将百分表用磁性表座放置于刀柄或主轴上，百分表压入工件 0.5mm，然后回转主轴，观察百分表在 X 轴和 Y 轴两个方向的数值。用手轮控制调整，当百分表回转 1 圈数值相等时，表示主轴回转中心和工件中心重合。

(6) 按"OFFSET"再按"工件坐标系"把光标移到 G54 的 X 处，按"X0"再按"测量"完成 X 轴。光标移到 G54 的 Y 处，按"X0"再按"测量"完成 Y 轴。

(7) 拆除百分表将刀具试切工件端面完成 Z 轴对刀。

(8) 检查刀位偏差的设定是否正确，在 MDI 方式下输入程序"G54 G90 G0 X0 Y0"，循环启动，观察刀具中心是否位于工件原点。Z 方向的位置检查使用手轮方式，将刀具移动到距离在工件上表面 20mm 左右的位置，观察显示屏上的绝对坐标的 Z 值。

4. 任务评价（表 2-9）

表 2-9

班级		姓名		职业	数控铣工			
操作日期		日	时 分至	日	时 分			
序号		考核内容及要求		配分	评分标准	自评	实测	得分
1	圆柱体对刀	测头指向位置符合要求		10	表头指向位置适当			
		校正方法符合要求		25	操作方法正确			
		校正精度达到要求		20	平行度误差 0.02mm			
		校正速度达到要求		20	10 分钟内完成			

续表

序号	考核内容及要求		配分	评分标准	自评	实测	得分
2	安全规范操作	知道安全操作要求	5	操作过程符合安全要求			
		机床设备安全操作	5	符合数控机床操作要求			
3	练习	练习次数	5	符合教师提出的要求			
		对练习内容是否理解和应用	5	正确合理地完成并能提出建议和问题			
		互助与协助精神	5	同学之间互助和启发			
合计			100				
项目学习学生自评							
项目学习教师评价							

注意事项：

(1) 对刀前必须要回零操作。

(2) 放置百分表时，测头要垂直于工件表面，指向工件圆心。

知识链接

一、用 G92 建立工件坐标系的对刀方法（用于 FANUC 系统）

G92 指令的功能是设定工件坐标系，执行 G92 指令时，系统将该指令后的 X、Y、Z 的值设定为刀具当前位置在工件坐标系中的坐标，即通过设定刀具相对于工件坐标系原点的值来确定工件坐标系的原点。

1. 圆形工件的对刀步骤

此类工件多采用杠杆百分表（或千分表）对刀，如图 2-51 所示。

1) 安装工件

将工件毛坯装夹在工作台夹具上，用手动方式分别使 X 轴、Y 轴和 Z 轴回到机床参考点。

2) 对 X 轴和 Y 轴的原点

将百分表的安装杆装在刀柄上，或卸下刀柄，将百分表的磁性表座吸在主轴套筒上，移动工作台使主轴中心轴线（即刀具中心）大约移动至工件的中心，调节磁性表座上伸缩杆的长度和角度，使百分表的触头接触工件的外圆周（或内孔壁），逐步降低手摇脉冲发生器的 X、Y 移动量，用手慢慢转动主轴，使百分表的测头沿着工件的外圆周面（或内孔壁）转动，观察百分表指针的偏移情况，慢慢移动工作台的 X 轴和 Y 轴，反复多次后，其指针的跳动量在允许的对刀误差内，如 0.002mm，此时可认为主轴的旋转中心与被测孔或圆柱面的中心重合，这时主轴的中心就是 X 轴和 Y 轴的原点。

3)将机床工作方式转换成手动数据输入方式,输入并执行程序"G92 X0 Y0",这时刀具中心(主轴中心)X 轴坐标和 Y 轴坐标已设定好,此时都为零。

4)卸下百分表座,装上铣刀,用上述方法设定 Z 轴的坐标值。

这种操作方法比较麻烦,效率低,但对刀精度高,对被测孔(或外圆周面)的精度要求也较高,适用于经过铰或镗加工的孔,仅粗加工后的孔(或外圆周面)不宜采用。

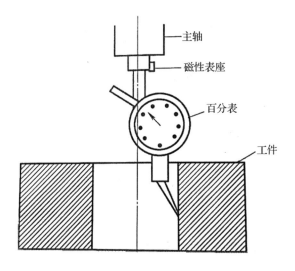

图 2-51　采用杠杆百分表(或千分表)对刀

二、用 G54～G59 建立工件坐标系的对刀方法

1. 用百分表校正工件中心

操作步骤:

(1)将机床操作方式置于 JOG 状态;

(2)装夹工件后将百分表压入工件 0.3mm,上下移动 Z 轴,在圆柱体两个方向分别校正,保证零件安装与工作台面垂直;

(3)主轴内装入刀具,移动 X 轴和 Y 轴,目测将刀具移动至工件中心;

(4)将百分表用磁性表座放置于刀柄或主轴上,百分表压入工件 0.5mm,然后回转主轴,观察百分表在 X 轴和 Y 轴两个方向的数值,用手轮控制调整,当百分表回转 1 圈数值相等时,表示主轴回转中心和工件中心重合;

(5)按"OFFSET"再按"工件坐标系"把光标移到 G54 的 X 处,按"X0"再按"测量"完成 X 轴,光标移到 G54 的 Y 处,按"X0"再按"测量"完成 Y 轴;

(6)拆除百分表,将刀具试切工件端面,完成 Z 轴对刀。

注意:放置百分表示,测头要垂直于工件表面,指向工件圆心。

2. 采用光电式寻边器找中心

如图 2-52 所示。

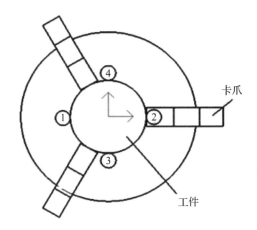

图 2-52　光电式寻边器找中心

操作步骤：

（1）X、Y 向对刀

1）装夹工件后将百分表压入工件 0.3mm，上下移动 Z 轴，在圆柱体两个方向分别校正，保证零件安装与工作台面垂直；

2）主轴内光电式寻边器，让测头慢慢接触到工件左侧 1 位置，直到寻边器发光；

3）按 POS 按钮、按相对坐标 X 起源；

4）提刀移动到右侧 2 位置，让测头慢慢接触到工件右侧 2 位置，直到寻边器发光，读坐标数值取一半值为 A；

5）按"OFFSET"再按"工件坐标系"把光标移到 G54 的 X 处；

6）按"XA"再按"测量"，X 向对刀完成；

7）同理可测得工件坐标系原点 W 在机械坐标系中的 Y 坐标值。

（2）Z 向对刀

1）卸下寻边器，将加工所用刀具装上主轴；

2）将 Z 轴设定器（或固定高度的对刀块，以下同）放置在工件上平面上；

3）快速移动主轴，让刀具端面靠近 Z 轴设定器上表面；

4）改用微调操作，让刀具端面慢慢接触到 Z 轴设定器上表面，直到其指针指示到零位；

5）按"OFFSET"再按"工件坐标系"把光标移到 G54 的 X 处；

6）按"Z50"再按"测量"，Z 向对刀完成（Z 轴设定器的高度为 50mm）。

3. 机外对刀仪对刀

机外对刀仪工作原理主要是测量刀具的长度、直径和刀具形状、角度。准确记录预执行的刀具的主要参数，如果在使用中刀具损坏需要更新，则用对刀仪可测量新刀具的主要参数值，以便掌握与原刀具的偏差，然后通过修改刀补值确保其正常加工，机外对刀仪基本结构如图 2-53 所示。

对刀仪平台 7 上装有刀柄夹持轴 2，用于安装被测刀具，如图 2-54 所示为钻削刀具。通过快速移动单键按钮 4 和微调旋钮 5 或 6，可调整刀柄夹持轴 2 在对刀仪平台 7 上的位置。

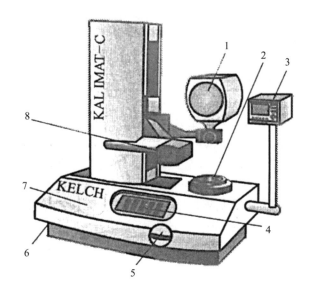

1-显示屏幕　2-刀柄夹持轴　3-测量数据处理装置　4-快速移动单键按钮

5、6-微调旋钮　7-对刀仪平台　8-光源发射器

图 2-53　对刀仪的基本结构

当光源发射器 8 发光,将刀具刀刃放大投影到显示屏幕 1 上时,即可测得刀具在 X(径向尺寸)、Z(刀柄基准面到刀尖的长度尺寸)方向的尺寸。

(1)机外对刀仪的组成

1)刀柄定位机构

对刀仪的刀柄定位机构与标准刀柄对应,它是测量的基准,所以要有高的精度,必须保证测量与使用时定位基准的一致性。

2)测头与测量机构

测头有接触式和非接触式两种。接触式测头直接接触刀刃的主要测点(最高点和最大外径点);非接触式测头主要用光学的方法,把刀尖投影到光屏上进行测量。测量机构提供刀刃切削点处的 Z 轴和 X 轴(半径)尺寸值,即刀具的轴向尺寸和径向尺寸。

3)测量数据处理装置

此装置可以把刀具的测量值自动打印,或与上一级管理计算机联网,进行柔性加工,实现自动修正和补偿。

(2)使用对刀仪测量方法

1)使用前需用标准对刀心轴进行校准,每台对刀仪都随机带有一件标准的对刀心轴,每次使用前要对 Z 轴和 X 轴尺寸进行校准和标定。

2)使用标准对刀心轴从参考点移动到工件零点时,记录机床坐标系的 X、Y、Z 坐标值,把 X、Y 值输入到工件坐标系参数 G54 中,把 Z 值叠加心轴长度后,输入到 G54 中。

3)其他刀具在对刀仪上测量的刀具长度值,补偿到对应的刀具长度补偿号中。静态测量的刀具尺寸和实际加工出的尺寸之间会有差值。这是由于对刀仪本身精度及使用对刀仪的技巧熟练程度,刀具和机床的精度及刚度,加工工件的材料和状况,冷却状况和冷却介质的性质等诸多因素的影响,往往还需要在加工过程中通过试切进行现场调整。静态测量的刀具尺寸应大于加工后孔的实际尺寸,因此对刀时有一个修正量,这要由操作者的经验来预选,一般要偏大于 0.01～0.05mm。

(3)钻削刀具的对刀操作过程

1)将被测刀具与刀柄连接安装为一体。

2)将刀柄插入对刀仪上的刀柄夹持轴 2,并紧固。

3)打开光源发射器 8,观察刀刃在显示屏幕 1 上的投影。

4)通过快速移动单键按钮 4 和微调旋钮 5 或 6,可调整刀刃在显示屏幕 1 上的投影位置,使刀具的刀尖对准显示屏幕 1 上的十字线中心,如图 2-55 所示。

5)测得 X 为 20,即刀具直径为 Ø20mm,该尺寸可用作刀具半径补偿。

6)测得 Z 为 180.002,即刀具长度尺寸为 180.002mm,该尺寸可用作刀具长度补偿。

7)将测得尺寸输入加工中心的刀具补偿页面。

8)将被测刀具从对刀仪上取下后,即可装上数控铣床、加工中心使用。

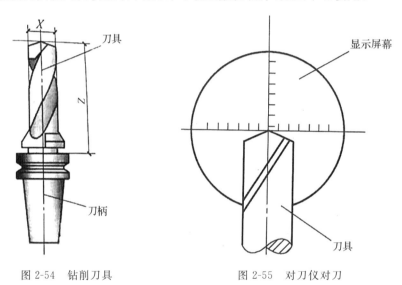

图 2-54　钻削刀具　　　　　　　图 2-55　对刀仪对刀

对刀是数控机床上非常关键的操作步骤,在操作训练中,大家可根据实际情况选取合适的对刀方法。

任务拓展

拓展任务描述:采用环表法在 Ø40×40 圆柱孔零件上对刀。

能 15 分钟内在数控铣床上,运用环表法完成 X/Y/Z 轴找正及对刀操作,误差控制在 0.02mm 以内,并完成工件坐标系 G54 的参数设置。

1)想一想

● 同样是采用环表法对刀,圆柱体和圆柱孔的对刀操作有何不同? 有哪些地方需要注意?

2)试一试

● 10 分钟内在数控铣床上采用环表法在 Ø40×40 圆柱孔零件上完成对刀。

模块四　编辑及运行程序

模块目标

- 掌握数控程序的输入方法；
- 牢记数控程序输入的步骤；
- 能对数控程序进行复制、删除等编辑操作；
- 能对程序的内容编辑处理。
- 能完成程序试运行与验证。

学习导入

数控系统是按照操作人员输入的程序进行加工的,数控程序的输入与校对是数控加工中必不可少的一个重要步骤。因此,掌握数控编程相关知识,熟记机床面板中与程序输入相关按钮,熟练地手动输入与编辑加工程序,是操作人员、编程人员必须熟练掌握的技能,也是本学习模块的重点内容。

任务　输入、编辑程序

任务目标

1. 掌握数控程序的输入方法和步骤；
2. 能采用 MDI、EDIT、DNC 方式完成程序内容的输入与编辑；
3. 能处理错误信息。

知识要求

- 掌握数控程序的输入方法和步骤。

技能要求

- 能完成数控程序的手工输入与编辑；
- 能修改数控程序中的程序；
- 能处理错误信息；
- 能锁轴看图形。

任务描述

- 任务名称:手动输入并验证程序。

能 10 分钟内在数控铣床上完成程序输入及验证程序。

任务准备

- 数控铣床(FANUC 0i 系统)；
- 零件图纸(图 2-56 所示)及相关程序。

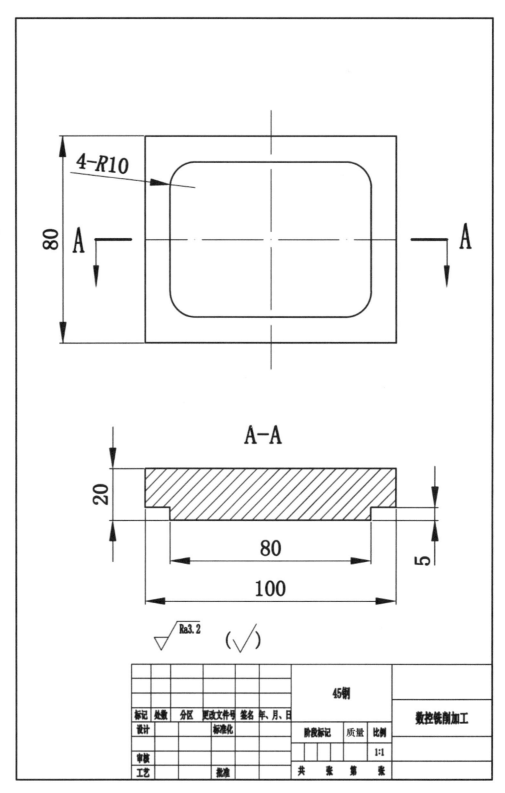

图 2-56　零件图纸

O2002	
G54 G90 G40 G00 X-30. Y40. S1200 M03.	
G43 H1 Z100.	
Z10.	
G1 Z-5. F200.	
G41 D1 X-40. F120.	
G17 G3 X-30. Y30. I10. J0.	
G1 X30.	
G2 X40. Y20. I0. J-10.	
G1 Y-20.	
G2 X30. Y-30. I-10. J0.	

G1 X-30.
G2 X-40. Y-20. I0. J10.
G1 Y20.
G2 X-30. Y30. I10. J0.
G3 X-20. Y40. I0. J10.
G1 G40 X-30.
Z10. F200.
G0 Z100.
M05.
M30.

任务实施

1. 操作准备

（1）设备：装有 FANUC 0i 数控系统的数控铣床；

（2）零件图纸及相关程序。

2. 加工方法

手动输入相关程序，模拟图形，对照零件图纸检查程序输入是否准确。

3. 操作步骤

（1）创建新程序 O2002；

（2）输入相关程序到 O2002；

（3）看图形并检查程序。

4. 任务评价（表 2-10）

表 2-10

班级		姓名		职业	数控铣工				
操作日期		日	时 分至	日	时 分				
序号	考核内容及要求			配分	评分标准		自评	实测	得分
1	程序输入及验证	按时完成给定程序输入		40	10 分钟内完成				
		能生成图形轨迹		20	错一处扣 5 分，扣完为止				
		熟练操作面板		10	主观评分				
		具备人身、设备安全意识		5	主观评分				
2	安全规范操作	知道安全操作要求		5	操作过程符合安全要求				
		机床设备安全操作		5	符合数控机床操作要求				
3	练习	练习次数		5	符合教师提出的要求				
		对练习内容是否理解和应用		5	正确合理地完成并能提出建议和问题				
		互助与协助精神		5	同学之间互助和启发				

续表

序号	考核内容及要求	配分	评分标准	自评	实测	得分
	合计	100				
项目学习学生自评						
项目学习教师评价						

注意事项：

(1) 新建程序时,需要确认该程序名未被使用。

(2) 看图形时不要忘记锁轴,看完图形要解锁并回零。

知识链接

一、加工程序的结构与格式

每一种数控系统,根据系统本身的特点与编程的需要,都规定有一定的程序格式。对于不同的机床,其程序格式也不同。因此,编程人员必须严格按照机床(系统)说明书规定的格式进行编程。但加工程序的基本格式却是相同的。

1) 程序的组成

一个完整的程序由程序名、内容部分和结束部分组成,如下所示：

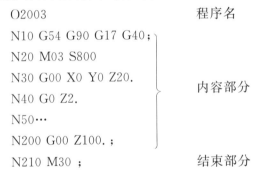

```
O2003                       程序名
N10 G54 G90 G17 G40；       ⎫
N20 M03 S800                │
N30 G00 X0 Y0 Z20.          │
N40 G0 Z2.                  ⎬  内容部分
N50…                        │
N200 G00 Z100.；            ⎭
N210 M30 ；                 结束部分
```

(1) 程序开始部分：每一个存储在系统存储器中的程序都需要指定一个程序号以相互区别,这种用于区别零件加工程序的代号称为程序号(又称为程序名)。因为程序号是加工程序开始部分的识别标记,所以同一数控系统中的程序号(名)不能重复。

程序号写在程序的最前面,必须单独占一行。

(2) 内容部分：内容部分是整个加工程序的核心,它由许多程序段组成,每个程序段由一个或多个指令字构成,它表示数控机床中除程序结束外的全部动作。

(3) 结束部分：结束部分由程序结束指令构成,它必须写在程序的最后。

可以作为程序结束标记的 M 指令有 M02 和 M30,它们代表零件加工程序的结束。为了保证最后程序段的正常执行,通常要求 M02 或 M30 也必须单独占一行。

此外,子程序结束的结束标记因不同的系统而各异,如 FANUC 系统中用 M99 表示子程序结束后返回主程序。

2)程序段的组成

(1)程序段的基本格式:程序段是程序的基本组成部分,每个程序段由若干个地址字构成,而地址字又由表示地址的英文字母、特殊文字和数字构成,如X30、G17等。

程序段格式是指在一个程序段中字、字符和数据的排列、书写方式和顺序。通常情况下,程序段格式有可变程序段格式,使用分隔符的程序段格式,固定程序段格式三种。后面两种程序段格式除在线切割机床加工时还使用分隔符的"3B"或"4B"指令格式外,其他已很少见到了。所以,本模块主要介绍可变程序段格式。

可变程序段格式如下:

N＿G＿X＿Y＿Z＿F＿S＿M＿T＿;

各个功能字的含义见表2-11。程序段中的字根据需要可有可无,书写顺序可以颠倒,程序段可长可短,这种程序段格式称为字地址可变程序段格式。

表 2-11 功能字说明

功能字	名称	说明	编程范围
N	程序段号	在程序段开头,数字一般按照从小到大书写,但程序不按程序段号执行,而是按书写顺序位置执行,程序段号用于检索	N0—N9999
G	准备功能	国际标准 ISO 有统一规定,但是不同的系统还是有区别	G0—G99,有些系统出现 3 位 G 代码
X-Y-Z	坐标功能	用来描述轮廓在坐标系中的位置,一般写在移动指令 G 代码后面。有正负号	机床最小输入单位 0.001 至机床行程范围
F	进给功能	进给速度分为每分钟进给 mm/min 和每转进给 mm/r,由 G 代码确定,铣床常用 mm/min	机床进给速度范围
S	主轴转速功能	主轴转速,单位 r/mm	机床主轴转速范围
M	辅助功能	国际标准 ISO 有统一规定,但是不同的系统还是有区别	M0—M99,有些系统出现 3 位 M 代码
T	刀具功能	刀具号,铣床不用	机床规定范围
;	程序段结束符号	一段程序结束,段与段之间的分隔符号。机床由 EOB 键代表	

(2)程序段号与程序段结束:程序段由程序段号 N×× 开始,FANUC 系统程序段结束标记为";"。

(3)程序的斜杠跳跃:有时,在程序段的前面编有"/"符号,该符号称为斜杠跳跃符号,该程序段称为可跳跃程序段。如下列程序段:

/N10 G00 X100.0;

这样的程序段,可以由操作者对程序段和执行情况进行控制。当操作机床并使系统的"跳过程序段"生效时,程序在执行中将跳过这些程序段;当"跳过程序段"无效时,该程序段照常执行,即与不加"/"符号的程序段相同。

(4)程序段注释:为了方便检查、阅读数控程序,在许多数控系统中允许对程序段进行注释,注释可以作为对操作者的提示显示在荧屏上,但注释对机床动作没有丝毫影响。

二、FANUC 0i 系统常用指令

1. 准备功能(G 功能)

准备功能 G 代码用来规定刀具和工件的相对运动轨迹、机床坐标系、坐标平面、刀具补偿、坐标偏置等多种加工操作。G 代码按续效性分为模态代码和非模态代码。模态代码一经指定,直到同组 G 代码出现为止一直有效,非模态 G 代码仅在所在的程序段内有效。

数控加工常用的 G 功能代码见表 2-12。

表 2-12　G 功能说明

G 代码	组	功能	附注
G00	01	定位(快速移动)	模态
G01		直线插补	模态
G02		顺时针方向圆弧插补	模态
G03		逆时针方向圆弧插补	模态
G04	00	停刀,准确停止	非模态
G17	02	XY 平面选择	模态
G18		XZ 平面选择	模态
G18		YZ 平面选择	模态
G28	00	机床返回参考点	非模态
G40	07	取消刀具半径补偿	模态
G41		刀具半径左补偿	模态
G42		刀具半径右补偿	模态
G43	08	刀具长度正补偿	模态
G44		刀具长度负补偿	模态
G49		取消刀具长度补偿	模态
G50	11	比例缩放取消	模态
G51		比例缩放有效	模态
G50.1	22	可编程镜像取消	模态
G51.1		可编程镜像有效	模态
G52	00	局部坐标系设定	非模态
G53	00	选择机床坐标系	非模态

G 代码	组	功能	附注
G54	14	工件坐标系 1 选择	模态
G55		工件坐标系 2 选择	模态
G56		工件坐标系 3 选择	模态
G57		工件坐标系 4 选择	模态
G58		工件坐标系 5 选择	模态
G59		工件坐标系 6 选择	模态
G65	00	宏程序调用	非模态
G66	12	宏程序模态调用	模态
G67		宏程序模态调用取消	模态
G68	16	坐标旋转	模态
G69		坐标旋转取消	模态
G73	98	排削钻孔循环	模态
G74		左旋攻螺纹循环	模态
G76		精镗循环	模态
G80		取消固定循环	模态
G81		钻孔循环	模态
G82		反镗孔循环	模态
G83		深孔钻削循环	模态
G84		攻螺纹循环	模态
G85		镗孔循环	模态
G86		镗孔循环	模态
G87		背镗循环	模态
G88		镗孔循环	模态
G89		镗孔循环	模态
G90	03	绝对值编程	模态
G91		增量值编程	模态
G92	00	设置工件坐标系	非模态
G94	05	每分钟进给	模态
G95		每转进给	模态
G99	10	固定循环返回初始点	模态
G90		固定循环返回 R 点	模态

2. 辅助功能(M 代码)

辅助功能代码用于指令数控机床辅助装置的接通和关断,如主轴转/停、切削液开/关,卡盘夹紧/松开、刀具更换等动作。常用 M 代码见表 2-13。

表 2-13　M 代码说明

代码	功能	说明
M00	程序暂停	当执行有 M00 指令的程序段后，主轴旋转、进给切削液都将停止，重新按下（循环启动）键，继续执行后面的程序段
M01	程序选择停止	功能与 M00 相同，但只有在机床操作板上的（选择停止）键处于"ON"状态时，M01 才执行，否则跳过执行
M02	程序结束	放在程序的最后一段，执行该指令后，主轴停，切削液关，自动运行停，机床处于复位状态
M30	程序结束	放在程序的最后一段，除了执行 M02 的内容外，还返回到程序的第一段，准备下一个工件的加工
M03	主轴正转	用于主轴顺时针方向转动
M04	主轴反转	用于主轴逆时针方向转动
M05	主轴停止	用于主轴停止转动
M06	换刀	用于加工中心的自动换刀
M08	切削液开	用于切削液开
M09	切削液关	用于切削液关
M98	调用子程序	用于子程序
M99	子程序结束	用于子程序结束并返回主程序

3. 其他指令

1）进给速度指令 F

F：进给速度指令用字母 F 及其后面的若干位数字来表示，单位为 mm/min（G94 有效）或 mm/r（G95 有效）。例如，在 G94 有效时，F150 表示进给速度为 150mm/min。一旦用 F 指令了进给速度就一直有效，直到 F 指令新的进给速度。

2）主轴转速指令 S

S：主轴转速指令用字母 S 及其后面的若干位数字来表示，单位为 r/min。例如，S300 表示主轴转速为 300r/min。

3）刀具指令 T

T：由字母 T 及其后面的 3 位数字表示，表示刀具号，如 T001（编程时前面的 0 可省略，简写为 T1）。

4）刀具长度补偿值指令 H

H：由字母 H 及其后面的 3 位数字表示，该 3 位数字为存放刀具长度补偿量和磨损量的存储器地址字。

5）刀具半径补偿值指令 D

D：由字母 D 及其后面的 3 位数字表示，该 3 位数字为存放刀具半径补偿量和磨损量的存储器地址字。

三、数控程序手动输入与编辑

1. 查看内存中的程序和打开程序

选择"编辑"模式,选择"PROG"进入程序编辑状态。如图 2-57 所示,可选"程序"和"列表＋",选择"列表＋"可以查看内存中所有程序文件名,包括内存使用情况。光标可以上下移动查看需要打开的程序。要打开某个程序,只需输入 OXXXX(程序名),然后按"↓"键,即可打开该程序。

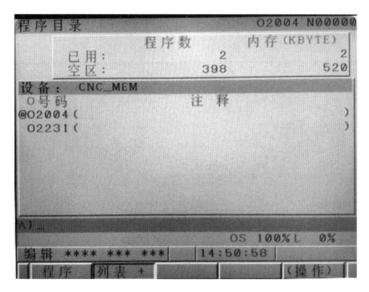

图 2-57　程序编辑界面

程序的创建与删除:

1) 新建程序 O2004

通过操作面板手工输入 NC 程序。

操作步骤:

(1)将功能按钮旋到编辑键。

(2)按 PRGRM 键,进入程序页面。

(3)用键盘输入"O2004"程序名,注意不可以与已有程序名重复。

(4)按 INSRT 键,程序建立。

2) 删除程序

程序名为 O2004。

操作步骤:

(1) 将功能按钮旋到编辑键。

(2)按 PRGRM 键,输入字母"O"。

(3)用键盘输入"O2004"程序名。

(4)按 DELET，"O2004"NC 程序被删除。

3）删除所有程序

选择〈EDIT〉方式，输入"OXXXX，OYYYY"（XXXX 代表将要删除程序的起始程序号，YYYY 代表将要删除程序的终了程序号），按 Delete 按键，删除 OXXXX 到 OYYYY 之间的程序。

2．程序的编辑

编辑已有的程序，程序名为 O2004。

操作步骤：

(1)将功能按钮旋到编辑键。

(2)按 PRGRM 键，进入程序页面。

(3)键盘输入"O2004"程序名。

(4)按"↓"键，进入程序。

(5)用编辑键和数字/字母键输入程序。

ALTER 替代键。用输入的数据替代光标所在位置的数据。

DELET 删除键。删除光标所在位置的数据，或者删除一个数控程序或者删除全部数控程序。

INSRT 插入键。把输入域之中的数据插入到当前光标之后的位置。

CAN 修改键。消除输入域内的数据。

EOB 回撤换行键。结束一行程序的输入并且换行。

数字/字母键如下：

7 O	8 N	9 G
4 X	5 Y	6 Z
1 H	2 F	3 R
— M	0 S	. T
D 4TH B	K J I	L Q NO.P

输入程序：

O2004	Y10.
G90 G54 G0 X-50. Y30. S1200.	G3 Y-10. I0. J-10.
M03.	G1 Y-30.
G43 H1 Z100.	X10.
Z5.	G3 Y10. I0 J10.
G1 Z-5. F200.	G1 Y30.
G41 D1 X-40. F120.	G40 Y40.
X-10.	G0 Z100.
G17 G3 X10. I10. J0.	M30.
G1 X40.	

四、DNC 方式数控程序输入

将 CF 卡中的 O2004 程序自行调用至机床中。如图 2-58 所示,进入"OFF/SET"检查 I/O 通道,确保通道号为 4。

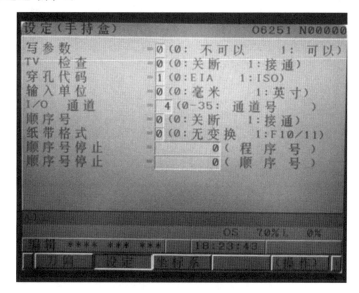

图 2-58　手持盒设定

(1)如图 2-59(a)为 CF 卡,图 2-59(b)为 CF 卡插入机床输入端口。

(2)进入程序编辑状态,点击图 2-60(a)中的"(操作)",出现新选项如图 2-60(b),选择"设备"。

(3)如图 2-60(c),设备选项中选择"M-卡",出现新选项如图 2-60(d),选择"F 输入"。

(4)如图 2-60(e),根据所选程序号和文件名,对应 F 设定和 O 设定,例如图中选择 0001 号程序,即 F 设定输入"0001",O 设定输入"2651",然后"执行"。

(5)图 2-61 为退出界面,检查程序是否导入成功。

(a) CF卡   (b) CF卡安装位置

图 2-59 CF 卡安装

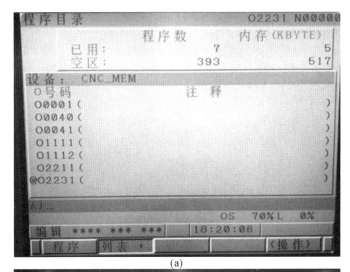

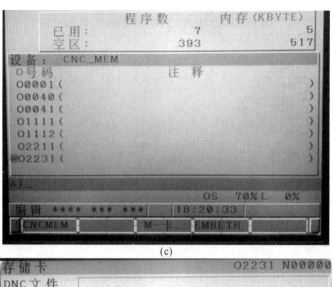

(c)

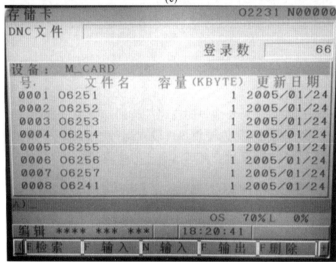

(d)

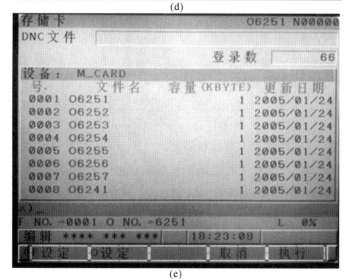

(e)

图 2-60　CF 卡程序导入步骤

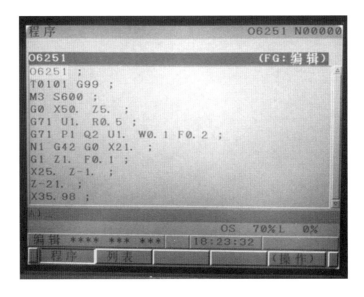

图 2-61　程序导入检查

五、图形模拟

在图形模式下运行程序,它对所编辑的程序进行图形模拟试运行,而无须移动轴,也不会因为程序错误而造成刀具损坏。图形模拟可以在运行机床前对所有的工件偏置、刀具偏置和行程限制进行检查,大大降低了在调试过程中的撞刀危险。

1. 程序校验

FANUC 0i-mate 系统具有图形显示功能,我们可以通过其线框图观察程序的运行轨迹。如果程序有问题,系统会有相应的报警提示。程序校验的操作过程如下。

(1)在〈EDIT〉方式下打开或输入加工的程序。

(2)设置好工件坐标系、刀具的长度与半径偏置量。(本学习模块未讲解刀具补偿功能,此条可先不执行。)

(3)选择〈AUTO〉方式。

(4)按下 GRPH/CSTM 按键进入图 2-62 所示参数 1 设置界面;按下向下翻页键可进入图 2-63 所示参数 2 设置界面。

(5)设置好绘图区(视图)参数等后,按"执行",进入图 2-62 所示界面。

(6)按"(操作)",进入图 2-63 所示界面。

(7)按"开始"后,系统将显示刀具运行轨迹。

任务拓展

拓展任务描述:通过网络传输程序。

1)想一想

● DNC 方式下,除了利用 CF 卡传送程序,是否还可以通过网络传送?

2)试一试

● 利用仿真教室的电脑和网络,将程序传送到机床上。

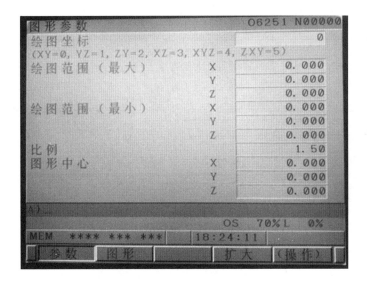

图 2-62　轨迹图形参数 1 设置界面

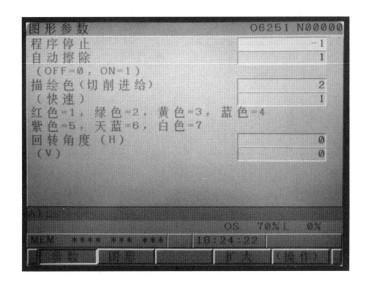

图 2-63　轨迹图形参数 2 设置界面

作业练习

将图 2-64 所示图纸中的程序手动输入,并模拟图形。

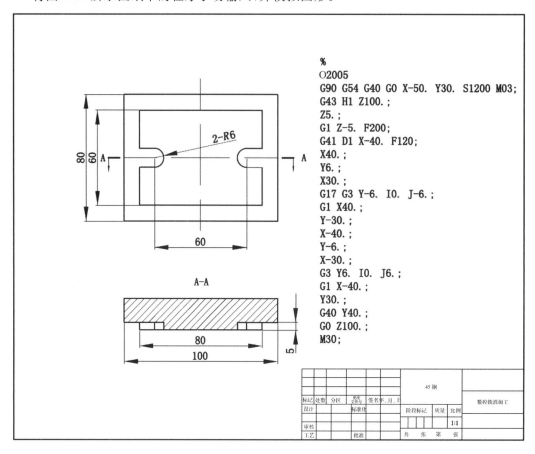

```
%
O2005
G90 G54 G40 G0 X-50. Y30. S1200 M03;
G43 H1 Z100. ;
Z5. ;
G1 Z-5. F200;
G41 D1 X-40. F120;
X40. ;
Y6. ;
X30. ;
G17 G3 Y-6. I0. J-6. ;
G1 X40. ;
Y-30. ;
X-40. ;
Y-6. ;
X-30. ;
G3 Y6. I0. J6. ;
G1 X-40. ;
Y30. ;
G40 Y40. ;
G0 Z100. ;
M30;
```

图 2-64

模块五 设置刀具补偿参数

模块目标

● 熟悉数控铣床刀具半径补偿的目的;

● 了解数控铣床刀具长度补偿的目的;

● 掌握数控铣床刀具半径补偿的使用;

● 能辨认有无半径补偿的刀具运动轨迹。

学习导入

当加工曲线轮廓时,对于有刀具半径补偿功能的数控系统,可不必求刀具中心的运动轨迹,只按被加工工件轮廓编程,同时在程序中给出有轮廓曲线的零件,简化编程。在掌握了刀具半径补偿的格式后,在数控铣床加工零件时,你是否能正确使用半径补偿功能?是否会正确修改刀具参数控制零件尺寸精度?

任务　刀具半径补偿参数设置

任务目标

1. 熟悉数控铣床刀具半径补偿的目的;
2. 掌握数控铣床刀具半径补偿的使用;
3. 能在数控铣床上设置刀具半径补偿参数;
4. 能辨认有无半径补偿的刀具运动轨迹。

知识要求

● 掌握刀具半径补偿原理;
● 熟悉数控铣床刀具半径补偿的目的。

技能要求

● 能在数控铣床上正确计算、输入刀具半径补偿值;
● 能辨认有无半径补偿的刀具运动轨迹。

任务描述

● 任务名称:设置刀具半径补偿参数。
规定时间内,能在数控铣床上完成刀具半径补偿参数设置,并通过图形模拟进行检查。

任务准备

数控铣床(FANUC 0i 系统)。
零件图纸及相关程序(图 2-65)。

任务实施

1. 操作准备

(1) 设备:装有 FANUC 0i 数控系统的数控铣床;
(2) 零件图纸及相关程序;
(3) 图 2-65 所示程序输入数控铣床,程序名 O2006。

2. 加工方法

设置刀具半径补偿参数,模拟图形,观察有无设置刀具半径补偿参数和图形的变化。

3. 操作步骤

(1) 打开程序 O2006,确认刀具半径补偿号;
(2) 在 OFF/SET 中找到对应的刀具半径补偿号;
(3) 根据刀具半径以及精加工余量计算参数并设置;
(4) 图形模拟并辨认有无半径补偿的刀具运动轨迹。

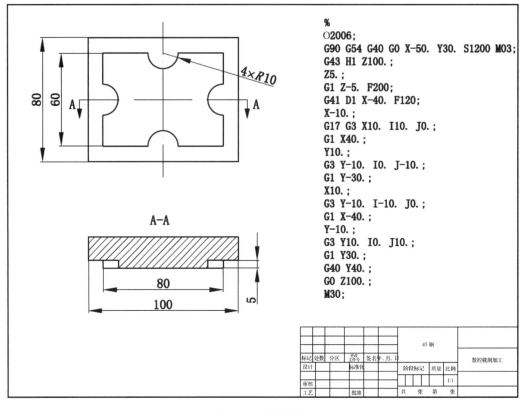

图 2-65　零件图纸

4. 任务评价(表 2-14)

表 2-14

班级		姓名				职业	数控铣工				
操作日期		日	时	分至		日	时　　分				
序号		考核内容及要求				配分	评分标准		自评	实测	得分
1	设置刀具半径补偿参数	按时完成半径补偿参数设定				15	2 分钟内完成				
		刀具半径参数设置正确				20	刀具半径设置正确				
		余量参数设置正确				20	加工余量合理				
		图形模拟				20	能辨认有无半径补偿				
2	安全规范操作	知道安全操作要求				5	操作过程符合安全要求				
		机床设备安全操作				5	符合数控机床操作要求				
3	练习	练习次数				5	符合教师提出的要求				
		对练习内容是否理解和应用				5	正确合理地完成并能提出建议和问题				
		互助与协助精神				5	同学之间互助和启发				
	合计					100					

续表

序号	考核内容及要求	配分	评分标准	自评	实测	得分
	项目学习 学生自评					
	项目学习 教师评价					

注意事项：

任务图纸中的图形为外轮廓，设置刀具半径补偿参数后模拟图形，图形应比图纸大。

知识链接

一、刀具长度补偿

1. 刀具长度补偿的目的

刀具长度补偿指令一般用于刀具轴向（Z）的补偿，通过改变偏置量来改变刀具 Z 方向上的实际位移量。

有了刀具长度补偿功能，当加工过程中刀具因磨损、重磨、换新刀而使其长度发生变化时，可不必修改程序中的坐标值，只要修改存放在寄存器中的刀具长度补偿值即可。

其次，若加工一个零件需用几把刀，各刀的长度不同，编程时不必考虑刀具长短对坐标值的影响，只要把其中一把刀设为标准刀，其余各刀相对标准刀设置长度补偿值即可。

2. 刀具长度补偿的格式

FANUC 系统刀具长度补偿的格式：

G01/G00 G43 Z_H_；

G01/G00 G44 Z_H_；

……

G01/G00 G49；

说明：G43 指令刀具长度正补偿。

G44 指令刀具长度负补偿。

G49 指令取消刀具长度补偿。

Z 指令程序中的指令值。

H 指令刀具长度补偿号，后面一般用 2 位数字表示代号。H 代码中放入刀具的长度补偿值作为偏置量。这个号码与刀具半径补偿共用。

在 SIEMENS 系统中，使用刀具 T 功能（如 T1D1）来同时生效长度补偿，不需要特定指令，但补偿原理相同。

3. 刀具长度补偿的使用

无论是采用绝对方式还是增量方式编程，对于存放在 H 中的数值，在 G43 时是加到 Z 轴坐标值中，在 G44 时是从原 Z 轴坐标中减去，从而形成新的 Z 轴坐标。

执行 G43 时：Z 实际值＝Z 指令值＋（H××）

执行 G44 时：Z 实际值＝Z 指令值－（H××）

如图 2-66 所示，当偏置值是正值时，G43 指令是在正方向移动一个偏置量，G44 是在负方向上移动一个偏置量。

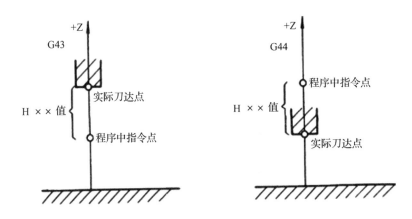

图 2-66　刀具长度补偿

例：(1)H01＝100mm

　　　G90 G00 G44 Z30 H01

　　　实际移动值为 30－100＝－70(mm)

　　(2)H01＝－100mm

　　　G90 G00 G43 Z30 H01

　　　实际移动值为 30 ＋(－100)＝－70(mm)

4. 刀具长度补偿应用注意事项

(1)刀具长度补偿尺寸基准选择要正确。

(2)刀具长度补偿正、负值要正确。

(3)刀具长度补偿应用与取消 Z 轴要有移动才能生效。

二、刀具半径补偿

1. 刀具半径补偿的目的

当加工曲线轮廓时,对于有刀具半径补偿功能的数控系统,可不必求刀具中心的运动轨迹,只按被加工工件轮廓编程,同时在程序中给出有轮廓曲线的零件,简化编程。

2. 刀具半径补偿原理

如果按照零件的轮廓编写数控铣床加工程序,由于刀心轨迹与零件轮廓重合,无论铣削零件的外轮廓还是内轮廓,都会造成零件过切现象,会使外轮廓变小,内轮廓变大;如果加工外轮廓时使刀具中心向工件轮廓外偏离半径值,加工内轮廓时刀具中心向工件轮廓内偏离半径值,这样即可避免刀具对工件的过切。如图 2-67 所示,一般数控系统都具备刀具半径补偿功能,即编程时按工件轮廓编写刀心轨迹加工程序,数控系统能自动计算偏离工件轮廓轨迹半径值的刀心坐标,从而可以通过控制刀心轨迹切削加工工件轮廓。

3. 刀具半径补偿的格式

FANUC 系统刀具半径补偿的格式：

G17 G01/G00 G41 X_Y_D_F_；

G17 G01/G00 G42 X_Y_D_F_；

……

G01/G00 G40 X_Y_；

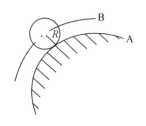

A-加工轮廓曲线　B-铣刀中心沿着进给轨迹　R-刀具半径(偏移距离)

图 2-67　刀具圆心轨迹

说明：

G41：刀具半径左补偿，即沿刀具进给方向看去，刀具中心在零件轮廓的左侧。这时相当于顺铣，如图 2-68(a)所示。

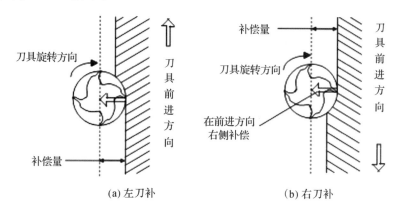

(a)左刀补　　　　　　　　(b)右刀补

图 2-68　刀具补偿方向

G42：刀具半径右补偿，即沿刀具进给方向看去，刀具中心在零件轮廓的右侧。这时相当于逆铣，如图 2-68(b)所示。

G17：XOY 平面内指定，其他 G18、G19 平面虽然形式不同，但原则一样，这时特别要注意，在判别 G41、G42 时，朝着不在补偿平面内的坐标轴由正方向向负方向看。

X、Y：建立与撤销刀具半径直线段的终点坐标值。

D：刀具半径补偿寄存器的地址字，在对应刀具补偿号码的寄存器中存有刀具半径补偿值。刀具半径补偿寄存器内存入的是负值，表示与实际补偿方向取反。

G40：取消刀补。

4. 刀具半径补偿的使用

1）刀具半径补偿的过程

(1)刀补的建立

刀补的建立就是刀具从起点接近工件时刀具中心从与编程轨迹重合过渡到与编程轨迹偏置的过程。

(2)刀补进行

在 G41、G42 程序段后，刀具中心始终与编程轨迹相距一个偏置量，直到刀补取消。

（3）刀补的取消

刀具离开工件，刀具中心轨迹要过渡到与编程重合的过程。

如图 2-69 所示，OA 段为建立刀补段，从 O 到 A 要用 G01 或 G00 编程。刀具进给方向如图示，建立刀补的程序为：

G41　G01　X50　Y40　F100　D01

偏置量预先寄存在 D01 指令的存储器中，G41、G42、D 为续效代码。

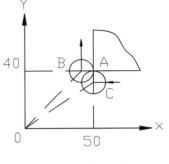

图 2-69　建立刀补

2）刀具半径补偿在数控铣床上的主要应用

（1）用轮廓尺寸编程

刀具半径补偿可以避免计算刀具中心轨迹，直接用工件轮廓尺寸编程。

（2）适应刀具半径变化

刀具因磨损、重磨、换新刀而引起半径改变后，不必修改程序，只要输入新的补偿偏置量，其大小等于改变后的刀具半径。如图 2-70 所示，1 为未磨损刀具，2 为磨损后刀具，两者直径不同，只需将偏置量由 r_1 改为 r_2，即可适用同程序。

（3）简化粗精加工

用同一程序、同一尺寸的刀具，利用刀具补偿值，可进行粗精加工。如图 2-71 所示，刀具半径 r，精加工余量 Δ。粗加工时，输入偏置量 $D = r + \Delta$，则加工出点画线轮廓；使用同一刀具，但输入偏置量等于 r，则加工出实线轮廓。

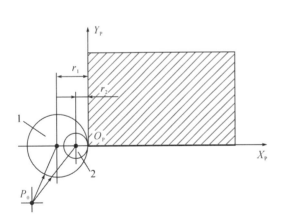

1-未磨损刀具　2-磨损后刀具

图 2-70　刀具直径变化的刀具补偿

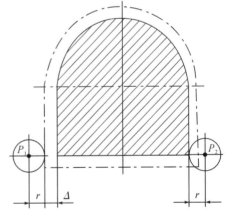

P_1-粗加工刀心位置　P_2-精加工刀心位置

图 2-71　利用刀具补偿值进行粗精加工

4）控制轮廓精度

利用刀具补偿值控制工件轮廓尺寸精度。由于偏置量也就是刀具半径的输入值具有小数点后 3 位（0.001）的精度，故可控制工件轮廓尺寸精度。如图 2-72 所示，单面加工，若实测得到尺寸 L 偏大了 Δ 值（实际轮廓），将原来的偏置量 r 改为 $r - \Delta$，即可获得尺寸 L（点画线轮廓）。图中，P_1 为原来刀具中心位置，P_2 为修改刀具补偿值后的刀具中心位置。

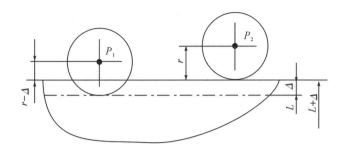

图 2-72　用刀具补偿值控制尺寸精度

任务拓展

拓展任务描述：设置刀具长度补偿参数。

1）想一想

● 刀具长度补偿值如何计算？如何设置刀具长度补偿值？

一般用刀具的实际长度作为刀长的补偿。测量刀具的长度，然后把这个数值输入到刀具长度补偿寄存器中，作为刀长补偿。

2）试一试

● 在学会如何设置刀具半径补偿参数后，请试一试在数控铣床上找到刀具长度补偿的存储位置，并设置刀具长度补偿参数。

模块六　维护与保养数控铣床

模块目标

● 熟悉数控铣床日常维护的主要内容；

● 掌握数控机床三级保养的内容和方法；

● 能查阅机床操作手册；

● 能在教师指导下解决操作中出现的问题；

● 掌握数控铣床系统常见报警信息及解决方法；

● 能解除常见报警；

● 了解机床水平调整方法。

学习导入

工欲善其事必先利其器，一台性能完好的数控铣床是生产加工的保障。数控铣床及使用寿命的长短和故障的多少，不仅取决于机床的精度和性能，很大程度上也取决于它是否被正确使用和维护。精心地维护可使设备保持良好的状态，并能及时发现和消除隐患，从而保障其安全运行。因此，本学习模块的学习重点是熟记数控铣床安全操作规程，严格按照操作规程使用数控机床，并能进行机床日常的维护和保养。

任务一 数控铣床日常维护与保养

任务目标

1. 了解日常维护保养的目的；
2. 掌握数控铣床日常保养方法；
3. 掌握数控铣床安全操作规程；
4. 能完成数控铣床的日常保养。

知识要求

● 掌握数控铣床日常保养方法；
● 掌握数控铣床安全操作规程。

技能要求

● 能按数控机床保养规程，完成保养并做好记录。

任务描述

● 任务名称：数控铣床的日常检查和定期维护。

机床使用完毕能按数控机床保养规程，完成日常保养并做好记录。

任务准备

阅读数控铣床有关说明书，对数控铣床有一个详尽的了解，包括机床结构、特点，机床的梯形图和数控系统的工作原理及框图，以及它们的电缆连接。对数控铣床平时的正确维护保养、及时排除故障和及时修理，是充分发挥机床性能的基本保证。

任务实施

1．操作准备

（1）设备：装有 FANUC 0i 数控系统的数控铣床。

（2）工具：润滑油、刷子、软布、冷却液、活络扳手、储用电池、扫把、簸箕。

（3）数控铣床日常检查表（表 2-15）。

表 2-15

数控铣床日常检查			姓名		日期	
序号	检查部位	检查内容	检查结果		备注
			正常	不正常	
1	运动部位	有无异常声音、振动及异常发热			
2	电动机	有无异常声音、振动及异常发热			
3	压力表	气压是否符合要求，是否稳定			
4	传动带	传动带张紧力，传动带表面有无损伤			
5	冷却液	水位是否适当，有无污染、变质，及时补给或更换			
6	油气管路	是否漏油、漏气、漏水			
7	操作面板	CRT 画面及面板上有无报警信号			
8	安全装置	急停开关是否正常可靠			
9	冷却风扇	电气柜内冷却风扇是否正常运转			

数控铣床日常检查		姓名		日期	
序号	检查部位	检查内容	检查结果		备注
			正常	不正常	
10	外部配线电缆	是否正常,表面有无裂痕、老化			
11	润滑	各导轨面是否正常			
12	清洁	工作台上和伸缩防护及防护底盘上的铁屑是否清扫干净			
13	气动三大件	油雾器中是否有油,气水分离器是否要放水			

（4）数控铣床定期维护表（表2-16）。

表 2-16

数控铣床定期维护		姓名		日期	
序号	检查部位	检查内容	检查结果		备注
			正常	不正常	
1	润滑管路	检查管路状态			6个月
2	滤油网	清洗滤油器,过滤网			适时
3	过滤网	更换冷却器,清扫水箱			适时
4	气动三大件	清洗过滤器,补水/放油			适时
5	主轴电动机	检查异常声音,振动,温升			2个月
6	进给电动机	检查异常声音,振动,温升			2个月
7	插座	检查电缆插座有无松动			6个月
8	X、Y、Z进给轴反向间隙	用百分表检测反向间隙状态			6个月
9	传动带、带轮	张力检查,传动带外观检查			6个月
10	机床水平	用水平仪检查床身水平进行调整			1年
11	机床精度	按合格证明书复检主要精度项目			1年
12	排屑器	经常清理,检查有无卡住			不定期
13	储用电池	检查电池工作状态及时更换			不定期

2. 加工方法

日常检查数控铣床、定期维护数控铣床。

3. 操作步骤

（1）机床使用完毕后保持机床导轨清洁并加机油防锈;

（2）机床使用完毕后做好清扫卫生,清扫铁屑;

（3）检查机床润滑油油位,及时加油;

（4）定期机床通电;

（5）完成日常检查并记录;

（6）完成定期维护并记录。

4. 任务评价(表2-17)

表 2-17

班级		姓名		职业	数控铣工			
操作日期	日 时 分至		日 时 分					
序号	考核内容及要求		配分	评分标准		自评	实测	得分
1	数控铣床日常维护与保养	打扫机床周围地面	15	周围环境整洁				
		清洁数控机床	15	打扫机床无铁屑				
		工作台面加油防锈	15	有加油防锈处理				
		日常检查记录	20	按表格中的内容逐一检查并有记录				
		定期维护并记录	20	按表格中的内容逐一检查并有记录				
2	练习	练习次数	5	符合教师提出的要求				
		对练习内容是否理解和应用	5	正确合理地完成并能提出建议和问题				
		互助与协助精神	5	同学之间互助和启发				
合计			100					
项目学习学生自评								
项目学习教师评价								

注意事项:

由于数控铣床定期维护的检查周期较长且内容不全相同,任务操作时可模拟该项。

知识链接

一、日常维护与保养的基本要求

1. 日常维护与保养的意义

数控铣床使用寿命的长短和故障的多少,不仅取决于机床的精度和性能,很大程度上也取决于它是否被正确使用和维护。正确使用能防止设备非正常磨损,避免突发故障,精心地维护可使设备保持良好的状态,及时发现和消除隐患,从而保障安全运行,保证企业的经济效益,实现企业的经营目标。因此,机床的正确使用与精心维护是贯彻设备管理预防事故的重要环节。

2. 日常维护保养的目的

对数控机床进行日常维护保养可以延长器件的使用寿命和机械部件的变换周期,防止发生意外的恶性事故,能够使机床始终保持良好的状态,并保持长时间的稳定工作。不同型号的数控机床日常保养的内容和要求不完全一样,机床说明书中已有明确的规定,但总的来说主要包括以下几个方面。

（1）良好的润滑状态。定期检查、清洗自动润滑系统，及时添加或更换油脂、油液，使丝杠导轨等各运动部位始终保持良好的润滑状态，以降低机械的磨损速度。

（2）机械精度的检查调整。用以减少各运动部件之间的形状和位置偏差，包括换刀系统、工作台交换系统、丝杠、反向间隙等的检查调整。

（3）经常清扫。如果机床周围环境太脏，粉尘太多，将会影响机床的正常运行；电路板上太脏，可能产生短路现象；油水过滤器、安全过滤网等太脏，会发生压力不够，散热不好，造成故障，所以必须定期进行清扫。

3. 日常维护保养必备的基本知识

数控铣床及加工中心具有集机、电、液于一体以及技术密集和知识密集的特点。因此，机床的维护人员不仅应具有机械加工工艺及液压、气动方面的知识，还应具备电子计算机、自动控制驱动及测量技术等知识，这样才能做好机床的维护保养工作。维护人员在维修前应详细阅读数控铣床有关说明书，了解机床结构特点、工作原理以及电缆的连接。

4. 数控机床日常维护和保养的主要内容

（1）保持环境整洁。数控机床对使用环境有一定的要求，其环境必须保持干净整洁，避免太潮湿，避免粉尘太多，特别要避免腐蚀性气体腐蚀，这样对减轻机床导轨面的磨损及腐蚀，防止电气元器件的损坏，延长机床无故障运行时间都有明显的作用。

（2）保持机床清洁。对于数控机床操作人员来说，随时做好机床清洁工作，也是岗位职责中很重要的一部分。要坚持对主要部位（如工作台、裸露的导轨、操作面板等）每班擦一次，尤其是导轨面，在下班前必须用软棉纱擦拭干净，涂上润滑油，防止导轨面的腐蚀。每周对整机进行一次彻底的清扫与擦拭，如电气柜冷却装置的防尘网、压缩空气系统的过滤器、冷却液箱中的切屑等，都要清理干净。另外，机床使用说明书对特定的机床还有一些其他的清洁要求，应参考执行。

（3）定期对机床各部位进行检查。数控机床的液压系统、润滑系统、冷却系统、急停按钮、行程限位开关等与设备安全相关的部位，需经常进行检查，以便及时发现问题，消除隐患。

对于传动带的磨损及松紧情况，液压油、润滑油及冷却液的洁净程度，电动机及测速发电机电刷的磨损情况以及断路器、接触器、继电器、单相灭弧器、三相灭弧器等均须定期进行检查。

数控系统和电气柜的散热通风装置须定时检查，一旦这些装置不能正常工作，便会导致电气元器件的工作环境恶化，造成设备运行故障。

（4）禁止机床带故障运行。设备一旦出现故障，尤其是机械部分的故障，应立即停止加工，分析发生故障原因并解决后，才能继续运行。禁止机床在有故障的情况下运行，否则可能造成设备的严重损坏。

（5）及时调整。当机床长期工作后，由于种种原因会使机床丝杠的反向间隙增大，机床的定位精度、重复定位精度变差，导轨与镶条间也会产生较大的间隙等，这些都会导致机床精度下降。出现上述问题时，应及时调整。

（6）及时更换易损件。传动带、轴承等配件出现损坏后，应及时更换，防止造成设备和人身事故。

(7)经常注意电网电压。数控装置通常允许电网电压在10％的范围内波动,若超出此范围会造成系统不能正常工作,甚至会损坏系统。如果电网电压波动较大,最好不要启动数控机床,采取稳压措施后(如安装稳压电源等)方可使用数控机床。另外,机床接地要可靠,以保证操作人员和设备的安全。

(8)定期更换存储器电池。绝大部分数控系统都装有电池,在系统断电期间可作为RAM保持或刷新的电源。一般电池电压不足时,系统会有报警提示,此时应及时更换电池,以防止断电期间系统数据丢失。更换电池应在系统通电的状态下进行并注意安全。

(9)尽可能提高机床的开动率。新购置的数控机床在使用初期,故障率相对来说往往大一些,用户应在保修期内充分利用机床,使其薄弱环节尽早暴露出来,以便在保修期内得到解决。在间断生产任务时,也不能空闲不用,要定期通电,每次空运行1h左右,以利用机床运行时的发热量来去除或降低机床内的湿度。

二、数控铣床水平精度的调整

1. 水平仪介绍

水平仪是用于检查各种机床及其他机械设备导轨的直线度、平行度以及水平位置和垂直位置的仪器,是机床制造、安装和维修中最基本的一种检验工具。

水平仪有框式、条形、弧形等几种,如图2-73所示。其中封闭的玻璃管内装有乙醚或酒精,其中留有一气泡。由于玻璃管内的液面始终是水平的,而气泡总是处在最高位置,因此水平仪倾斜时,气泡便相对玻璃管移动。根据气泡移动方向和移动格数,可以测出被测平面的倾斜方向和角度。

如水平仪刻度值为0.02/1000mm的水平仪,其气泡移动1格,相当于被测平面在1m长度上两端的高度差为0.02mm,如图2-74(a)所示。用水平仪进行测量时,为了得到比较准确的结果,需将被测面分成若干段,每段被测长度小于1m。为此,必须对水平仪的刻度值进行换算,如图2-74(b)所示。若被测面的一段长度为L,则气泡移动1格时,被测面在该段长度上两端的高度差为h:$h=(0.02/1000)L$。

计算通式为$h=nkL$。式中:k为水平仪刻度值;n为水平仪读数,即气泡移动格数。水平仪读数的符号习惯上规定:气泡移动方向和水平仪移动方向相同时为正值,相反时为负值。水平仪摆放的第二个位置与第一个位置要有25mm的重叠。

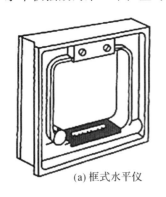 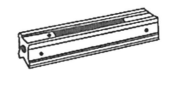

(a) 框式水平仪　　　　　　　　　　(b) 条形水平仪　　　　　　　(c) 弧形玻璃管

图2-73　水平仪

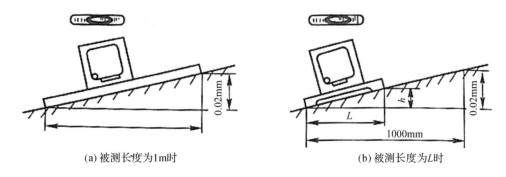

(a) 被测长度为1m时　　　　　　　　(b) 被测长度为L时

图 2-74　水平仪刻度值的几何意义

2. 调整数控铣床水平精度

用水平仪进行调整导轨的直线度之前，应首先调整整体导轨的水平。将水平仪置于导轨的中间和两端位置上，调整导轨的水平状态，使水平仪的气泡在各个部位都能保持在刻度范围内。

图 2-75 所示的机床上有 4 副调整水平垫铁，垫铁应尽量靠近地脚螺栓，以防止紧固脚螺栓时，已调整好的水平精度发生变化。对于普通的数控机床，水平仪读数不超过 0.04/1000mm；对于高精度的数控机床，水平仪读数不超过 0.02/1000mm。

机床安装调整水平精度时，一般使用偶数个垫铁对称布置在机床床脚与地基支承面间。调整机床水平时：若水平仪水泡向右偏，则调高左侧垫铁或调低右侧垫铁；若水平仪水泡向前偏，则调高后面垫铁或调低前面垫铁；其余依此类推。

为抑制或减小机床的振动，近年来数控机床大多采用弹性支承来固定机床和进行调整。调整机床水平时，应在地脚螺栓未完全固定状态下找平，最后再完全紧固，并注意不要破坏机床已经调整好的水平精度。

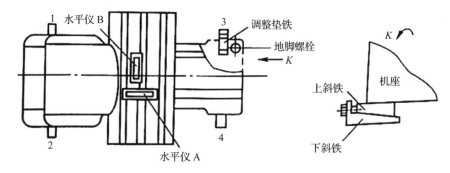

图 2-75　机床水平精度调整与垫铁放置

任务拓展

拓展任务描述：数控铣床水平精度的调整。

1）想一想

● 数控铣床的水平精度是否重要？使用什么仪器可以调整数控铣床的水平精度？

2）试一试

● 请用合适的仪器检查并调整数控铣床的水平精度。

任务二　数控铣床常见报警及解除

任务目标

1. 了解数控铣床常见的报警信息；
2. 能读懂简单的报警信息；
3. 掌握常见报警的解决方法。

知识要求

- 了解数控铣床常见的报警信息；
- 列举常见报警的解决方法。

技能要求

- 会查阅机床操作手册,在教师指导下解决操作中的问题；
- 能解除常见报警。

任务描述

任务名称:数控机床超程处理。

数控铣床实际操作中,经常由于操作人员的原因,如加工程序坐标值错误、工件坐标系设置错误、刀具参数错误、手动回零操作或手摇各轴方法不当等造成机床发生超程报警。发生超程报警后,请解决该警报。超程报警号有 510、511、520、521、530、531 等,查表解释含义。

任务准备

会查阅机床操作手册,能读懂简单的报警信息,掌握解决方法。

任务实施

1. 操作准备

(1) 设备:装有 FANUC 0i 数控系统的数控铣床。

(2) 机床操作手册。

2. 加工方法

查阅机床操作手册并手动操作解除报警。

3. 操作步骤

(1) 屏幕出现超程报警。

(2) 通过报警号,判断哪根轴超程。

(3) 按"超程释放"或复位按钮,手动方式操作机床向反方向运动,离开超程位置。

(4) 按复位键解除超程报警,使系统恢复正常。

(5) 回答教师提问:超程报警号 510、511、520、521、530、531 含义。

4. 任务评价(表 2-18)

表 2-18

班级		姓名		职业	数控铣工				
操作日期		日	时 分至	日	时 分				
序号	考核内容及要求			配分	评分标准		自评	实测	得分
1	超程警报处理	判断超程轴及方向		30	轴判断错误扣 15 分,方向错误扣 15 分				
		解除超程		15	操作熟练方法正确				
		解释报警号 510、511、520、521、530、531 含义		30	错一个扣 5 分				
2	安全规范操作	知道安全操作要求		5	操作过程符合安全要求				
		机床设备安全操作		5	符合数控机床操作要求				
3	练习	练习次数		5	符合教师提出的要求				
		对练习内容是否理解和应用		5	正确合理地完成并能提出建议和问题				
		互助与协助精神		5	同学之间互助和启发				
合计				100					
项目学习学生自评									
项目学习教师评价									

注意事项:

(1) 对于自己未掌握的报警,不可盲目操作。

知识链接

一、程序报警(FANUC 数控系统)

表 2-19 中列出部分报警说明及解除办法。

表 2-19

报警号	程序报警内容
000	修改后需断电才能生效的参数,参数修改完毕后应该断电
001	TH 报警,外设输入的程序格式错误
002	TV 报警,外设输入的程序格式错误
003	输入的数据超过了最大允许输入的值。参考编程部分的有关内容
004	程序段的第一个字符不是地址,而是一个数字或"—"
005	一个地址后面跟着的不是数字,而是另外一个地址或程序段结束符
006	符号"—"使用错误("—"出现在一个不允许有负值的地址后面,或连续出现了两个"—")

续表

报警号	程序报警内容
007	小数点"."使用错误
009	一个字符出现在不能够使用该字符的位置
010	指令了一个不能用的 G 代码
011	一个切削进给没有被给出进给速度
014	程序中出现了同步进给指令(本机床没有该功能)
015	企图使四个轴同时运动
020	圆弧插补中,起始点和终点到圆心距离的差大于 876 号参数指定的数值
021	圆弧插补中,指令了不在圆弧插补平面内的轴的运动
029	H 指定的偏置号中的刀具补偿值太大
030	使用刀具长度补偿或半径补偿时,H 指定的刀具补偿号中的刀具补偿值太大
033	编程了一个刀具半径补偿中不能出现的交点
034	圆弧插补出现在刀具半径补尝的起始或取消的程序段
037	企图在刀具半径补偿模式下使用 G17、G18 或 G19 改变平面选择
038	由于在刀具半径补偿模式下,圆弧的起点终点和圆心重合,因此产生过切前的情况
041	刀具半径补偿时将产生过切削的情况
043	指令了一个无效的 T 代码
044	固定循环模态下使用 G27、G28 或 G30 指令
046	G30 指令中 P 地址被赋与了一个无效的值(对于本机床只能是 2)
051	自动切角或自动圆角程序段后出现了不可能实现的运动
052	自动切角或自动圆角程序段后的程序段不是 G01 指令
053	自动切角或自动圆角程序段中,符号","后面的地址不是 C 或 R
055	自动切角或自动圆角程序段中,运动距离小于 C 或 R 的值
060	在顺序号搜索时,指令的顺序号没有找到
070	程序存储器满
071	被搜索的地址没有找到,或程序搜索时,没有找到指定的程序号
072	程序存储器中程序的数量满
073	输入新程序时企图使用已经存在的程序号
074	程序号是 1～9999 之间的整数
076	子程序调用令 M98 中没有地址 P
077	子程序套超过三重
078	M98 或 M99 中指令的程序号或顺序号不存在
085	由外设输入程序时,输入的格式或波特率不正确
086	使用读带机/穿孔机接口进行程序输入时,外设的准备信号被关断

续表

报警号	程序报警内容
087	使用读带机/穿孔机接口进打程序输入时,虽然指定了读入停止,但读过了 10 个字符后,输入不能停止
090	由于距离参考点太近或速度太低而不能正常执行恢复参考点的操作
091	自动运转暂停时(有剩余移动量或执行辅助功能时)进行了手动返回参考点
092	G27 指令中,指令位置到达后发现不是参考点
100	PWE=1,提示参数修改完毕后将 PWE 置零,并按 RESET 键
101	编辑或输入程序过程中,NC 刷新存储器内容时电源被关断,当该报警出现时,应将 PWE 置 1,关断电源,再次打开电源时按住 DELETE 键以清除存储器中的内容
131	PMC 报信息超过 5 条
179	597 号参数设置的可控轴数超出了最大值
224	第一次返回参考点前企图执行可编程的轴运动指令

二、伺服报警(FANUC 数控系统)

表 2-20 中列出部分报警说明及解除办法。

表 2-20　伺服报警说明及解除办法

报警号	伺服报警内容
400	伺服放大器或电动机过载
401	速度控制器准备信号(VRDY)被关断
404	VRDY 信号没有被关断,但位置控制器准备好信号(PRDY)被关断。正常情况下,VRDY 和 PRDY 信号应同时存在
405	位置控制系统错误,由于 NC 或伺服系统的问题使返回参考点的操作失败。重新进行返回参考点的操作
410	X 轴停止时,位置误差超出设定值
411	X 轴运动时,位置误差超出设定值
413	X 轴误差寄存器中的数据超出极限值,或 D/A 转换器接受的速度指令超出极限值(可能是参数设置的错误)
414	X 轴数字伺服系统错误,检查 720 号诊断参数并参考伺服系统手册
415	X 轴指令速度超出 511875 检测单位秒,检查参数 CMR
416	X 轴编码器故障
417	X 轴电动机参数错误,检查 8120、8122、8123、8124 号参数
420	Y 轴停止时,位置误差超出设定值
421	Y 轴运动时,位置误差超出设定值

续表

报警号	伺服报警内容
423	Y轴误差寄存器中的数据超出极限值,或 D/A 转换器接受的速度指令超出极限值(可能是参数设置的错误)
424	Y轴数字伺服系统错误,检查 721 号诊断参数并参考伺服系统手册
425	Y轴指令速度超出 511875 检测单位秒,检查参数 CMR
426	Y轴编码器故障
427	Y轴电动机参数错误,检查 8220、8222、8223、8224 号参数
430	Z轴停止时,位置误差超出设定值
431	Z轴运动时,位置误差超出设定值
433	Z轴误差寄存器中的数据超出极限值,或 D/A 转换器接受的速度指令超出极限值(可能是参数设置的错误)
434	Z轴数字伺服系统错误,检查 722 号诊断参数并参考伺服系统手册
435	Z轴指令速度超出 511875 检测单位秒,检查参数 CMR
436	Z轴编码器故障
437	Z轴电动机参数错误,检查 8320、8322、8323、8324 号参数
510、511	X轴正向软极限超程、X轴负向软极限超程
520、521	Y轴正向软极限超程、Y轴负向软极限超程
530、531	Z轴正向软极限超程、Z轴负向软极限超程

三、数控机床超程的处理

数控机床各坐标轴终端设有极限开关,由极限开关设置的行程极限位置称为硬极限。当移动部件走到极限位置时会使行程开关动作,此信号传到系统中会出现超程报警。通过数控系统的内部参数来设定机床行程极限,称为软极限。软极限通常在硬极限范围以内并接近硬极限位置,当移动部件走到软极限位置时就产生超程报警。机床软行程范围可以由操作人员通过机床参数重新设置或由 G 代码设定,通常设为某范围之内或某范围之外或某两范围之间,比机床硬行程稍短,以进一步限制机床各轴的行程范围。

数控铣床实际操作中,经常由于操作人员的原因,如加工程序坐标值错误、工件坐标系设置错误、刀具参数错误、手动回零操作或手摇各轴方法不当等造成机床发生超程报警。发生超程报警后,可以按"超程释放"或复位按钮,手动方式操作机床向反方向运动,离开超程位置,然后按复位键解除超程报警,使系统恢复正常。

四、系统电池的更换

通常,数控系统存储参数用的存储器采用 CMOS 器件,其存储的内容在数控系统断电期间靠支持电池供电保持,一般采用锂电池或可充的镍镉电池。当电池电压下降至一定值就会造成机床参数丢失。因此,要定期检查电池电压,当该电压下降至限定值或出现电池电压报警,应及时更换电池。在一般情况下,即使系统电池尚未消耗完,也应每年更换一次,以确保系统能正常工作。

零件程序、偏置数据及系统参数都保存在控制单元中的 CMOS 存储器中,CMOS 存储器的电源是由装在控制单元前板上的锂电池提供的,主电源即使切断了,以上的数据也不会丢失,因为备份电池是装在控制单元上出厂的。备份电池可将存储器中的内容保存大约 1 年。当电池电压变低时,CRT 画面上将显示「BAT」报警信息。同时电池报警信号被输出给 PMC。当显示这个报警时,就应该尽快更换电池,通常可在两周或三周内更换电池,电池究竟能使用多久,因系统配置而异。如果电池电压很低。存储器不能再备份数据,在这种情况下,如果接通控制单元的电源,因存储器中的内容丢失,会引起 935 系统报警(EGC 错误),更换电池后,需全清存储器内容,重新送数据。更换电池时,控制单元电源必须接通。当电源关断时,拆下电池,存储器的内容会丢失,这一点一定要注意。

五、数控铣床常见操作故障

数控铣床的故障种类很多,有与机械、液压、气动、电气、数控系统等部件有关的故障,产生的原因也比较复杂。诊断故障需要有非常丰富的数控机床知识和操作维修经验。但有些常见的故障,操作人员也可做出初步判断,从而将有关信息提供给机床维修人员。例如:

(1)更换刀具位置离工件太近;

(2)回参考点时刀具离参考点太近或回参考点速度太快导致超程报警;

(3)数控铣床开机后未回机床参考点,报警后或断电后没有重新回参考点;

(4)数控铣床防护门未关好导致机床不能运转;

(5)机床被锁定导致工作台不动;

(6)工件或刀具没有被夹紧;

(7)机床处于报警状态。

根据发生故障时机床的工作状态和故障表现,操作人员可以先行诊断是否属于操作故障从而排除故障。例如,程序执行时显示器有位置显示变化而机床不动,应首先检查机床是否处于机床锁住状态。

任务拓展

拓展任务描述:系统电池的更换。

1)想一想

● 通过什么报警信息可以判断系统电池需要更换?

2)试一试

● 更换系统电池,解除报警信息。

准备锂电池。

接通 0i/0i Mate 的电源,大约 30 秒。

关掉 0i/0i Mate 的电源。

从控制单元的正面拆掉电池。首先拔掉插头,然后拔出电池盒。

交换电池,然后重新接上插头。

注意:对于 0iA/B 等分离式数控系统或 0iC 或 18i 等内装式数控系统,电池位置是不同的。

作业练习

一、单选题

1. 坐标轴回零时,若该轴已在参考点位置,则（　　　）。

A. 移动该轴离开参考点位置后再回零　　　B. 不必回零

C. 重启机床后再回零　　　　　　　　　　D. 继续回零操作

2. FANUC 0iB 系统程序执行中断后重新启动时,Q 型（　　　）重新启动。

A. 必须在中断点　　　　　　　　　　　　B. 必须在加工起始点

C. 能在任意地方　　　　　　　　　　　　D. 必须在参考点

3. 在 CRT/MDI 面板的功能键中,显示机床现在位置的键是（　　　）。

A. ALARM　　　　B. PRGRM　　　　C. POS　　　　D. OFSET

4. 在立式铣床用机用平口虎钳装夹工件时,应使切削力指向（　　　）。

A. 底座　　　　　B. 固定钳口　　　　C. 活动钳口　　　D. 虎钳导轨

5. 下列关于目前数控机床程序输入方法的叙述,正确的是（　　　）。

A. 一般只有手动输入

B. 一般只有接口通信输入

C. 一般都有手动输入和穿孔纸带输入

D. 一般都有手动输入和接口通信输入

6. 立式铣床用台虎钳安装工件、端铣法加工垂直面时,应预先校正（　　　）。

A. 固定钳口平面与进给方向的平行

B. 活动钳口平面与进给方向的平行

C. 活动钳口平面与机床台面的垂直

D. 固定钳口平面与机床台面的垂直

7. 机用平口钳装夹工件时,为保证基准面与固定钳口平面的良好贴合,可在工件与活动钳口之间放置一根圆棒,圆棒应尽量（　　　）。

A. 倾斜放置在钳口对角线

B. 水平放置在钳口高度的下方

C. 水平放置在钳口高度的上方

D. 水平放置在钳口高度的中间

8. 夹紧力作用点应落在工件（　　　）的部位上。

A. 刚度较好　　　B. 偏下位置　　　　C. 偏上位置　　　D. 刚度较差

9. 在铣床上安装工件时,能自动定心并夹紧工件的夹具是（　　　）。

A. 机用平口虎钳　　B. V 型架　　　　C. 三爪卡盘　　　D. 四爪卡盘

10. 数控机床的回零操作的作用是（　　　）。

A. 选择工件坐标系　　　　　　　　　　　B. 选择机床坐标

C. 建立机床坐标　　　　　　　　　　　　D. 建立工件坐标系

11. 保证已确定的工件位置在加工过程中不发生变更的装置,称为（　　　）装置。

A. 夹紧　　　　　B. 导向　　　　　　C. 定位　　　　　D. 联接

二、多选题(答案)

1. 程序输入方法有(　　　)。

A. 光盘输入 　　　　　　　　　　B. 接口通信输入和手动输入

C. 穿孔纸带输入 　　　　　　　　D. 磁盘输入

2. FANUC 0iB 系统中,程序中断后重新启动的方法有(　　　)。

A. L 型 　　　　　　　　　　　　B. M 型

C. P 型 　　　　　　　　　　　　D. Q 型

E. O 型

3. 编码器在数控机床上的应用有(　　　)等。

A. 回参考点控制 　　　　　　　　B. 调速

C. 测速 　　　　　　　　　　　　D. 主轴控制

E. 位移测量

4. 机内激光自动对刀仪可以(　　　)。

A. 测量各刀具相对工件坐标系的位置

B. 测量各刀具之间的相对长度

C. 测量、设定各刀具的部分的刀补参数

D. 测量各刀具相对机床坐标系的位置

三、判断题

1. 当数控机床失去对机床参考点的记忆时,必须进行返回机床参考点的操作。(　　　)

2. 机床软行程范围可以设置为某范围之内或某范围之外或某两范围之间。(　　　)

3. 在数控程序调试时,每启动一次,只进行一个程序段的控制称为"计划暂停"。(　　　)

4. 工件在夹紧后不能动了,就表示工件定位正确。(　　　)

5. 定位基准需经加工,才能采用 V 型块定位。(　　　)

6. 操作数控机床时,尽量打开电气控制柜门,便于机床电气柜的散热通风。(　　　)

一、单选题(答案)

1. A　2. B　3. C　4. B　5. D　6. D　7. D　8. A　9. C　10. C　11. A

二、多选题(答案)

1. ACD　2. ABCDE　3. ACDE　4. BCD

三、判断题(答案)

1. √　2. √　3. ×　4. ×　5. ×　6. ×

项目三　铣削平面

项目导学

❖ 掌握平面铣削刀具的几何形状和角度；

❖ 掌握平面铣削切削用量和计算公式；

❖ 掌握平面加工的工艺知识；

❖ 会装拆平面铣削刀具；

❖ 会根据铣削平面的要求合理装夹和校正工件；

❖ 会数控铣削加工平面类零件；

❖ 会测量平面的精度。

模块一　加工平面类零件

模块目标

● 能正确分析平面类零件的工艺性；

● 能合理选择刀具并确定切削参数；

● 能正确制定平面类零件的数控铣削加工工序；

● 能熟练操作数控铣床并完成平面类零件的数控铣削加工；

● 能按图纸要求及时调整优化切削参数。

学习导入

平面是机械零件中最基本的特征元素，因此数控铣削的初学者，首先需要学习平面类零件的加工，并要求初学者通过学习掌握识图、加工工艺、程序编制及仿真加工等内容。大家是否在普通铣床上加工过平面类零件？试想下在数控铣床上加工平面和在普通铣床上加工平面有何异同。

任务一　平面铣削

任务目标

1. 掌握程序的输入、校验和运行方法；

2. 能合理选择刀具并确定切削参数；

3. 能正确制定平面铣削加工工序；

4. 能完成平面、台阶面的加工。

知识要求

● 掌握数控铣床平面铣削的加工方法；
● 掌握平面铣削工艺知识。

技能要求

● 能正确完成零件图样分析；
● 能装夹、找正工件并设置坐标系参数；
● 能输入与编辑程序；
● 能验证程序；
● 能应用子程序分层切削平面。

任务描述

任务名称：自动加工包含平面、台阶面的平面类零件。

任务准备

按照图纸（图 3-1 所示）要求铣削平面类零件，确定该零件的加工路线与加工工艺，并在数控铣床上加工完成。

读懂零件图。

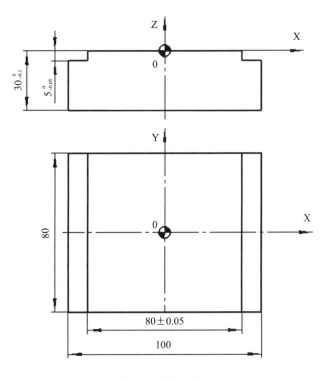

图 3-1　零件图纸

任务实施

1. 操作准备

1）设备：FA40-M 数控铣床、装刀器、机外对刀仪、BT40 刀柄、BT 拉钉、弹簧夹套 Q2-

Ø20、QH-125mm 机用平口钳。

2）刀具：Ø63 盘铣刀、Ø20 立铣刀。

3）量具：游标卡尺、Z轴设定器、磁性表座、百分表 0～5mm、杠杆表

4）工具：平行垫铁、T 型螺栓、活络扳手、月牙扳手、0.1mm 塞尺、铜杠 Ø30×150、木榔头。

5）材料：45 钢、100mm×80mm×32mm 标准矩形工件。

6）程序单（表 3-1）。

表 3-1

程序	说明
O3001	上表面加工程序程序名
N10 G90 G54 G00 X120 Y0	建立工件坐标系,快速进给至下刀位置
N20 M03 S250	启动主轴,主轴转速 250r/min
N30 Z50 M08	主轴到达安全高度,同时打开冷却液
N40 G00 Z5	接近工件
N50 G01 Z0.5 F100	下到 Z0.5 面
N60 X-120 F300	粗加工上表面
N70 Z0 S400	下到 Z0 面,主轴转速 400r/min
N80 X120 F160	精加工上表面
N90 G00 Z50 M09	Z 向抬刀至安全高度,并关闭冷却液
N100 M05	主轴停
N110 M30	程序结束
O3002	台阶面加工程序程序名
N10 G90 G54 G00 X-50.5 Y-60	建立工件坐标系,快速进给至下刀位置
N20 M03 S350	启动主轴
N30 Z50 M08	主轴到达安全高度,同时打开冷却液
N40 G00 Z5	接近工件
N50 G01 Z-4.5 F100	下刀,Z-4.5
N60 Y60	粗铣左侧台阶
N70 G00 X50.5	快进至右侧台阶起刀位置
N80 G01 Y-60	粗铣右侧台阶
N90 Z-5 S450	下刀 Z-5
N100 X50	走至右侧台阶起刀位置
N110 Y60 F80	精铣右侧台阶
N120 G00 X-50	快进至左侧台阶起刀位置
N130 G01 Y-60	精铣左侧台阶
N140 G00 Z50 M05 M09	抬刀,并关闭冷却液
N150 M05	主轴停
N160 M30	程序结束

2. 加工方法

加工上表面、台阶面时,选用平口虎钳装夹,工件上表面高出钳口10mm左右。根据图样加工要求,上表面的加工方案采用端铣刀粗铣→精铣完成,台阶面用立铣刀粗铣→精铣完成。

3. 操作步骤

(1)分析图纸,确定该零件的加工路线与加工工艺;

(2)开机回参考点;

(3)安装工件;

(4)安装刀具对刀建立工件坐标系;

(5)输入程序并检查核对;

(6)自动加工;

(7)测量检验。

4. 任务评价(表3-2)

表3-2

班级			姓名			职业	数控铣工			
操作日期		日	时	分至	日	时	分			
序号	考核内容及要求			配分	评分标准			自评	实测	得分
1	盘铣刀安装及对刀	刀柄、刀座清洁准备		5	有清洁动作,无杂质					
		旋紧拉钉		5	旋紧					
		安装刀盘、刀片		5	正确安装					
		对刀仪核对安装高度		10	操作正确					
2	平面铣削	正确阅读图纸,工件坐标系设定合理,对刀正确		10	对刀正确					
		开机、启动、回参考点		5	能完成开机启动,顺序正确					
		安装工件		10	工件安装合适					
		输入程序并检查核对		10	机床运动方向正确,速度控制合理					
		自动加工		10	操作正确					
		测量检验		5	加工完整					
3	安全规范操作	知道安全操作要求		5	操作过程符合安全要求					
		机床设备安全操作		5	符合数控机床操作要求					
4	练习	练习次数		5	符合教师提出的要求					
		对练习内容是否理解和应用		5	正确合理地完成并能提出建议和问题					
		互助与协助精神		5	同学之间互助和启发					

续表

序号	考核内容及要求	配分	评分标准	自评	实测	得分
	合计	100				
项目学习 学生自评						
项目学习 教师评价						

注意事项：

(1)学生第一次在数控铣床上加工零件要注意安全；

(2)自动加工过程中,如中断加工,需复位后重新启动。

知识链接

一、平面铣削的工艺知识

1. 平面铣削的加工方法

如图 3-2 所示,平面铣削的加工方法主要有周铣和端铣两种。

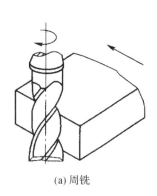 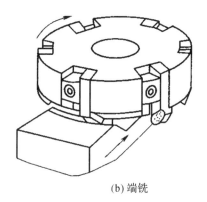

(a) 周铣   (b) 端铣

图 3-2 周铣和端铣

2. 平面铣削的刀具

(1)立铣刀

立铣刀的圆周表面和端面上都有切削刃,圆周切削刃为主切削刃,主要用来铣削台阶面。一般 $\varnothing 20mm \sim \varnothing 40mm$ 的立铣刀铣削台阶面的质量较好。

(2)面铣刀

如图 3-3 所示,面铣刀的圆周表面和端面上都有切削刃,端部切削刃为主切削刃,主要用来铣削大平面,以提高加工效率。

面铣刀主要用于立式铣床加工平面和台阶面等。面铣刀的主切削刃分布在铣刀的圆柱面上或圆机床电器锥面上,副切削刃分布在铣刀的端面上。面铣刀按结构可以分为整体加工中心式面铣刀、硬质合金整体焊接式面铣刀、硬质合金机夹焊接式面铣刀、硬质合金可转位式面铣刀等形式。

图 3-3 面铣刀

1）整体加工中心式面铣刀

由于这种面铣刀的材料为高速钢,所以其切削速度和进给量都受一定的限制,生产率较低,并且由于该铣刀的刀齿损坏后很难修复,所以整体加工中心式面铣刀的应用较少。

2）硬质合金整体焊接式面铣刀

这种面铣刀由硬质合金刀片与合金钢刀体焊接而成,结构紧凑,切削效率高。由于它的刀齿损坏后也很难修复,所以机床电器这种铣刀的应用也不多。

3）硬质合金可转位式面铣刀

这种面铣刀是将硬质合金可转位刀片直接装夹在刀体槽中,切削刃磨钝后,只需将刀片转位或更换新的刀片即可继续使用。硬质合金可转位式面铣刀具有加工质量稳定、切削效率高、刀具寿命长、刀片的调整和更换方便以及刀片重复定位精度高的特点,所以该铣刀是生产上应用最广的刀具之一。

3. 平面铣削的切削参数

（1）背吃刀量（端铣）或侧吃刀量（圆周铣）的选择

背吃刀量和侧吃刀量的选取主要由加工余量和对表面质量的要求决定。

1）在要求工件表面粗糙度值 Ra 为 $12.5 \sim 25 \mu m$ 时,如果圆周铣削的加工余量小于 5mm,端铣的加工余量小于 6mm,粗铣一次进给就可以达到要求。但余量较大、数控铣床刚性较差或功率较小时,可分两次进给完成。

2）在要求工件表面粗糙度值 Ra 为 $3.2 \sim 12.5 \mu m$ 时,可分粗铣和半精铣两步进行,粗铣的背吃刀量与侧吃刀量取同。粗铣后留 $0.5 \sim 1mm$ 的余量,在半精铣时完成。

3）在要求工件表面粗糙度值 Ra 为 $0.8 \sim 3.2 \mu m$ 时,可分为粗铣、半精铣和精铣三步进行。半精铣时背吃刀量与侧吃刀量取 $1.5 \sim 2mm$,精铣时,圆周侧吃刀量可取 $0.3 \sim 0.5mm$,端铣背吃刀量取 $0.5 \sim 1mm$。

（2）进给速度 v_f 的选择

进给运动速度与进给量

1）每齿进给量 f_z（mm/z）

2）每转进给量 f（mm/r）

3）进给运动速度 v_f（mm/min）

与每齿进给量 f_z 有关。即

$$v_f = nZf_z$$

每齿进给量参考切削用量手册或表 3-3 中选取。

表 3-3　每齿进给量参考值　　　　　　　　　　（单位:mm/z）

工件材料	每齿进给量			
	粗铣		精铣	
	高速钢铣刀	硬质合金铣刀	高速钢铣刀	硬质合金铣刀
钢	0.1～0.15	0.10～0.25	0.02～0.05	0.10～0.15
铸铁	0.12～0.20	0.15～0.30		

（3）切削速度

表 3-4 为铣削速度 v_c 的推荐范围。

表 3-4　铣削速度参考值

工件材料	硬度 HBS	切削速度 v_c/(m·min^{-1})	
		高速钢铣刀	硬质合金铣刀
钢	＜225	18～42　20	66～150　80
	225～325	12～36	54～120
	325～425	6～21	36～75
铸铁	＜190	21～36	66～150
	190～260	9～18	45～90
	260～320	4.5～10	21～30

实际编程中,切削速度确定后,还要计算出主轴转速,其计算公式为:

$$n = 1000v_c/(\pi D)$$

式中:v_c—切削线速度,m/min;

n—为主轴转速,r/min;

D—刀具直径,mm。

计算的主轴转速最后要参考机床说明书查看机床最高转速是否能满足需要。

4. 平面铣削的进刀方式

（1）大平面铣削的参数

如图 3-4 所示,大平面铣削时,虚线为参考路线。

（2）一刀式铣削（图 3-5 所示）

（3）双向多次铣削（图 3-6 所示）

二、Z 轴运动规则

为了保证铣刀能够安全高效地完成加工任务,如图 3-7 所示,铣刀在 Z 轴运动需要遵循以下规则:

1. 在工件顶面以上大约 50mm 的位置设定安全平面,确保铣刀在此平面上的移动不会和工件或夹具发生碰撞。铣刀应首先沿 Z 轴快速移动到安全平面,然后在此平面做 X/Y 轴快速定位到下刀位置。

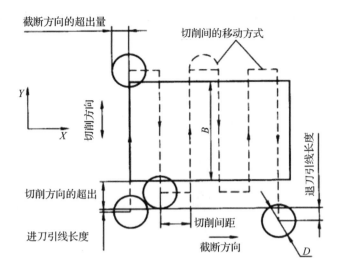

图 3-4　大平面铣削路线

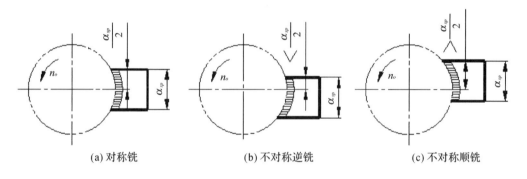

(a) 对称铣　　　　　　　(b) 不对称逆铣　　　　　　(c) 不对称顺铣

图 3-5　一刀式铣削路线

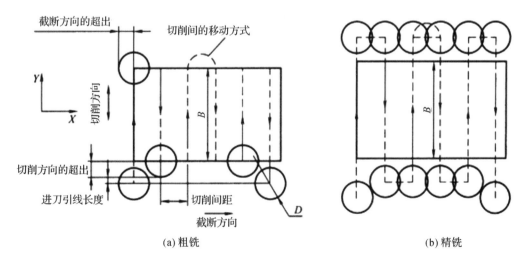

(a) 粗铣　　　　　　　　　　　　　　　(b) 精铣

图 3-6　双向多次铣削路线

2. 在工件顶面以上大约 10mm 的位置设定进刀平面,铣刀从安全平面沿 Z 轴快速移动到进刀平面。

3. 铣刀从进刀平面沿 Z 轴以切削进给速度移动到下切深度。

4. 铣刀做 X/Y 轴切削进给运动。

5. 铣刀沿 Z 轴以切削进给速度返回进刀平面。

6. 铣刀沿 Z 轴快速移动返回安全平面。

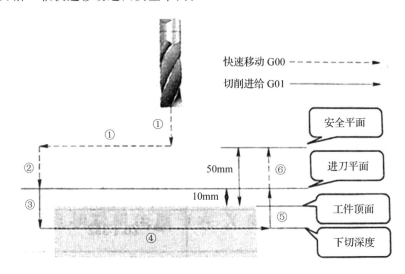

图 3-7　铣刀在 Z 轴运动规则

三、平面铣削的实例讲解

任务描述

数控加工图纸(图 3-8 所示)上零件,由于本学习任务为平面铣削,因此本任务仅要求加工该零件的上表面,尺寸精度约为 IT10,表面粗糙度全部为 $Ra3.2\mu m$,没有形位公差项目的要求,保证料厚 30mm。毛坯为 100mm×80mm×35mm 长方块,材料为铝 LY12,单件生产。

任务准备

1) 设备:FA40-M 数控铣床、装刀器、机外对刀仪、BT40 刀柄、BT 拉钉、QH-125mm 机用平口钳。

2) 刀具:∅63 盘铣刀。

3) 量具:游标卡尺、Z 轴设定器、磁性表座、百分表 0~5mm、杠杆表。

4) 工具:平行垫铁、T 型螺栓、活络扳手、月牙扳手、0.1mm 塞尺、铜杠 ∅30×150、木榔头。

5) 材料:45 钢、100mm×80mm×35mm 标准矩形工件。

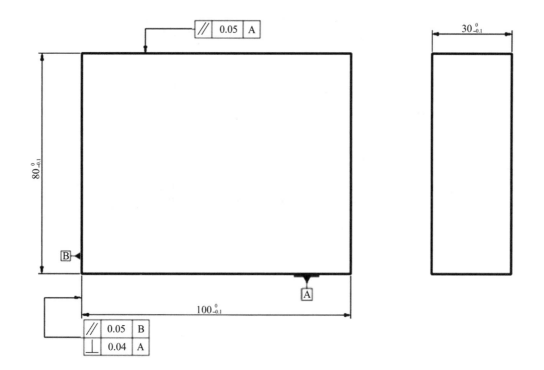

图 3-8　零件图

任务实施

（1）手动加工

1）正确装夹工件，工件上表面高出钳口 10mm 左右；

2）安装 Ø63 盘铣刀，刀柄至主轴孔中；

3）在工作模式中选择手轮方式；

4）主轴正转，移动 Z 轴，使铣刀切削到工件上表面（切削量不宜过大，避免大于切削余量），记住屏幕上 Z 轴机械坐标值；

5）按图 3-9 所示顺序 A→B→C→D 手动切削平面；

6）主轴停转，铣刀沿 Z 轴快速移动返回安全平面；

7）测量工件厚度尺寸，根据要求计算余量 A；

8）重复步骤 4）、5）、6）完成平面加工，移动 Z 轴时，新位置为原 Z 轴机械坐标值——余量 A。

（2）MDI 方式加工

1）装夹好工件与刀具。

2）手动移动刀具定位至上图所示 A 点。

3）在工作模式中选择 MDI 方式（手动数据输入），输入过程如下：

EOB→INSERT；

M3 S600 EOB→INSERT；

G91 G01 X-194. F150 EOB→INSERT；

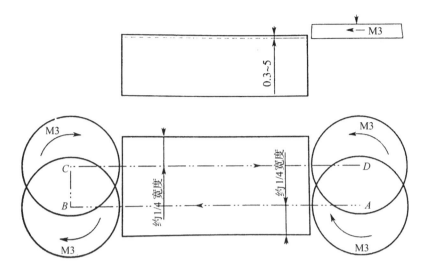

图 3-9　铣平面刀具移动轨迹

Y60. EOB→INSERT；

X194. EOB→INSERT；

输入完成如图 3-10 所示。

说明：使用单段执行，这样每按下一次循环启动键，系统自动执行一段程序内容，起到校验程序的作用。

4）将光标移动到"O0000"处，按下循环启动按键，自动加工。

5）加工完毕后，用手动方式抬起 Z 轴并主轴停转。

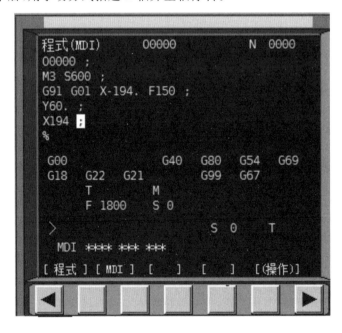

图 3-10　MDI 方式加工平面

（3）MEM 自动方式加工

1）装夹好工件与刀具。

2）建立工件坐标系，图 3-9 中 A 点设为 X、Y 轴零点，工件上表面设为 Z 轴零点，以刀具中心编程。

3）选择编程方式→程序编辑→建立加工程序。

O3003→INSERT；

EOB→INSERT；

G17 G21 G40 G54 EOB→INSERT；

G00 G90 Z50. EOB→INSERT；

……EOB→INSERT；

M30 EOB→INSERT；

4）用光标移动到程序开始位置，或按复位键 RESET。

5）选择自动加工方式〈AUTO〉，按下循环启动键 CYCLE START，快速进给倍率选择〈25%〉，进给倍率开关旋至较小的值，主轴倍率选择开关旋至 100%，程序自动运行加工。

注意：FANUC 0i-M 数控系统的程序号和分隔符不能同时输入，否则数控系统出现报警。数值后要输入小数点。

说明：程序段号不用输入，程序输入后系统自动保存。

进给倍率开关在进入切削后逐步调大，观察切削下来的切屑情况及机床的振动情况，调到适当的进给倍率进行切削加工（有时还需同时调整主轴倍率）。

在自动运行过程中，如果按下 SINGLE BLOCK，则系统进入单段运行的操作，即数控系统执行完一个程序段后，进给停止，必须重新按下 CYCLE START 才能执行下一个程序段。

MEM 自动方式平面加工的程序见表 3-5。

表 3-5　平面加工程序

程序	程序说明
O3003；	程序名
G17G21G40G54；	功能准备
C00C90Z50.；	Z 轴定位
M03S500；	主轴正转
X0Y0；	X、Y 轴定位
G1Z-0.5F500；	Z 轴定位至加工深度
X-194.F150；	X 轴加工
G0Y60.；	Y 轴定位
G1 X0；	X 轴加工
M05；	主轴停止
G0 Z50.；	Z 轴返回
M30；	程序结束

数控机床操作中如发生意外事故如何处理？

把进给倍率调到0%

按复位键,停止机床动作

按下紧急停止按钮

关闭电源开关

四、加工的中断控制及恢复

在数控铣床的加工中,尤其在执行较大的程序时,由于刀具磨损、断刀、中途休息或发现进给量及切削速度不合理等原因,经常需要中途中断执行程序,以便对机床进行调整和更换刀具的操作。另外,在出现润滑油不足、空气压力不足的情况下,也会出现机床自动中断加工并报警的情况,具体操作方法如下。

1. 当更换刀具时

1)按下"单节"键,等待单节执行结束,或按下"暂停"按钮暂停程序。

2)将方式选择钮置于"手轮"位置。

3)相对坐标清零(即相对坐标为X0 Y0 Z0)。

4)手摇使主轴处于方便换刀位置。

5)按主轴停止键,停止主轴。

6)手动换刀。

7)按主轴正转键,重新启动主轴。

8)手摇重新使机床的相对坐标回到X0 Y0 Z0位置。

9)将方式选择钮转回"自动运行"模式。

10)按"循环启动"键,重新开始运行。

2. 当修改参数时

1)按下"单节"键,等待单节执行结束。

2)将方式选择钮置于MDI位置。

3)输入程序(如M03 S1200;F2000;等)。

4)按"循环启动"键,使新参数取代原参数。

5)将方式选择钮转回"自动运行"模式。

6)按"循环启动"键,重新开始运行。

3. 当断电、紧急停止时

在实际加工中可采用更简单的方法来实现恢复加工,具体方法就是将程序在中断处截断,并在截断处添加上程序开头语句,按新程序一样开始加工。

4. 当气压不足、润滑油不足报警时

在这种情况下,机床会自动停止运行并报警,遇到这种情况千万不要按RESET键,否则机床将复位,造成加工真正中断。正确做法是根据报警信息,恢复气压或加满润滑油,然后按"循环启动"键,即可恢复加工。

任务拓展

拓展任务描述:数控铣削加工台阶零件。

1)想一想

● 简述台阶零件的加工工艺。

● 利用子程序编写加工程序。

2）试一试

● 根据图 3-11,完成台阶零件数控铣削加工。

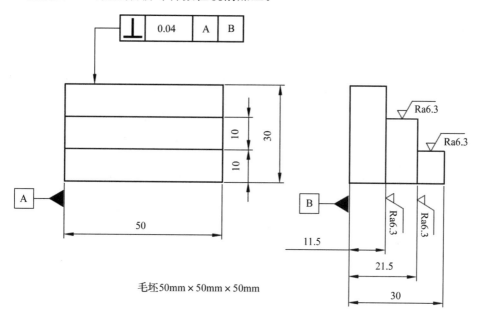

毛坯50mm×50mm×50mm

图 3-11　零件图

任务二　六面体铣削

任务目标

1. 掌握程序的输入、校验和运行方法;
2. 能合理选择刀具并确定切削参数;
3. 能正确制定六面体铣削加工工序;
4. 能完成六面体的加工。

知识要求

● 掌握数控铣床六面体铣削的加工方法;
● 掌握六面体铣削工艺知识。

技能要求

● 能正确完成零件图样分析;
● 能装夹、找正工件并设置坐标系参数;
● 能输入与编辑程序;
● 能验证程序;
● 具备安全操作数控铣床的能力。

任务描述

任务名称:手动加工六面体零件。

任务准备

按照图纸(图 3-12)要求铣削六面体零件,确定该零件的加工路线与加工工艺,并在数控铣床上加工完成。

读懂零件图。

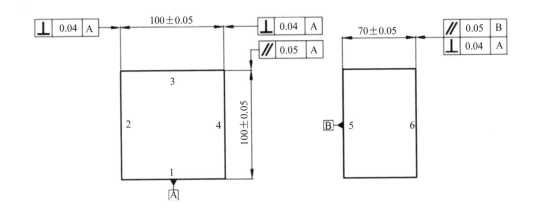

材　　料:　45 号钢
毛坯尺寸:　80mm×110mm×110mm

图 3-12　零件图

图纸分析:

(1)尺寸公差:长和高应该保证在 100 ± 0.05mm,宽应该保证在 70 ± 0.05mm。

(2)形位公差:平面 2 和平面 4 对平面 1 的垂直度公差为 0.04,平面 3 对平面 1 的平行度公差为 0.05,平面 6 对平面 5 的平行度公差为 0.05,对平面 1 的垂直度公差为 0.04。

(3)表面粗糙度:全部表面粗糙度均为 $Ra=3.2$mm。

任务实施

1. 操作准备

1)设备:FA40-M 数控铣床、装刀器、机外对刀仪、BT40 刀柄、BT 拉钉、QH-125mm 机用平口钳。

2)刀具:Ø63 盘铣刀。

3)量具:游标卡尺、Z 轴设定器、磁性表座、百分表 0~5mm、杠杆表。

4)工具:平行垫铁、T 型螺栓、活络扳手、月牙扳手、0.1mm 塞尺、铜杠 Ø30×150、木榔头。

5)材料:45 钢、80mm×110mm×110mm 标准矩形工件。

2. 加工方法

选用平口虎钳装夹。根据图样加工要求,手动方式加工工件,加工方案采用端铣刀六面分别加工粗铣→精铣完成。

以 3 面为粗基准,粗加工平面 1 至 102.5mm 然后松开工件以较小夹紧力重新夹紧,再精铣至 102mm;把 1 面和固定钳口贴平,垫好垫铁,用圆棒夹紧。粗、精铣 2 面至尺寸102mm,并去毛刺;把 1 面和固定钳口贴平,垫好垫铁,用圆棒夹紧。粗、精铣 4 面至尺寸100mm,并去毛刺;把 2 面和固定钳口贴平,垫好垫铁,粗、精铣 3 面至尺寸 100mm,并去毛刺;把 1 面和固定钳口贴平,垫好垫铁,然后用直角尺校正好垂直度。粗、精铣 5 面至尺寸72mm,并去毛刺;把 1 面和固定钳口贴平,垫好垫铁,然后用直角尺校正好垂直度。粗、精铣 6 面至尺寸 70mm,并去毛刺。

3. 操作步骤

(1)分析图纸,确定该零件的加工路线与加工工艺;

(2)开机回参考点;

(3)安装工件;

(4)安装刀具对刀建立工件坐标系;

(5)手动方式下加工第一面;

(6)调整工件装夹,加工第二个面;

(7)依次加工六个面;

(8)检验。

4. 任务评价(表 3-6)

表 3-6

班级		姓名		职业	数控铣工			
操作日期		日	时 分至	日	时 分			
序号	考核内容及要求			配分	评分标准	自评	实测	得分
1	盘铣刀安装及对刀	刀柄、刀座清洁准备		5	有清洁动作,无杂质			
		旋紧拉钉		5	旋紧			
		安装刀盘、刀片		5	正确安装			
		对刀仪核对安装高度		10	操作正确			
2	六面体铣削	正确阅读图纸,工件坐标系设定合理,对刀正确		10	对刀正确			
		开机、启动、回参考点		5	能完成开机启动,顺序正确			
		安装工件(6 次)		12	工件安装合适,错 1 次扣 2 分			
		手动加工六面体		18	机床运动方向正确,速度控制合理,操作正确,一面错误扣 3 分			
		测量检验		5	工件加工完整			
3	安全规范操作	知道安全操作要求		5	操作过程符合安全要求			
		机床设备安全操作		5	符合数控机床操作要求			

续表

序号	考核内容及要求		配分	评分标准	自评	实测	得分
4	练习	练习次数	5	符合教师提出的要求			
		对练习内容是否理解和应用	5	正确合理地完成并能提出建议和问题			
		互助与协助精神	5	同学之间互助和启发			
	合计		100				
	项目学习 学生自评						
	项目学习 教师评价						

注意事项:

重视加工工序,切削参数合理。

知识链接

一、平行垫铁的铣削

1. 工艺分析

(1) 图 3-12 所示中工件适合用端铣法,工件为平行垫铁,且无沟槽类等结构,用端铣不仅能提高效率,而且能降低表面粗糙度。选用 Ø63 盘铣刀。

(2) 装夹方法分析:因为工件形状简单,尺寸也相对不大,所以用机床用平口虎钳装夹工件。

(3) 装夹夹具:选择平口钳进行装夹。

(4) 平口钳安装。

1)擦净铣床工作台的台面;

2)擦净平口钳的安装平面;

3)保证固定钳口垂直于工作台台面。

(5) 装夹夹具找正。

1)找正固定钳口面与工作台纵向进给方向平行度;

2)找正固定钳口面与工作台面的垂直度;

3)找正固定钳口与工作台横向进给方向的平行度。

2. 铣削加工工艺编制

综合上述表 3-7 各项分析结果,制订平行垫铁零件数控加工刀具卡(表 3-8)和数控加工工序卡(表 3-9)。

表 3-7　平行垫铁铣削加工工艺

序号	加工内容及要求	工序简图	实物图
1	以 3 面为粗基准,粗加工平面 1 至 102.5mm 然后松开工件以较小夹紧力重新夹紧,再精铣至 102.5mm		
2	把 1 面和固定钳口贴平,垫好垫铁,用圆棒夹紧。粗、精铣 2 面至尺寸 102mm,并去毛刺		
3	把 1 面和固定钳口贴平,垫好垫铁,用圆棒夹紧。粗、精铣 4 面至尺寸 100mm,并去毛刺		
4	把 2 面和固定钳口贴平,垫好垫铁,粗、精铣 3 面至尺寸 100mm,并去毛刺		
5	把 1 面和固定钳口贴平,垫好垫铁,然后用直角尺校正好垂直度。粗、精铣 5 面至尺寸 72mm,并去毛刺		
6	把 1 面和固定钳口贴平,垫好垫铁,然后用直角尺校正好垂直度。粗、精铣 6 面至尺寸 70mm,并去毛刺		
7	钳工去除毛刺		
8	按零件图检验		

表 3-8　数控加工刀具卡

序号	刀具号	刀具名称	刀片/刀具规格	刀具材料	备注
1	01	盘铣刀	Ø63，主偏角 45°，8 齿	硬质合金	
编制		审核	批准	年　月　日	共1页　第1页

表 3-9　数控加工工序卡

学校		班级		姓名		组别	
零件	平行垫块	材料	45 号钢	夹具	平口钳	机床	数控铣床
工步	工步内容	刀具号	铣削深度（mm）	进给速度（mm/min）	主轴转速（r/min）		
装夹：以面 3 为粗基准，靠向固定钳口，夹紧毛坯							
1	粗铣面 1	01	2	120	300		
2	精铣面 1	01	0.5	80	500		
装夹：以面 1 为精基准靠向固定钳口，在活动钳口与工件间置圆棒装夹工件							
3	粗铣面 2	01	2	120	300		
4	精铣面 2	01	0.5	80	500		
装夹：以面 2 为基准靠向平口钳钳身导轨面，装夹时确保面 2 与钳身轨面平行							
5	粗铣面 4	01	2	120	300		
6	精铣面 4	01	0.5	80	500		
装夹：以面 1 为基准靠向平口钳钳身导轨面上的平行垫铁，面 3 靠向固定钳口装夹工件							
7	粗铣面 3	01	2	120	300		
8	精铣面 3	01	0.5	80	500		
装夹：以面 1 为基准靠向固定钳口，用 90 度刀口角尺校正工件面 2 与平口钳钳身导轨面垂直，夹紧工件							
9	粗铣面 5	01	2	120	300		
10	精铣面 5	01	0.5	80	500		
装夹：以面 5 为基准靠向平口钳钳身导轨面上的平行垫铁，面 1 靠向固定钳口，夹紧工件							
11	粗铣面 6	01	2	120	300		
12	精铣面 6	01	0.5	80	500		

二、平面加工方案的选择

机械加工通常都要遵循"先粗后精"的原则：先对各表面进行粗加工，在较短时间内将工件各表面上的大部分多余材料切掉，留下少量加工余量。粗加工结束后再进行半精加工和精加工，使零件的尺寸精度和表面质量达到图纸要求。平面加工方案参考表 3-10。

表 3-10　平面加工方案

加工方案	经济精度公差等级	表面粗糙度/μm	适用范围
粗铣（粗刨）→拉削	IT7～IT9	$Ra0.2～0.8$	用于大批量生产中的加工质量要求较高且面积较小的平面加工
粗铣（粗刨）	IT11～IT13	$Ra6.3～2.5$	适用于不淬硬的平面加工
粗铣（粗刨）→精铣（精刨）	IT8～IT10	$Ra1.6～6.3$	
粗铣（粗刨）→精铣（精刨）→刮研	IT6～IT7	$Ra0.1～0.8$	用于单件小批量生产中配合表面要求高且非淬硬平面的加工用于大批量生产中配合表面要求较高且非淬硬狭长平面的加工
粗铣（粗刨）→精铣（精刨）→宽刃细刨	IT6	$Ra0.2～0.8$	用于大批量生产中的加工质量要求较高且面积较小的平面加工
粗铣（粗刨）→精铣（精刨）→粗磨	IT8～IT9	$Ra1.6～6.3$	适用于直线度及表面粗糙度要求较高的淬硬工件和薄片工件、未淬硬钢件上面积较大的平面精加工,不适宜加工塑性较大的有色金属
粗铣（粗刨）→精铣（精刨）→粗磨（粗电加工）→精磨（精电加工）	IT6～IT7	$Ra0.025～0.4$	
粗铣（粗刨）→精铣（精刨）→粗磨→精磨→研磨	IT11～IT13	$Ra0.006～0.1$	用于精度高表面粗糙度要求高、硬度高的小型零件精密平面加工
粗车	IT8～IT9	$Ra12.5～50$	用于回转体零件的端面的加工,可较好地保证端面与回转轴线的垂直度要求
粗车→半精车	IT5 以上	$Ra3.2～6.3$	
粗车→半精车→精车	IT7～IT8	$Ra0.8～1.6$	

任务拓展

拓展任务描述:数控铣削加工含倾斜面零件。

1）想一想

● 数控铣床上加工平面和倾斜面有何不同?

● 倾斜面的加工方法是什么?

2）试一试

● 完成含倾斜面零件数控铣削加工。

模块二　检测平面类零件

模块目标

- 能说出与平面相关的形位精度；
- 能选用合理量具检测零件；
- 掌握测量形位精度常用量具的使用方法；
- 掌握游标卡尺、千分尺测量长度精度的使用方法。

学习导入

加工一个合格的零件,检测是重要的环节。很多时候,产品尺寸质量不合格,往往是检测的方法有问题,包括有没有选择合适的量具进行检测,量具的使用方法是否准确,或者是检测人员读数是否有误。本学习模块将对上一个学习模块加工完成的六面体进行检测。

任务　检测六面体零件

任务目标

1. 能选用合理量具检测零件；
2. 掌握测量形位精度常用量具的使用方法；
3. 能完成平面类零件的检测；
4. 能对形位精度超差的原因进行分析。

知识要求

- 掌握与平面相关的形位精度；
- 掌握测量形位精度常用量具的使用方法。

技能要求

- 能使用量具测量六面体长、宽、高的尺寸精度；
- 能用刀口尺检测平面度；
- 能用百分表检测平行度；
- 能用刀口角尺检测垂直度。

任务描述

任务名称:六面体加工质量检测。

任务准备

根据上一个学习模块的学习任务,已完成图 3-12 所示六面体零件的铣削。

检测内容分析:

(1)尺寸公差:长和高应该保证在 100 ± 10mm,宽应该保证在 70 ± 10mm;

(2)形位公差:平面 2 和平面 4 对平面 1 的垂直度公差为 0.08,平面 3 对平面 1 的平行度公差为 0.05,平面 6 对平面 5 的平行度公差为 0.05,对平面 1 的垂直度公差为 0.08;

(3)表面粗糙度:全部表面粗糙度均为 $Ra=3.2$mm。

任务实施

1. 操作准备

1）量具：游标卡尺、千分尺、磁性表座、百分表 0～5mm、塞尺、刀口角尺、刀口尺。

2）检测对象：45 钢、70mm×100mm×100mm 六面体。

2. 加工方法

用量具测量尺寸公差、形位公差等精度。

3. 操作步骤

（1）测量六面体长、宽、高的尺寸精度；

（2）用刀口尺检测平面度；

（3）用百分表检测平行度；

（4）能用刀口角尺检测垂直度；

（5）检测粗糙度；

（6）记录。

4. 任务评价（表 3-11）

表 3-11

班级		姓名			职业	数控铣工			
操作日期		日	时	分至	日	时	分		
序号	考核内容及要求				配分	评分标准	自评	实测	得分
1	六面体检测	量具选择、使用正确、规范			10	选错量具扣 5 分；操作不规范扣 5 分			
		$100^{+0.1}_{-0.1}$			10	每超 0.01mm 扣 5 分			
		$100^{+0.1}_{-0.1}$			10	每超 0.01mm 扣 5 分			
		$70^{+0.1}_{-0.1}$			10	每超 0.01mm 扣 5 分			
		// 0.05 A			10	每超 0.01mm 扣 5 分			
		// 0.05 B			10	每超 0.01mm 扣 5 分			
		⊥ 0.08 A			10	每超 0.01mm 扣 5 分			
		表面粗糙度 Ra3.2			10	不符合要求不得分			
2	操作时间符合要求	10 分钟内完成六面体检测			10	符合要求			
						超时 5min 扣 5 分			
						超时 10min 不得分			
3	练习	遵守安全操作规程			5	遵守操作要求 有一次违规扣 5 分			
		互助与协助精神			5	同学之间互助和启发			

续表

序号	考核内容及要求	配分	评分标准	自评	实测	得分
	合计	100				
项目学习 学生自评						
项目学习 教师评价						

注意事项：

读数时，注意量具最小刻度值是多少。

知识链接

一、加工质量检测

使用游标卡尺测量六面体长、宽、高的尺寸精度，测量平行度、垂直度形位公差则使用 90°刀口角尺、塞尺和百分表。

1. 平行度检测方法

将六面体的基准面放在精密平板上，用磁性表座和百分表测量与基准面有平行关系的面，如图 3-13 所示，先在平面上取一基准点并将百分表调零，在平台上移动百分表，测量被测平面，观察记录百分表与基准零点的偏移值，将正负方向的偏差最大值相加，得到该平面的平行度误差值。

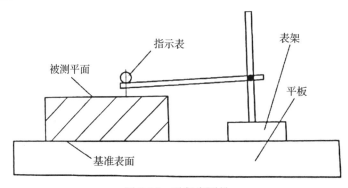

图 3-13 平行度测量

2. 垂直度检测方法

图 3-14 为刀口角尺与塞尺图。如图 3-15 所示用 90°刀口角尺贴近待测量的两个相互垂直平面，使角尺的一个边紧贴基准平面，观察另一个面与角尺的透光程度，再用塞尺去测量，能插入的塞尺厚度值即定义为垂直度误差。

3. 平面度检测方法

平面度误差可以用刀口尺检测，测量方法如图 3-16（a）所示，外形如图 3-16（b）所示。检测时，刀口应紧贴在工件被测表面上，观察刀口与被测平面之间透光缝隙的大小，并沿加工面的纵向、横向和对角线方向逐一检测，以透光的均匀强弱来判断加工面是否平直。平面度误差的大小可用塞尺来检查确定。

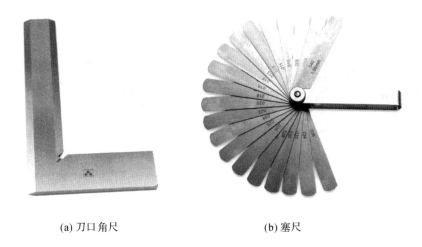

(a) 刀口角尺   (b) 塞尺

图 3-14　刀口角尺与塞尺

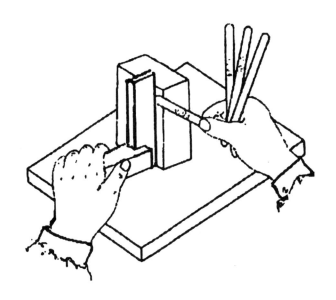

图 3-15　相邻面垂直度的检测

4．表面粗糙度检测方法

（1）比较法

比较法测量简便，适用于车间现场测量，常用于中等或较粗糙表面的测量。方法是将被测量表面与标有一定数值的粗糙度样板进行比较来确定被测表面粗糙度数值。比较时可以采用的方法：$Ra>1.6\mu m$ 时用目测，$Ra1.6\sim Ra0.4\mu m$ 时用放大镜，$Ra<0.4\mu m$ 时用比较显微镜。

比较时要求样板的加工方法、加工纹理、加工方向、材料与被测零件表面相同。

（2）触针法

利用针尖曲率半径为 $2\mu m$ 左右的金刚石触针沿被测表面缓慢滑行，金刚石触针的上下

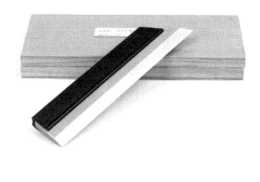

(a)刀口尺检测　　　　　　　　　　(b)刀口尺

图 3-16　刀口尺

位移量由电学式长度传感器转换为电信号,经放大、滤波、计算后由显示仪表指示出表面粗糙度数值,也可用记录器记录被测截面轮廓曲线。一般将仅能显示表面粗糙度数值的测量工具称为表面粗糙度测量仪,同时能记录表面轮廓曲线的称为表面粗糙度轮廓仪。这两种测量工具都有电子计算电路或电子计算机,它能自动计算出轮廓算术平均偏差 Ra,微观不平度十点高度 Rz,轮廓最大高度 Ry 和其他多种评定参数,测量效率高,适用于测量 Ra 为 $0.025\sim6.3\mu m$ 的表面粗糙度。

(3)光切法

双管显微镜测量表面粗糙度,可用作 Ry 与 Rz 参数评定,测量范围 $0.5\sim50\mu m$。

(4)干涉法

利用光波干涉原理(见平晶、激光测长技术)将被测表面的形状误差以干涉条纹图形显示出来,并利用放大倍数高(可达 500 倍)的显微镜将这些干涉条纹的微观部分放大后进行测量,以得出被测表面粗糙度。应用此法的表面粗糙度测量工具称为干涉显微镜。这种方法适用于测量 Rz 和 Ry 为 $0.025\sim0.8\mu m$ 的表面粗糙度。

二、平行度、平面度和垂直度超差的原因

1. 铣削加工平行平面时造成平行度误差的主要原因

(1)基准面与工作台台面之间没有擦拭干净。

(2)由于虎钳导轨面与工作台台面不平行,或因为平行垫铁精度较差等因素,使工件基准面无法与工作台台面平行。

(3)若与固定钳口贴合的平面垂直度差,则铣出的平行平面也会产生误差。

(4)端铣时,若进给方向与铣床主轴轴线不垂直,将影响工件平面度。当进行不对称铣削时,因两相对平面呈不对称凹面,也影响工件的平行度。

(5)周铣时,铣刀圆柱度差,会影响铣削加工平面时对基准面的平行度。

2. 加工面垂直度超差的主要原因

(1)铣床用平口虎钳的固定钳口与工作台台面不垂直。产生这种情况除了因为虎钳的安装和校正不好外,若夹紧力过大,也可能使虎钳变形,从而使固定钳口外倾。夹紧时,不应接长虎钳夹紧手柄,也不得用手锤猛敲手柄。因为过度地施力夹紧,会使固定钳口外倾,而不能回复到正确的位置,使虎钳定位精度下降,尤其在精铣时,夹紧力更不宜过大,以夹紧为准。

(2)工件基准面与固定钳口贴合不好。除了应修去工件毛刺,擦净工件基准面和固定钳口污物外,还应在活动钳口处放置一根圆棒或一条窄而长且稍厚的铜皮。

(3)卧式铣床主轴垂直于钳口时,圆柱铣刀或立铣刀有锥度,进行周铣垂直面时应重新磨准铣刀,以保证圆柱铣刀和立铣刀的圆柱度要求。

(4)基准面质量差。当基准面粗糙或平面度较差时,将在装夹过程中造成误差,致使铣出的垂直面无法达到要求。

3. 平面度不合要求的主要原因

平面度超差的主要原因是铣削中工件变形,工件在夹紧中产生变形,铣刀轴线与工件不垂直等。

(1)如果铣削用量选用不当,则会产生较大的铣削力、铣削热而使工件变形,造成平面度不合要求。应合理选择铣削用量,如采用小余量、低速度、大进给铣削,降低铣削时工件温度变化,必要时可等工件冷却一定时间后再精铣。

(2)如果工件装夹不当,夹紧时则产生弹性变形,铣削后平面度容易超差,故装夹时应将工件垫实,夹紧力应作用在工件不易变形的位置。在加工过程中,应增加辅助支承,提高工件刚度,减小夹紧力,精铣前放松工件后再夹紧,并注意定位基面是否有毛刺、杂物,是否接触良好。

(3)校准铣刀轴线与工件平面的垂直度,避免工件表面铣削时下凹。

(4)薄板件直接装夹在工作台上铣削时,不宜用螺钉压板夹压。

狭长的薄板件直接在工作台上装夹时,可用图 3-17(a)所示的斜口挡板侧夹紧。挡板在工件侧面水平向下倾斜 8°～12°,压紧螺钉的伸出量为螺钉直径的 1～2 倍。螺栓应均匀地逐个对称扳紧。

薄而大的工件在工作台装夹时,也可用图 3-17(b)所示楔铁侧夹紧工件。粗加工时,考虑热变形的影响,必须将纵向楔铁适当放松一些。

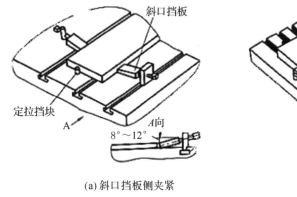

(a)斜口挡板侧夹紧

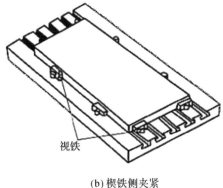

(b)楔铁侧夹紧

图 3-17　薄板件直接装夹

任务拓展

拓展任务描述:表面粗糙度检测。

1)想一想

● 检测表面粗糙度的方法有哪些?

● 加工时如何提高表面粗糙度?

2)试一试

● 用触针法检测六面体的表面粗糙度。

作业练习

一、单选题

1. 立式铣床采用端铣加工平面时,不能使用的刀具是( )。

A. 圆柱铣刀 B. 端铣刀 C. 键槽铣刀 D. 立铣刀

2. ( )的切削刃分布在半径为 R 的圆弧面上,端面无切削刃。

A. 立铣刀 B. 鼓形铣刀 C. 面铣刀 D. 模具铣刀

3. 铣削平面轮廓一般进行( )。

A. 2 轴半加工 B. 2 轴加工 C. 4 轴加工 D. 3 轴加工

4. 在外圆柱上铣平面时,用两个固定短 V 型块作定位,其限制了工件的自由度( )。

A. 四个 B. 二个 C. 三个 D. 五个

二、判断题

1. 键槽铣刀与普通立铣刀相比,特点为能垂直进刀,排屑能力好。( )

2. 铣削平面时,尽可能采用周铣。( )

3. 较小的斜面可以用角度铣刀直接铣出。( )

一、单选题(答案)

1. A 2. B 3. A 4. A

二、判断题(答案)

1. √ 2. × 3. √

项目四　铣削轮廓

❖ 掌握二维内、外轮廓加工的基本知识；

❖ 掌握刀具侧刃的切削特点；

❖ 掌握对简单零件进行工艺分析的方法；

❖ 会选择内、外轮廓加工刀具；

❖ 会根据铣削轮廓的要求合理装夹和校正工件；

❖ 掌握外轮廓加工及尺寸控制方法；

❖ 掌握内轮廓加工及尺寸控制方法；

❖ 学会轮廓多余材料的处理方法。

模块一　零件外轮廓铣削

模块目标

● 能正确分析外轮廓零件的工艺性；

● 能合理选择刀具并确定切削参数；

● 能正确制定外轮廓零件的数控铣削加工工序；

● 能熟练操作数控铣床并完成零件外轮廓铣削；

● 能按图纸要求及时调整优化切削参数；

● 能去除外轮廓多余材料；

● 能正确使用量具测量外轮廓。

学习导入

通过上一个学习模块的学习，我们已经掌握了平面类零件的铣削，但机械零件大部分由二维轮廓构成，形状相对比较复杂，由直线、圆弧、曲线等构成。二维轮廓分为外轮廓和内轮廓，加工时外轮廓相对内轮廓较简单，本学习模块先讲解外轮廓的铣削。通过学习可以熟练使用数控铣床进行二维轮廓类零件加工，加工出符合图纸要求的合格的零件。

任务　板类零件外轮廓铣削

任务目标

1. 掌握程序的输入、校验和运行方法；

2. 能合理选择刀具并确定切削参数；

3. 能正确制定板类零件外轮廓铣削加工工序；

4. 能完成板类零件外轮廓的加工；

5. 能去除外轮廓多余材料。

知识要求

● 掌握数控铣床外轮廓铣削的加工方法；

● 掌握板类零件外轮廓铣削工艺知识。

技能要求

● 能正确完成零件图样分析；

● 能输入与编辑程序；

● 能装夹、找正工件并设置坐标系参数；

● 能正确操作机床加工零件；

● 能控制零件加工精度。

任务描述

任务名称：120 分钟内自动加工板类零件外轮廓。

任务准备

按照图纸(图 4-1)要求铣削零件外轮廓，确定该零件的加工路线与加工工艺，并在数控铣床上加工完成。

1. 从图 4-1 分析：此零件主要由两个视图表达其结构，分别是主视图和半剖视图，其中主视图表达零件主要轮廓的形状，半剖视图表达零件外轮廓的结构和深度，图纸表达清晰、合理。

2. 从零件结构上分析，此零件主要表面为方形，零件的主要加工面为平面外轮廓，有尺寸精度要求，所以此零件为铣削加工中的板类零件。

3. 从标题栏分析：零件为 45 号钢，属于中碳钢，比例为 1∶1。

4. 从技术要求分析：毛坯尺寸为 100mm×80mm×20mm，零件图中零件最大轮廓长度尺寸为 100mm，最大轮廓宽度尺寸为 80mm，最大轮廓高度尺寸为 20mm，只需上表面的轮廓加工，无需其余加工；其中外轮廓有尺寸精度要求 $85^{+0.054}_{0}$ 和深度要求 $3^{0}_{-0.05}$，加工时需注意刀补和深度的控制。零件加工时，装夹和定位要合理。零件全部粗糙度为 3.2mm，铣削加工能达到要求，无需下道工序的加工。

5. 另外，图纸中无任何尺寸遗漏，零件的部分基点坐标已在图中有所标注，整张图纸表达清晰、完整。

任务实施

1. 操作准备

1) 设备：FA40-M 数控铣床、装刀器、机外对刀仪、BT40 刀柄、BT 拉钉、QH-125mm 机用平口钳、弹簧夹套 Q2-Ø10。

2) 刀具：Ø63 盘铣刀、Ø10 立铣刀。

3) 量具：游标卡尺、Z 轴设定器、磁性表座、百分表 0～5mm、杠杆表。

4) 工具：平行垫铁、T 型螺栓、活络扳手、月牙扳手、0.1mm 塞尺、铜杠 Ø30×150、木榔头。

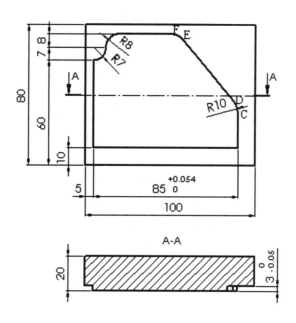

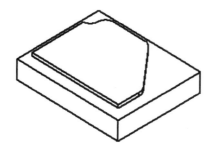

技术要求：

C: X90   ,Y30
D: X87.593,Y36.508
E: X57.593,Y71.508
F: X50   ,Y75

毛坯尺寸：100mm×80mm×20mm

图 4-1　零件图

5）材料：45 号钢、100mm×80mm×32mm 标准矩形工件。

6）程序单（表 4-1）：

表 4-1

程序	程序说明
O4001	程序名
G54G90G17G40G00Z100.	建立工件坐标系、绝对坐标编程、指定 XY 平面加工，Z 方向快速定位
M03S600	主轴正转，转速 600 r/min

续表

程序	程序说明
G00X-5.Y-5.	X、Y方向快速定位
G00Z5.	快进到工件上方5mm处
G01Z-5.F30	
G41D01X5.F100	建立刀具半径补偿
G01Y60.	
G03X12.Y67.R7.	
G02X20.Y75.R8.	
G01X50.	
G02X57.593Y71.508R10.	
G01X87.593Y36.508	
G02X90.Y30.R10.	
G01Y10.	
X-5.	
G40Y-5.	取消刀具半径补偿
G00Z100.	
M05	
M30	

2. 加工方法

选用平口虎钳装夹,工件上表面高出钳口10mm左右。根据图样加工要求,修改程序中的主轴转速及切削速度。外轮廓的加工方案采用一次装夹完成零件的粗、精加工。

3. 操作步骤

(1) 装夹工件:由于是方形毛坯,所以采用机用平口钳对毛坯夹紧。

(2) 安装刀具:根据零件的结构特点,铣削加工时采用Ø10的键槽铣刀。

(3) 切削用量的选择:根据工件材料、工艺要求进行选择。主轴转速粗加工时取$S=600r/min$,精加工时取$S=800r/min$,进给量轮廓粗加工时取$f=100mm/min$,轮廓精加工时取$f=80mm/min$,Z向下刀时进给量取$f=30mm/min$。

(4) 调用或输入程序O4001,检查程序,修改主轴转速和进给速度,确定加工路线(图4-2所示)。

(5) 建立工件坐标系原点:工件坐标系原点建立在板类零件的上表面角点(左下角)。

(6) 设置刀具半径补偿及精加工余量,轮廓和深度方向各留0.5mm。

(7) 自动加工,完成粗加工后检测零件的几何尺寸,根据检测结果决定刀具的磨耗修正量,再分别对零件进行精加工。

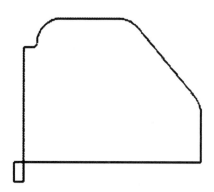

图 4-2　加工路线

4. 任务评价（表 4-2）

表 4-2

班级		姓名		职业	数控铣工			
操作日期		日　　时　　分至		日　　时　　分				
序号		考核内容及要求	配分	评分标准		自评	实测	得分
1	外轮廓铣削	切削参数合理	5	修改程序 S,F				
		对刀准确	5	错误不得分				
		工件装夹	5	装夹错误不得分				
		$85_{0}^{+0.054}$	15	超差 0.01mm 扣 5 分				
		$3_{-0.05}^{0}$	15	超差 0.01mm 扣 5 分				
		10	5	超差 0.01mm 扣 5 分				
		75	5	超差 0.01mm 扣 5 分				
		20	5	超差 0.01mm 扣 5 分				
		$Ra3.2$	5	不符合要求不得分				
2	安全规范操作	知道安全操作要求	5	操作过程符合安全要求				
		机床设备安全操作	5	符合数控机床操作要求				
		机床日常保养	10	机床清理、工量具归位				
3	练习	按时完成	5	120 分钟内完成				
		对练习内容是否理解和应用	5	正确合理地完成并能提出建议和问题				
		互助与协助精神	5	同学之间互助和启发				
	合计		100					
项目学习学生自评								
项目学习教师评价								

注意事项：

（1）如果选用的材料厚度有余量,可对上表面进行平面铣削；

（2）不确定系统状态,编程必须输入小数点；

（3）完成加工后,要去尖棱毛刺上油。

知识链接

一、轮廓加工刀具的选择

1．刀具类型选择及其切削特点

铣削二维轮廓零件时,一般采用立铣刀侧刃（周齿）进行切削。立铣刀侧刃即分布在刀体圆柱表面的切削刃,一般为螺旋形,是切削形成二维轮廓的主切削刃。对于端刃不过中心的立铣刀,Z向下刀切入工件时不能使用垂直下刀,可以沿斜线、斜向折线或螺旋线下刀。

2．立铣刀主要参数选择

立铣刀参数的选择主要是刀刃几何角度、刀具尺寸及铣刀齿数的选择。立铣刀主切削刃的前、后角都为正值,为使端面切削刃有足够的强度,在端面切削刃前面上一般磨有棱边,其宽度为 $0.4\sim1.2\text{mm}$,前角为 $6°$。

立铣刀的有关尺寸参数如图 4-3（a）所示,推荐按下述经验数据选取。

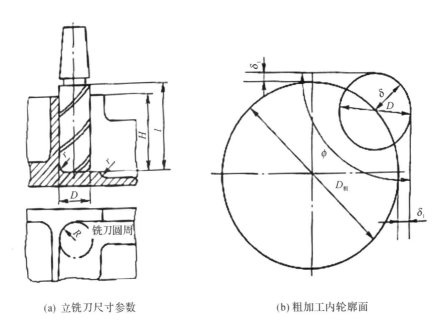

(a) 立铣刀尺寸参数　　　　　　　　　(b) 粗加工内轮廓面

图 4-3　立铣刀尺寸参数和粗加工内轮廓面

1)刀具半径 R 应小于零件内轮廓面的最小曲率半径 ρ,一般取 $R=(0.8\sim0.9)\rho$。

2)零件的加工高度 $H\leqslant(4\sim6)R$,以保证刀具有足够的刚度。

3)对不通孔的深槽,选取 $l=H+(5\sim10)\text{mm}$（l 为刀具切削刃长度,H 为零件高度）

4)加工外形及通槽时,选取 $1=H+r+(5-10)\text{mm}$（r 为端刃圆角半径）。

5)粗加工内轮廓面如图 4-3（b）所示,铣刀最大直径 D 粗可按公式 4-1 计算。

$$D_{粗}=\frac{2(\delta\sin\phi/2-\delta_1)}{1-\sin\dfrac{\phi}{2}+D}$$ 公式 4-1

式中：D——轮廓的最小凹圆角直径；

δ——圆角邻边夹角等分线上的精加工余量；

δ_1——精加工余量；

ϕ——圆角两邻边的夹角。

立铣刀按齿数可分为粗齿、中齿、细齿 3 种。为了改善切屑卷曲情况，增大容屑空间，防止切屑堵塞，刀齿数较少时，容屑槽圆弧半径则较大。一般粗齿立铣刀齿数 $z=3\sim4$，细齿立铣刀齿数 $z=5\sim8$，容屑槽圆弧半径 $r=2\sim5mm$。当立铣刀直径较大时，还可制成不等齿距结构，以增强抗振作用，使切削过程平稳。一般粗齿立铣刀适于粗加工，细齿立铣刀适于精加工。

确定主轴转速与进给速度时，参考有关手册与经验，先确定切削速度 v_c 与每齿进给量，再根据铣刀直径 d 和齿数 z，按公式 4-2、公式 4-3 计算主轴转速 n 与进给速度 v_f。

$$v_c=\frac{\pi dn}{1000}$$ 公式 4-2

$$v_f=nzf_z$$ 公式 4-3

二、轮廓加工中的顺铣和逆铣

铣削二维轮廓零件时，因刀具的运动轨迹和方向不同，可能是顺铣或逆铣，其不同的路线所得的零件表面质量也不同。

铣削工件外轮廓时：绕工件外轮廓顺时针走刀即为顺铣，如图 4-4(a)所示，绕工件外轮廓逆时针走刀即为逆铣，如图 4-4(b)所示；铣削内轮廓时，绕工件内轮廓逆时针走刀即为顺铣，如图 4-4(c)所示，绕工件内轮廓顺时针走刀即为逆铣，如图 4-4(d)所示。在数控铣床上精铣零件内、外轮廓时，为了得到好的表面质量，应尽量采用顺铣，即安排走刀路线的方向为外轮廓顺时针、内轮廓逆时针，如图 4-4(a)和图 4-4(c)所示。铣削内、外轮廓时，为减少接刀痕迹，保证零件表面质量，铣刀的切入点和切出点应沿零件轮廓曲线的延长线切向切入和切出零件表面。如果切入和切出距离受限，可采用先直线进刀再圆弧过渡的加工路线。铣削平面轮廓零件外形时，要避免在被加工表面范围内的垂直方向上下刀或抬刀，以免在轮廓表面留下刀痕，影响表面质量。

当毛坯面积比零件轮廓面积大很多时，铣刀完成零件轮廓切削后会留下残余材料，因此需要增加清除残料的刀路。

1)通过大直径刀具一次性清除残料。对于无内凹结构且四周余量分布较均匀的外形轮廓，可尽量选用大直径刀具在粗铣时一次性清除所有余量，如图 4-5(a)所示。

2)通过增大刀具半径补偿值分多次清除残料。对于轮廓中无内凹结构的外形轮廓可通过增大刀具半径补偿值的方式，分几次切削完成残料清除，如图 4-5(b)所示

3)对于轮廓中有内凹结构的外形轮廓，由于半径补偿值不能大于内凹圆弧半径，可以忽略内凹形状并用直线替代，然后增大刃具半径补偿值，分多次切削完成残料清除，如图 4-5(c)所示。

此外，我们也可以通过手工编程的方式，编制去余料程序，在加工过程中直接去除废料。对于少量余料，我们可以直接用手摇的方式去除废料。

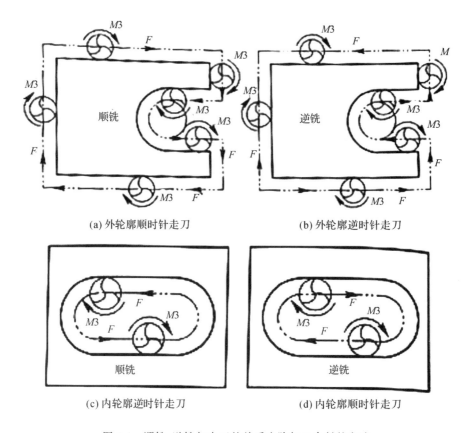

(a) 外轮廓顺时针走刀   (b) 外轮廓逆时针走刀

(c) 内轮廓逆时针走刀   (d) 内轮廓顺时针走刀

图 4-4 顺铣、逆铣与走刀的关系去除加工余料的方法

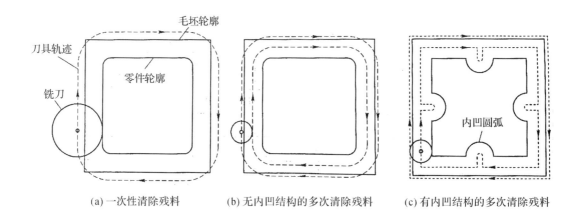

(a) 一次性清除残料   (b) 无内凹结构的多次清除残料   (c) 有内凹结构的多次清除残料

图 4-5 残料清除方法

三、盘类零件外轮廓铣削实例讲解

1. 零件图样

盘类外轮廓零件如图 4-6 所示,效果图如图 4-7 所示。

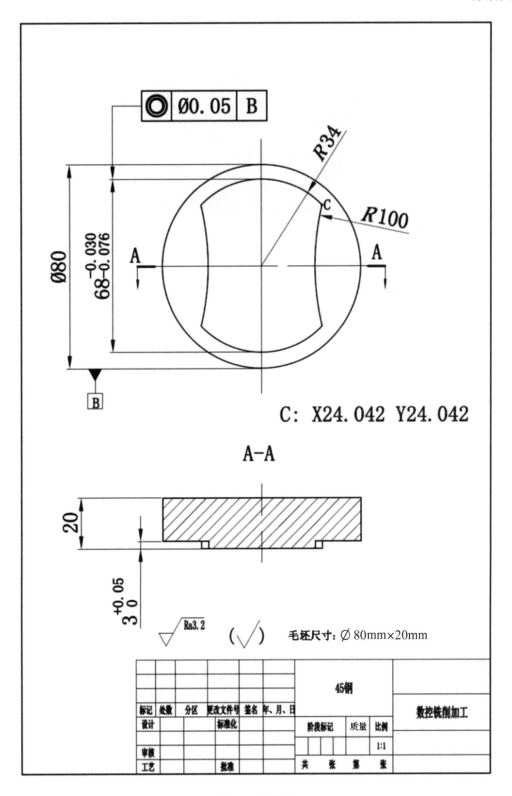

C: X24.042 Y24.042

A-A

Ra3.2 (√) 毛坯尺寸：∅ 80mm×20mm

标记	处数	分区	更改文件号	签名	年、月、日	45钢			数控铣削加工
设计			标准化			阶段标记	质量	比例	
审核								1:1	
工艺			批准			共 张 第 张			

图 4-6 零件图

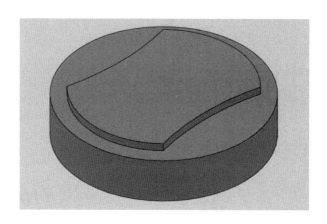

图 4-7　效果图

2. 盘类零件图纸解读

1)从图纸(图 4-6)上分析:此零件主要由两个视图表达其结构,分别是主视图和半剖视图,其中主视图表达零件主要轮廓的形状,半剖视图表达零件外轮廓的结构和深度,图纸表达清晰、合理。

2)从零件结构上分析,此零件为回转体零件,主要表面为圆形,零件的主要加工面为平面外轮廓,有尺寸精度和形位精度要求,所以此零件为铣削加工中的盘类零件。

3)从标题栏分析:零件为 45 号钢,属于中碳钢,比例为 1∶1。

4)从技术要求分析:毛坯尺寸 Ø80×20,零件图中外圆最大轮廓为 Ø80,最大高度尺寸为 20,只需上表面的轮廓加工,无须其余加工。其中外轮廓有尺寸精度要求 $68_{-0.076}^{-0.03}$ 和深度要求 $3_{0}^{+0.05}$,加工时需注意刀补和深度的控制。同时对外圆柱面又有同轴度要求 Ø0.05。零件加工时,装夹和定位要合理,需要使用百分表进行校正,以保证同轴度要求。零件全部粗糙度为 3.2μm,铣削加工能达到要求,无须下道工序的加工。

5)另外,图纸中无任何尺寸遗漏,零件的部分基点坐标已在图中有所标注。

3. 零件加工工艺分析

1)装夹工具:由于是圆形毛坯,所以采用三爪自定心卡盘对毛坯夹紧。

2)加工方案的选择:采用一次装夹完成零件的粗、精加工。

3)确定加工顺序,走刀路线。

(1)建立工件坐标系原点:工件坐标系原点建立在盘类零件的上表面中心。

(2)确定加工原则:采用先粗后精的加工原则,粗加工后检测零件的几何尺寸,根据检测结果决定刀具的磨耗修正量,再分别对零件进行精加工。

(3)确定走刀路线(图 4-8 所示)。

4)刀具与切削用量的选择。

(1)刀具选择:根据零件的结构特点,铣削加工时采用 Ø10 的键槽铣刀。

(2)切削用量选择:根据工件材料、工艺要求进行选择。主轴转速粗加工时取 $S=600\text{r/min}$,精加工时取 $S=800\text{r/min}$,进给量轮廓粗加工时取 $f=100\text{mm/min}$,轮廓精加工时取 $f=80\text{mm/min}$,Z 向下刀时进给量取 $f=30\text{mm/min}$。

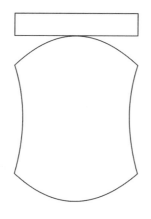

图 4-8　走刀路线

4. 加工准备

1）设备：FA40-M 数控铣床、装刀器、机外对刀仪、BT40 刀柄、BT 拉钉、弹簧夹套 Q2-Ø10、Ø200mm 三爪自定心卡盘。

2）刀具：Ø10 立铣刀。

3）量具：游标卡尺、Z 轴设定器、磁性表座、百分表 0～5mm。

4）工具：卡盘钥匙、活络扳手、月牙扳手、0.1mm 塞尺、铜杠 Ø30×150、木榔头。

5）材料：45 钢、Ø80×40 圆柱料。

6）零件加工程序。

盘类零件程序（表 4-3）：

表 4-3

程序	程序说明
O4002	程序名
G54G90G17G40G00Z100.	建立工件坐标系、绝对坐标编程、指定 XY 平面加工，Z 方向快速定位
M03S600	主轴正转，转速 600 r/min
G00X-30.Y60.	X、Y 方向快速定位
G00Z5.	快进到工件上方 5mm 处
G01Z-3.F30	分层切削
G41D01Y34.F100	建立刀具半径补偿 D＝5
G01X0	
G02X24.042Y24.042R34.	
G03Y-24.042R100.	
G02X-24.042Y-24.042R34.	
G03Y24.042R100.	
G02X0Y34.R34.	
G01X30.	

续表

程序	程序说明
G40Y60.	取消刀具半径补偿
G01Z-5. F30	分层切削
G41D01Y34. F100	
G01X0	
G02X24.042Y24.042R34.	
G03Y-24.042R100.	
G02X-24.042Y-24.042R34.	
G00Z100.	
M05	主轴停止
M30	程序结束
O4003	程序名(去余料程序)
G54G90G17G00Z100.	建立工件坐标系、绝对坐标编程、指定 XY 平面加工,Z 方向快速定位
M03S600	主轴正转,转速 600 r/min
G00X-30. Y60.	X、Y 方向快速定位
G00Z5.	快进到工件上方 5mm 处
G01Z-3. F30	分层切削
G41D02Y34. F100	建立刀具半径补偿 D=14
G01X0	
G02X24.042Y24.042R34.	
G03Y-24.042R100.	
G02X-24.042Y-24.042R34.	
G03Y24.042R100.	
G02X0Y34. R34.	
G01X30.	
G40Y60.	取消刀具半径补偿
G01Z-5. F30	分层切削
G41D01Y34. F100	
G01X0	
G02X24.042Y24.042R34.	
G03Y-24.042R100.	
G02X-24.042Y-24.042R34.	
G00Z100.	
M05	主轴停止
M30	程序结束

5．外轮廓加工步骤

1）数控铣床面板操作

（1）机床准备,开机

检查机床状态、电源电压、接线是否正确,按下"急停"按钮,机床上电,检查数控上电,检查风扇电机运转,面板上的指示灯是否正常,松开"急停"按钮,按"复位"按钮。

（2）机床回零

2）工件与刀具的装夹

（1）工件装夹并校正。用三爪卡盘装夹工件,注意工件升出高度要大于切削深度,以免撞刀。

（2）刀具安装。将所用刀具安装在主轴上,装夹时注意刀具被夹紧后才可松手,以防刀具落下伤及工件或工作台

3）程序输入及试运行

调用程序 O4002 或自行输入,调整参数。工作状态为自动加工、锁轴、空运行,GRAPH,循环启动。

看完图形后记住要解锁,关闭空运行。

4）对刀及参数设置

（1）回零

（2）将百分表用磁性表座放置于刀柄或主轴上,百分表压入工件 0.5mm 左右,然后回转主轴,观察百分表在 X 轴和 Y 轴二个方向的数值。用手轮控制调整,当百分表回转 1 圈数值相等时,表示主轴回转中心和工件中心重合,误差≤0.02mm。

（3）按"OFFSET"再按"工件坐标系"把光标移到 G54 的 X 处,按"X0"再按"测量"完成 X 轴。光标移到 G54 的 Y 处,按"X0"再按"测量"完成 Y 轴。

（4）拆除百分表,主轴旋转,选择合适的试切位置,将刀具试切工件端面,按"OFFSET"再按"工件坐标系"把光标移到 G54 的 Z 处,按"Z0"再按"测量"完成 Z 轴对刀。

（5）检查刀位偏差的设定是否正确,在 MDI 方式下输入程序"G54 G90 G0 X0 Y0",循环启动,观察刀具中心是否位于工件原点。Z 方向的位置检查使用手轮方式,将刀具移动到距离在工件上表面 20mm 左右的位置,观察显示屏上的绝对坐标的 Z 值。

（6）刀具半径补偿和精加工余量设置。

在"OFFSET"中找到 D01,输入"5.3",在"工件坐标系"的 EXT 的 Z 处,输入 0.5。

5）零件粗加工

自动工作状态下,光标移动到程序开始位置,选择单段运行,循环启动。

6）零件检测

粗加工完成后,使用游标卡尺测量外轮廓 68,读数,修改"OFFSET"中 D01 的值,用百分表测量深度 3,修改"工件坐标系"的 EXT 的 Z 值。

例如,粗加工后,外轮廓 68 的具体数值是 68.66,则我们可以减去 67.94（尺寸中差）后除以 2,得到的数值为 0.36。将"OFFSET"中 D01 的值减去 0.36,即 5.3－0.36 为 4.94。

深度 3 实际测量值位 2.65,则我们可以减去 3.02（尺寸中差）,得到的数值为－0.37,在"工件坐标系"的 EXT 的 Z 处,输入－0.37,与原来的 0.5'＋输入',即为 0.13。

7)零件精加工

参数修改后,进行精加工,注意主轴转速和进给速度的调整。

加工完成后,测量尺寸,如果符合尺寸要求,加工完成。如果仍然有余量,用上述方法继续修改参数,再次精加工。

8)机床保养

6. 盘类零件加工误差的原因及消除措施的方法(表 4-4)

表 4-4　误差原因及措施

误差类型	原因	消除措施
$68_{-0.076}^{-0.03}$ 超差	刀具补偿误差	选择正确的刀补数据
	加工中测量误差	多测量几次,取其平均值
$3_0^{+0.05}$ 超差	加工中测量误差	多测量几次,取其平均值
	刀具拉刀	刀具夹紧或按下偏差编程
同轴度超差	零件安装倾斜	选择正确的安装工艺
	工件坐标原点找正误差	采用正确的对刀方法,用百分表找正工件坐标原点
表面粗糙度不达标	切削参数不合理	选择正确的切削参数
	刀具磨损	精加工时,更换一把新刀
	未加冷却液	加注合适的冷却液

任务拓展

拓展任务描述:去除外轮廓加工余料。

1)想一想

● 去除外轮廓余料的方法有哪些?

2)试一试

● 用手摇方式去除外轮廓的余料;

● 用编程的方法去除外轮廓的余料。

模块二　零件内轮廓铣削

模块目标

● 能正确分析内轮廓零件的工艺性;

● 能合理选择刀具并确定切削参数;

● 能正确制定内轮廓零件的数控铣削加工工序;

● 能熟练操作数控铣床并完成零件内轮廓铣削;

● 能按图纸要求及时调整优化切削参数;

● 能去除内轮廓多余材料;

● 能正确使用量具测量内轮廓。

学习导入

在原来的基础上继续学习零件内轮廓的铣削,大家可以想一想,内轮廓的加工相比外轮廓难在哪里,哪些问题需要额外考虑。一个零件如果同时存在外轮廓和内轮廓,加工的先后顺序是否有讲究?本学习模块中将内轮廓分为型腔和槽进行讲解,希望通过学习掌握典型内轮廓的加工方法和工艺。

任务　板类零件内轮廓铣削

任务目标

1. 掌握程序的输入、校验和运行方法;
2. 能合理选择刀具并确定切削参数;
3. 能正确制定板类零件内轮廓铣削加工工序;
4. 能完成板类零件内轮廓的加工;
5. 能去除内轮廓多余材料。

知识要求

● 掌握数控铣床内轮廓铣削的加工方法;
● 掌握板类零件内轮廓铣削工艺知识。

技能要求

● 能正确完成零件图样分析;
● 能输入与编辑程序;
● 能装夹、找正工件并设置坐标系参数;
● 能正确操作机床加工零件;
● 能控制零件加工精度。

任务描述

任务名称:120 分钟内自动加工板类零件内轮廓。

任务准备

按照图纸(图 4-9)要求铣削零件内轮廓,确定该零件的加工路线与加工工艺,并在数控铣床上完成加工。

读懂零件图如图 4-9 所示,效果图如图 4-10 所示。

1. 从图纸上分析:此零件主要由两个视图表达其结构,分别是主视图和半剖视图,其中主视图表达零件主要轮廓的形状,半剖视图表达零件内轮廓的结构和深度,图纸表达清晰、合理。

2. 从零件结构上分析,此零件主要表面为方形,零件的主要加工面为平面内轮廓,有尺寸精度和形位精度要求,所以此零件为铣削加工中的板类零件。

3. 从标题栏分析:零件为 45 号钢,属于中碳钢,比例为 1:1。

4. 从技术要求分析:毛坯尺寸 100mm×80mm×20mm,零件图中零件最大轮廓长度尺寸为 100mm,最大轮廓宽度尺寸为 80mm,最大轮廓高度尺寸为 20mm,只需上表面的轮廓加工,无须其余加工。其中内轮廓有尺寸精度要求 $71_{-0.078}^{-0.032}$ 和深度要求 $2_{0}^{+0.050}$,加工时需注

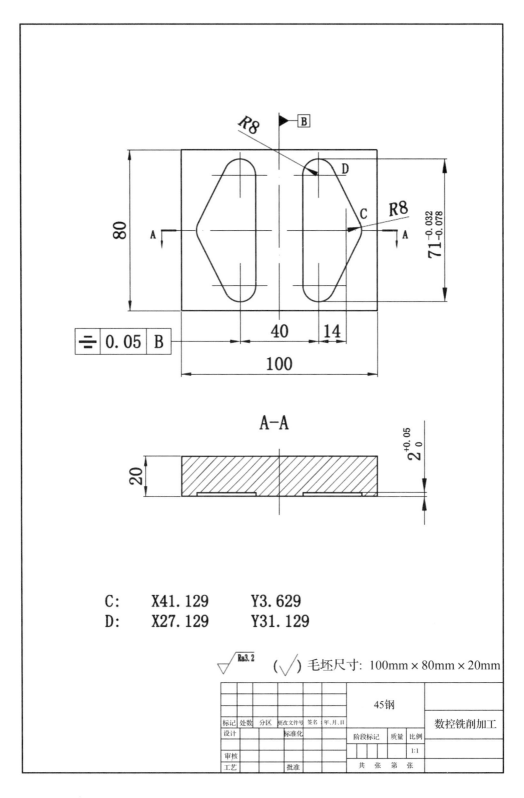

图 4-9　零件图

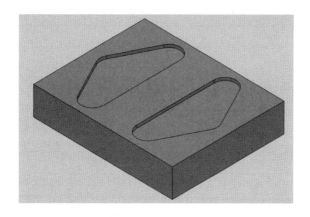

图 4-10　效果图

意刀补和深度的控制。同时两个内轮廓关于零件中线（Y 轴）有对称度要求 0.05mm。零件加工时，装夹和定位要合理。零件全部粗糙度为 3.2mm，铣削加工能达到要求，则无须下道工序的加工。

5. 另外，图纸中无任何尺寸遗漏，零件的部分基点坐标已在图中有所标注，整张图纸表达清晰、完整。

任务实施

1. 操作准备

1）设备：FA40-M 数控铣床、装刀器、机外对刀仪、BT40 刀柄、BT 拉钉、弹簧夹套 Q2-Ø10。

2）刀具：Ø63 盘铣刀、Ø10 键槽铣刀。

3）量具：游标卡尺、Z 轴设定器、磁性表座、百分表 0~5mm、杠杆表。

4）工具：平行垫铁、T 型螺栓、活络扳手、月牙扳手、0.1mm 塞尺、铜杠 Ø30×150、木榔头。

5）材料：45 钢、100mm×80mm×20mm 标准矩形工件。

6）程序单（表 4-5）：

表 4-5

程序	程序说明
O4004	程序名
G54G90G17 G40	
G0X30. Y0	
M03S600	主轴正转，转速 600 r/min
G00Z5.	快进到工件上方 5mm 处
G01Z-5. F25	
G41D01X41.129Y-3.629F80	建立刀具半径补偿
G03Y3.629R8.	
G01X27.129Y31.129	

续表

程序	程序说明
G03X12.Y27.5R8.	
G01Y-27.5	
G03X27.129Y-31.129R8.	
G01X41.129Y-3.629	
G03Y3.629R8.	
G40G01X30.Y0	取消刀具半径补偿
X20.Y27.	去余量
Y-27.	
X30.Y0	
G00Z5.	
G0X-30.Y0	
G01Z-5.F25	
G41D01X-41.129Y3.629F80	建立刀具半径补偿
G03Y-3.629R8.	
G01X-27.129Y-31.129.	
G03X-12.Y-27.5R8.	
G01Y27.5	
G03X-27.129Y31.129.R8.	
G01X-41.129Y3.629	
G03Y-3.629R8.	
G40G01X-30.Y0	取消刀具半径补偿
X-20.Y27.	去余量
Y-27.	
X-30.Y0	
G00Z5.	
G00Z100.	
M30	

2. 加工方法

选用平口虎钳装夹,工件上表面高出钳口 5mm 左右。根据图样加工要求,修改程序中的主轴转速及切削速度。内轮廓的加工方案采用一次装夹完成零件的粗、精加工。

3. 操作步骤

(1) 装夹工件:由于是方形毛坯,所以采用机用平口钳对毛坯夹紧。

(2) 安装刀具:根据零件的结构特点,同时刀具直径要满足小于最小圆弧半径,铣削加工时采用 Ø10 的键槽铣刀。

(3) 切削用量的选择:根据工件材料、工艺要求进行选择。主轴转速粗加工时取 $S=600$r/min,精加工时取 $S=800$r/min,进给量轮廓粗加工时取 $f=80$mm/min,轮廓精加

工时取 $f=70\text{mm/min}$，Z向下刀时进给量取 $f=25\text{mm/min}$。

（4）调用或输入程序 O4004，检查程序，修改主轴转速和进给速度，确定加工路线（图 4-11 所示）。

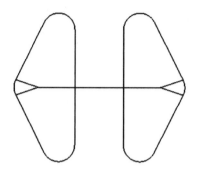

图 4-11　走刀路线

（5）建立工件坐标系原点：工件坐标系原点建立在板类零件的上表面中心。

（6）设置刀具半径补偿及精加工余量，轮廓和深度方向各留 $0.4\mu\text{m}$。

（7）自动加工，完成粗加工后检测零件的几何尺寸，根据检测结果决定刀具的磨耗修正量，再分别对零件进行精加工。

4.任务评价（表 4-6）

表 4-6

班级		姓名			职业	数控铣工			
操作日期		日	时	分至	日	时　　分			
序号	考核内容及要求				配分	评分标准	自评	实测	得分
1	内轮廓铣削	切削参数合理			5	修改程序 S、F			
		对刀准确			5	错误不得分			
		工件装夹			5	装夹错误不得分			
		$2_0^{+0.05}$			15	超差 0.01mm 扣 5 分			
		$71_{-0.078}^{-0.032}$			15	超差 0.01mm 扣 5 分			
		20			5	超差 0.01mm 扣 5 分			
		⚎ 0.05 B			10	超差 0.01mm 扣 5 分			
		$Ra3.2$			5	不符合要求不得分			
2	安全规范操作	知道安全操作要求			5	操作过程符合安全要求			
		机床设备安全操作			5	符合数控机床操作要求			
		机床日常保养			10	机床清理、工量具归位			

续表

序号	考核内容及要求		配分	评分标准	自评	实测	得分
3	练习	按时完成	5	120分钟内完成			
		对练习内容是否理解和应用	5	正确合理地完成并能提出建议和问题			
		互助与协助精神	5	同学之间互助和启发			
	合计		100				
	项目学习学生自评						
	项目学习教师评价						

注意事项：

（1）如果选用的材料厚度有余量，可对上表面进行平面铣削。

（2）选刀具尺寸时要考虑内轮廓最小圆弧，刀具半径必须小于内轮廓最小圆弧。

知识链接

一、型腔的加工

1. 型腔类型

1）简单型腔（图4-12所示）

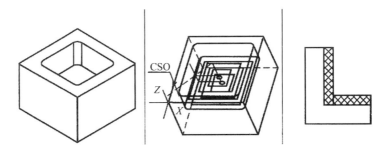

图4-12　简单型腔

2）有岛类型腔（图4-13所示）

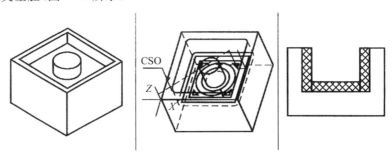

图4-13　有岛类型腔

3)有槽类型腔(图 4-14 所示)

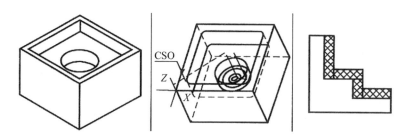

图 4-14　有槽类型腔

2. 型腔加工方法

型腔类轮廓加工的进退刀路设计在对零件的轮廓进行加工时,为了保证零件的加工精度和表面粗糙度符合要求,应合理地设计进退刀路径。

铣削封闭的内轮廓表面时,若内轮廓曲线允许外延,则应沿切线方向切入切出,如图 4-15(a)所示。若内轮廓曲线不允许外延(如图 4-15(b)所示),刀具只能沿内轮廓曲线的法向切入切出,此时刀具的切入切出点应尽量选择在内轮廓曲线两几何元素的交点处。当内部几何元素相切无交点时(如图 4-15(b)所示),为防止刀具在轮廓拐角处留下凹口,刀具切入切出点应远离拐角。

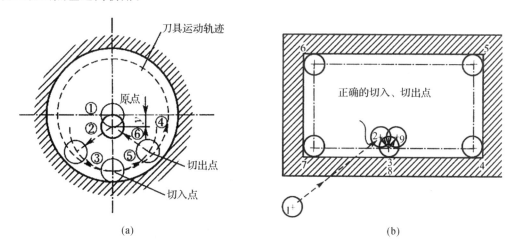

(a)　　　　　　　　　　　　　(b)

图 4-15　封闭内轮廓走刀路线

对于加工型腔角落,传统切削角的方法是使用 G01 直线插补指令,在角的过渡不连续。这就是说,当刀具到达角落时,由于线性轴的动力特征限制,刀具必须减速。在电机改变进给方向前,有一短暂的停顿,这会产生大量的热量和摩擦。很长的接触长度会导致切削力的不稳定,并常常使角落切削不足。典型的结果是振动——刀具越大和越长,或刀具总悬伸越大,振动越强。

问题解决方案:

1)使用圆角半径比角圆角半径小的刀具,用圆弧插补加工角落。这种加工方法通过刀具的运动产生了光滑和连续的过渡,使产生振动的可能性大大地降低了。

2）通过圆弧插补产生比图样上的规定稍大些的圆角半径。这是很有利的,有时就可在粗加工中使用较大的刀具,以保持高生产率。在角落处余下的加工余量可以采用较小的刀具进行固定铣削或圆插补切削。

3. 型腔类零件的下刀方式

加工型腔类零件在垂直进给时切削条件差,轴向抗力大,切削较为困难。一般根据具体情况采用以下几种方法进行加工:

1）用钻头在铣刀下刀位置预钻一个孔,铣刀在预钻孔位置下刀进行型腔的铣削。此方法对铣刀种类没有要求,下刀速度不用降低,但需增加一把钻头,也增加了换刀和钻孔的时间。

2）用键铣刀(或有断面刃的立铣刀)直接垂直下刀进给,再进行型腔铣削。此方法下刀速度不能过快,否则会产生振动,损坏切削刃。

3）使用 X、Y 和 Z 方向的线性坡切削下刀,达到轴向深度后再进行型腔铣削,此方法适合加工宽度较窄的型腔。

4）螺旋下刀,铣刀在下刀过程中沿螺旋线路径下刀,它产生的轴向力小,工件加工质量高,对铣刀种类也没要求,是最佳下刀方式。

二、槽的加工

利用不同的铣刀在铣床上可加工直角槽、V 型槽、T 型槽、燕尾槽和键槽等多种沟槽。此处介绍常用的键槽和 T 型槽的加工。

1. 键槽加工

(1)键槽加工刀具的选择

安装平键的沟槽称为平键槽,简称键槽;安装半圆键的槽称为半圆键槽,又叫半月键槽。加工平键槽的铣刀即为键槽铣刀。平键槽又分为封闭式、敞开式和半封闭式 3 种,如图 4-16 所示。键槽铣刀主要用来加工闭式平键槽。

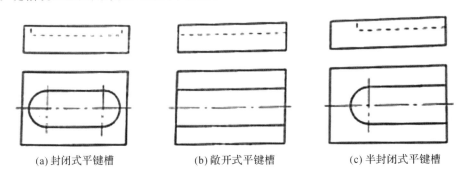

(a)封闭式平键槽　　　　　(b)敞开式平键槽　　　　　(c)半封闭式平键槽

图 4-16　典型平键槽图样

键槽铣刀如图 4-17 所示,它的外形与立铣刀相似,不同的是它在圆周上只有两个螺旋刀齿,其端面刀齿的刀刃延伸至中心。键槽铣刀与普通立铣刀相比,其特点为能垂直进刀(轴向进给),排屑能力好。其端部刀刃为主切削刃,圆周刃为副切削刃,螺旋齿的结构使切削平稳,适用于铣削对槽宽有相应要求的槽类加工。封闭槽铣削加工时,可以做适量的轴向进给,键槽铣刀可先轴向进给达到槽深,然后沿键槽方向铣出键槽全长,较深的槽要做多次垂直进给和纵向进给才能完成加工。另外,键槽铣刀可用于插入式铣削、钻削、锪孔。平键槽除了用键槽铣刀铣削以外,还可用立铣刀、三面刃铣刀来加工。

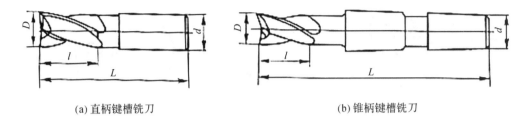

(a)直柄键槽铣刀　　　　　　　　　(b)锥柄键槽铣刀

图 4-17　典型键槽铣刀

直柄键槽铣刀直径 $d=2\sim22$mm,锥柄键槽铣刀直径 $d=14\sim50$mm。键槽铣刀直径的偏差有 e8 和 d8 两种,e8 用于加工槽宽精度为 H9 的键槽,d8 用于加工槽宽精度为 N9 的键槽。键槽铣刀的圆周切削刃仅在靠近端面的一小段长度内发生磨损,重磨时,只需刃磨端面切削刃,因此,重磨后铣刀直径不变。半月键槽的加工及所用铣刀如图 4-18 所示。

(2)键槽加工

1)用平口钳装夹,用键槽铣刀铣封闭式键槽,如图 4-19 所示,适用于单件生产。

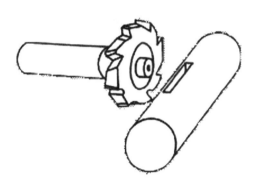

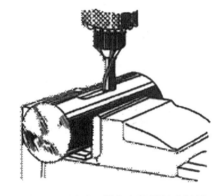

图 4-18　半月键槽及铣刀　　　　图 4-19　用平口钳装夹铣封闭式键槽

2)用 V 型铁和压板装夹,铣封闭式键槽,如图 4-20 所示。

3)用分度头装夹,在卧式铣床上用三面刃铣刀铣敞开式键槽,如图 4-21 所示。

在数控铣床上加工键槽时,铣刀的直径可比键槽宽度小,最后加工得到的键槽宽度可以由刀具半径补偿功能来保证。

2. T 型槽加工

(1)在立式铣床上用立铣刀或在卧式铣床上用三面刃盘铣刀铣出直角槽,如图 4-22(a)所示。

(2)在立式铣床上用 T 型槽铣刀铣出底槽,如图 4-22(b)所示。

(3)用倒角铣刀倒角,如图 4-22(c)所示。

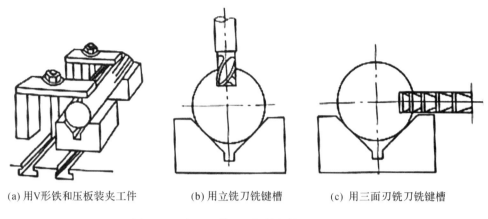

(a) 用V形铁和压板装夹工件　　　(b) 用立铣刀铣键槽　　　(c) 用三面刃铣刀铣键槽

图 4-20　用 V 型铁和压板装夹铣封闭式键槽

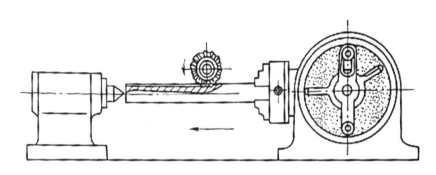

图 4-21　用分度头装夹铣敞开式键槽

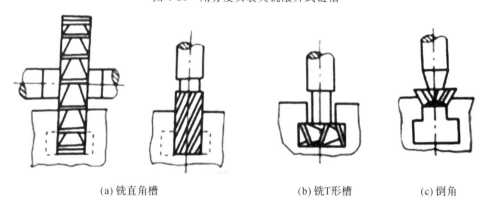

(a) 铣直角槽　　　　　　(b) 铣T形槽　　　　　(c) 倒角

图 4-22　T 型槽的加工

任务拓展

拓展任务描述:槽的加工(图 4-23)。

1) 想一想

● 加工时如何控制槽的尺寸?

● 槽加工时如何切入、切出,应考虑哪些因素?

2) 试一试

● 加工图纸中的槽,并保证尺寸精度。

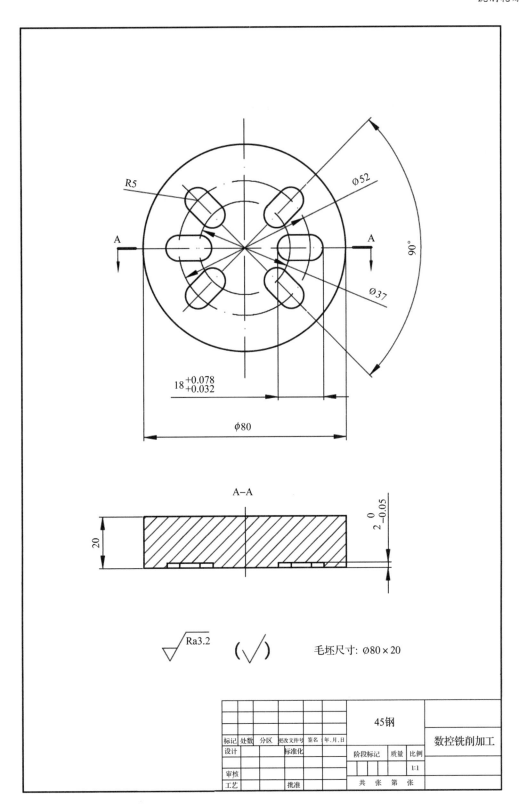

图 4-23

作业练习

一、单选题

1. 立铣刀沿顺时针方向铣削零件外轮廓时,主切削刃的加工属于( )。

A. 端铣顺铣　　　B. 端铣逆铣　　　C. 周铣逆铣　　　D. 周铣顺铣

2. 最终轮廓应尽量( )走刀完成。

A. 2次　　　　　　B. 3次　　　　　　C. 任意次　　　　　D. 1次

二、判断题

1. 轮廓加工中,在接近拐角处应适当降低进给量,以克服"超程"或"欠程"现象。( )

一、单选题(答案)

1. D　2. D

二、判断题(答案)

1. √

项目五　加工孔

❖ 能制定孔类零件加工工艺；

❖ 能加工孔类零件；

❖ 能完成对刀操作并设置工件坐标系；

❖ 能编辑及运行程序；

❖ 能设置切削参数；

❖ 能维护与保养数控铣床。

模块　孔加工

模块目标

● 能根据零件形状结构特点编写孔类零件加工方案；

● 能根据加工孔特征和精度要求正确选用麻花钻、丝锥、铰刀和镗刀；

● 能制定孔类零件加工线路；

● 能按图编写孔类零件加工程序，并做好刀具使用规划；

● 能按图纸要求及时调整优化参数，加工工件并达到精度要求。

学习导入

想一想什么是孔。

孔主要指的是圆柱形的内表面，也包括非圆柱形的内表面（由两平行平面或切面形成的包容面）。

孔按形状分可分为圆柱孔、圆锥孔、鼓形孔、多边形孔、花键孔和其他异形孔以及特形孔（如弯曲孔）等。按形态分，有通孔及盲孔（不通孔）。

任务一　孔类零件加工工艺

任务目标

1. 能制定孔类零件加工线路；

2. 能按图编写孔类零件加工程序，并做好刀具使用规划；

3. 掌握孔类零件加工基本指令。

知识要求

● 掌握孔系零件钻削工艺知识；

● 掌握数控铣床孔类钻削的加工方法。

技能要求

● 能正确完成零件图样分析；
● 能输入与编辑程序；
● 能装夹、找正工件并设置坐标系参数；
● 能正确操作机床加工零件；
● 能控制零件加工精度。

任务描述

任务名称：60 分钟内自动加工孔类零件。

任务准备

按照图纸(图 5-1)要求钻削零件孔系,确定该零件的加工路线与加工工艺,并在数控铣床上加工完成。

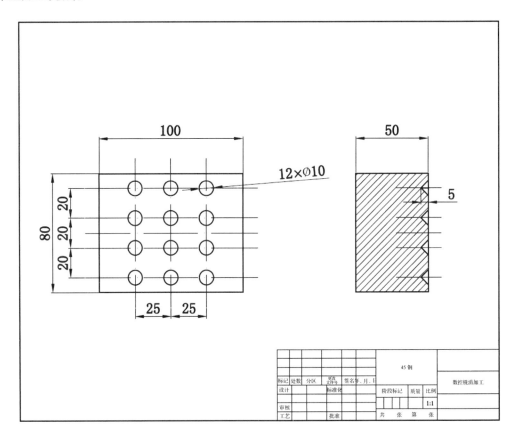

图 5-1　零件图

任务实施

1. 图纸识读

图纸(图 5-1)的分析可以看出,本零件由 3 列 4 组 12 个点孔组成,点孔深度为 5mm,孔距 X 向为 25mm，Y 向 20mm。毛坯材料为 45 钢，尺寸 100mm×80mm×50mm。

2. 工艺分析

1）零件的结构、技术要求分析

该点孔零件为 3 列 4 行 12 个 Ø10 的均布点孔位，没有公差要求和形位公差要求，只是为后续钻孔定心做准备，外形无须加工。

2）切削工艺分析

（1）装夹工具：由于是方形毛坯，所以采用机用平口钳夹紧毛坯。

（2）加工方案的选择：采用一次装夹完成。

（3）建立工件坐标系原点：工件坐标系原点建立在方形毛坯的上表面中心。

（4）为保证点孔锥面圆整，在底部停顿 2 秒，以钻孔循环（G82）指令编制程序。

3）确定加工工艺过程

选用 Ø10 定心钻孔。

4）刀具的选择

Ø10 定心钻，材料为硬质合金。

3. 程序编制（表 5-1）

表 5-1

程序	程序说明
O3001	程序名
G54G90G17	建立工件坐标系、绝对坐标编程、指定 XY 平面加工
M03S1200	主轴正转，转速 1200 r/min
G0X-25.Y-30.	X、Y 方向快速定位第一个孔的位置
G99G82R5.Z-5.P2F80	锪孔循环，返回 R 平面
Y-10.	
Y10.	
Y30.	
X0	
Y10.	
Y-10.	
Y-30.	
X25.	
Y-10.	
Y10.	
Y30.	
G80G0Z50.	取消锪孔循环指令
M30	

4. 仿真操作

将点孔程序输入仿真系统检查程序。

5. 零件加工

操作步骤

(1)分析图纸,确定该零件的加工路线与加工工艺;

(2)开机回参考点;

(3)安装工件;

(4)安装刀具对刀建立工件坐标系;

(5)输入程序并检查核对;

(6)自动加工;

(7)测量检验。

6. 任务评价(表5-2)

表 5-2

班级		姓名		职业	数控铣工			
操作日期		日 时 分至		日	时 分			
序号	考核内容及要求			配分	评分标准	自评	实测	得分
1	盘铣刀安装及对刀	刀柄、刀座清洁准备		5	有清洁动作,无杂质			
		旋紧拉钉		5	旋紧			
		安装刀盘、刀片		5	正确安装			
		对刀仪核对安装高度		10	操作正确			
2	孔系加工	正确阅读图纸,工件坐标系设定合理,对刀正确		10	对刀正确			
		开机、启动、回参考点		5	能完成开机启动,顺序正确			
		安装工件		10	工件安装合适			
		输入程序并检查核对		10	机床运动方向正确,速度控制合理			
		自动加工		10	操作正确			
		测量检验		5	加工完整			
3	安全规范操作	知道安全操作要求		5	操作过程符合安全要求			
		机床设备安全操作		5	符合数控机床操作要求			
4	练习	练习次数		5	符合教师提出的要求			
		对练习内容是否理解和应用		5	正确合理地完成并能提出建议和问题			
		互助与协助精神		5	同学之间互助和启发			
	合计			100				
项目学习学生自评								
项目学习教师评价								

知识链接

一、孔的分类

孔是组成机械零件的主要部分之一,在机械零件中有多种多样的孔。

按照孔与其他零件相对连接关系的不同,可分为配合孔与非配合孔;按其几何特征的不同,可分为通孔、盲孔、阶梯孔、锥孔等;按其几何形状不同,可分为圆柱形孔、圆锥形孔、螺纹孔和成形孔等。

常见的圆柱形孔有一般孔和深孔之分,长径比(孔深度与直径之比)>5 的孔为深孔,深孔很难加工。常见的成形孔有方孔、六边形孔、花键孔等。

根据零件在机械产品中的作用不同,不同结构的孔有不同的精度和表面质量要求。

二、孔加工刀具

1. 麻花钻

麻花钻是最常用的孔加工刀具,如图 5-2 所示。一般用于实体材料上孔的粗加工。

钻孔的尺寸精度为 IT13~IT11,表面粗糙度 Ra 值为 $50\mu m \sim 12.5\mu m$。

如图 5-3 所示,它的结构由柄部、颈部和工作部分组成。柄部是钻头的夹持部分,有直柄和锥柄两种型式,钻头直径大于 12mm 时常做成锥柄,小于 12mm 时做成直柄。颈部位于柄部和工作部分的过渡部分,是磨削柄部时砂轮的退刀槽,当柄部和工作部分采用不同材料制造时,颈部就是两部分的对焊处,钻头的标注也常注于此。

钻头的工作部分包括导向部分和切削部分。导向部分有两条螺旋槽和两条棱边,螺旋槽起排屑和输送切削液的作用,棱边起导向、修光孔壁的作用。导向部分有微小的倒锥度,以减少与孔壁的摩擦。切削部分由两条主切削刃、两条副切削刃、一条横刃、两个前刀面和两个后刀面组成。

图 5-2　麻花钻

2. 扩孔钻

如图 5-4 所示,扩孔钻是用来对工件上已有的孔进行扩大加工的刀具。扩孔钻结构如图 5-5 所示,工作部分分为切削部分和导向部分。

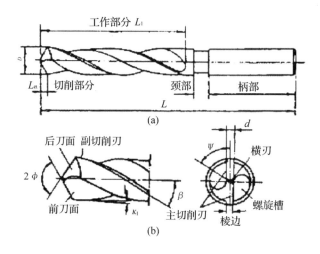

图 5-3 麻花钻的构成

扩孔后,孔的精度可达到 IT10～IT9,表面粗糙度 Ra 值为 6.3～3.2μm。

扩孔钻没有横刃,加工余量小,刀齿数多(3～4 个齿),刀具的刚性及强度好,切削平稳。

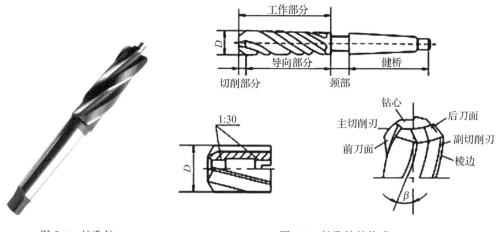

图 5-4 扩孔钻   图 5-5 扩孔钻的构成

3. 铰刀

铰刀是一种半精加工或精加工孔的常用刀具。

扩孔后,孔的精度可达到 IT9～IT7,表面粗糙度 Ra 值为 1.6～0.4μm。

铰刀的刀齿数多(4～12 个齿),加工余量小,导向性好,刚性大。

铰刀可分为手用铰刀(图 5-6 所示)和机用铰刀(图 5-7 所示)两大类。结构如图 5-8 所示。铰刀分为三个精度等级,分别用于不同精度的孔的加工(H7、H8、H9)。在选用时,应根据被加工孔的直径、精度和机床夹持部分的型式来选用相适应的铰刀。

图 5-6　手用铰刀

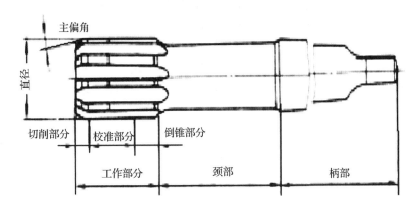

图 5-7　机用铰刀

图 5-8　铰刀的结构

4. 镗刀

镗刀是常用的加工工具,其加工范围很广,既可以进行粗加工,也可以进行精加工。
图 5-9(a)为粗镗刀外形,图 5-9(b)为精镗刀外形,图 5-9(c)为微调精镗刀外形。

镗刀的种类很多,根据结构特点及使用方式,可分为单刃镗刀和双刃镗刀等。单刃镗刀

(a)粗镗刀外形

(b)精镗刀外形

(c)微调精镗刀外形

图 5-9　镗刀

只有一个主切削刃,不论粗加工或是精加工都能适用,但其刚度差,容易产生弯曲变形,所以生产效率低。双刃镗刀两端都有切削刃,工作时基本上可消除径向力对镗杆的影响。其大多采用浮动结构,可以消除由于刀片的安装误差或刀杆的偏摆所带来的加工误差,保证了镗孔的精度。

三、孔加工方法

在机械加工中,根据孔的结构和技术要求的不同,可采用不同的加工方法,这些方法归纳起来可以分为两类:

1. 对实体工件进行孔加工,即从实体上加工出孔。

2. 对已有的孔进行半精加工和精加工。

非配合孔一般是采用钻削加工在实体工件上直接把孔钻出来。对于配合孔则需要在钻孔的基础上,根据被加工孔的精度和表面质量要求,采用铰削、镗削、磨削等精加工的方法作进一步的加工。

铰削、镗削是对已有孔进行精加工的典型切削加工方法。当孔的表面质量要求很高时,还需要采用精细镗、研磨、珩磨、滚压等表面光整加工方法。对非圆孔的加工则需要采用插削、拉削以及特种加工等方法。

四、孔加工的特点

由于孔加工是对零件内表面的加工,对加工过程的观察、精度控制困难,加工难度要比外圆表面等开放型表面的加工大得多。

孔的加工过程主要有以下几方面的特点:

1. 孔加工刀具多为定尺寸刀具,如钻头、铰刀等,在加工过程中,刀具磨损造成的形状和尺寸的变化会直接影响被加工孔的精度。

2. 由于受被加工孔直径大小的限制,切削速度很难提高,影响加工效率和加工表面质量。尤其是在对较小的孔进行精密加工时,为达到所需的速度,必须使用专门的装置,对机床的性能也提出了很高的要求。

3. 刀具的结构受孔的直径和长度的限制,刚性较差。在加工时,由于轴向力的影响,容易产生弯曲变形和振动,孔的长径比(孔深度与直径之比)越大,刀具刚性对加工精度的影响就越大。

4. 孔加工时,刀具一般是在半封闭的空间工作,切屑排除困难。冷却液难以进入加工区域,散热条件不好。切削区热量集中,温度较高,影响刀具的耐用度和钻削加工质量。

五、孔类加工工艺

孔类的加工方法很多,除孔类加工的共有特点外,各种方法还具有自身的特点。孔类加工的共同点是走刀路线比较相似,都是要先定孔中心,再下刀加工。下刀时在距工件表面较远时快速进给,接近工件转为慢速进给。而慢速工进至加工深度,下到孔中的加工路线和加工后的退刀路线,各种方法各有特点。

1. 定心路线

各种孔加工方法,其刀具的回转中心都是与主轴同心的,对于不同的刀具,其刀位点都位于刀具顶端的回转中心上,如图 5-10 所示。这些刀具加工孔,刀具中心就是孔中心,孔中心主要是在 XY 平面内确定,刀具的定心路线为 XY 平面快速移动,Z 向不动,如图 5-11 所示。

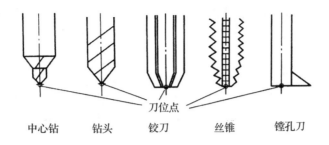

图 5-10　刀位点

图 5-11　刀具定心路线

2. 下刀路线

加工孔的下刀路线各种方法都一样,据工件表面远时,刀具快速进给,接近时(距表面 2～5mm)刀具由快进转为工进。对于所有刀具都应建立长度刀补,因此,在下刀路线上,要有一个检验刀补的 Z100,这个值也可以是 Z50、Z30 或其他,但一定要有这个点,以防刀补错误而打刀(撞刀),如图 5-12 所示。

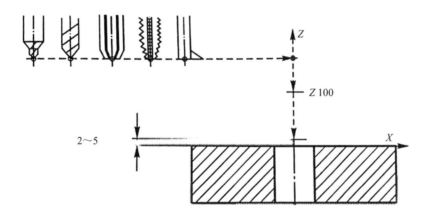

图 5-12　R 平面的高度

3. 加工路线

不同的加工方法,其加工路线也不相同(如图 5-13 所示)。

1)钻孔、铰孔、扩孔和点窝 4 种加工方法的加工路线相似,均为工进＋快退。

2)镗孔要保证孔的精度与光度,加工路线为工进＋工退(以工进速度退刀)或工进＋停转＋快退。

3)攻螺纹要按螺纹下刀方式,每转一圈下降一个螺距,加工路线为工进＋反转＋工退。

4)锪孔要平台阶孔面,加工路线为工进＋暂停＋快退。

5）钻深孔的余量难以排除，需要进刀一段，抬刀一段，循环往复，保证孔能正常钻成，否则钻头很容易被切屑夹住而折断。加工路线为工进＋快退＋快进＋工进＋……＋快退。

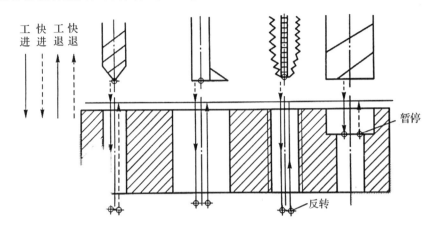

图 5-13　孔加工的进刀路线

这些加工方式的工进深度分别为：

钻孔：通孔，超过孔深一个半径。

盲孔，按图样给定深度。

铰孔：通孔，超过孔深，把铰刀的切削部分透过去。

盲孔，小于图样给定深度。

扩孔：通孔，超过孔深，把切削部分透过去。

盲孔，小于图样给定深度。

镗孔：通孔，超过孔深 2～3mm。

盲孔，按照图样给定深度。

攻螺纹：通孔，超过孔深大半丝锥长度。

盲孔，小于图样给定深度。

锪孔：按图样给定深度。

点窝：2～3mm。

表 5-3 为常用孔的加工方法，包括精度等级以及适用范围。表 5-4 为孔加工工艺特点。

表 5-3　常用的孔加工方法

加工方案	经济精度公差等级	表面粗糙度/μm	适用范围
钻	IT11～IT13	$Ra50$	
钻→扩	IT10～IT11	$Ra25～50$	加工为淬火钢级铸铁
钻→扩→铰	IT8～IT9	$Ra1.60～3.20$	的实心毛坯，也可加工
钻→扩→粗铰→精铰	IT7～IT8	$Ra0.80～1.60$	有色金属（所得表面粗
钻→铰	IT8～IT9	$Ra1.0～3.20$	糙度 Ra 值稍大）
钻→粗铰→精铰	IT7～IT8	$Ra0.80～1.60$	

加工方案	经济精度公差等级	表面粗糙度/μm	适用范围
钻→（扩）→拉	IT7～IT8	$Ra0.80～1.60$	大批量生产
粗镗（扩）	IT11～IT13	$Ra3.20～6.30$	除淬火钢外的各种钢材，毛坯上已有铸出的或锻出的孔
粗镗（扩）→半精镗（精扩）	IT8～IT9	$Ra1.60～3.20$	
粗镗（扩）→半精镗（精扩）→精镗（铰）	IT7～IT8	$Ra0.80～1.60$	
粗镗（扩）→半精镗（精扩）→精镗（铰）→浮动镗	IT6～IT7	$Ra0.20～0.40$	
粗镗（扩）→半精镗→粗磨	IT7～IT8	$Ra0.20～0.40$	主要用于淬火钢，不宜用于有色金属
粗镗（扩）→半精镗→粗磨→精磨	IT6～IT7	$Ra0.10～0.20$	
粗镗→半精镗→粗镗→金刚镗	IT6～IT7	$Ra0.05～0.20$	用于精度高有色金属
钻→扩→粗铰→精铰→珩磨	IT6～IT7	$Ra0.05～0.20$	精度要求很高的孔，若以研磨代替珩磨，精度可达 IT6 以上
钻→扩→拉→珩磨	IT6～IT7	$Ra0.05～0.20$	
粗镗→半精镗→→→	IT6～IT7	$Ra0.05～0.20$	

表 5-4　孔加工工艺特点

名称	工艺特点	使用刀具
钻孔	钻孔是指钻头在实体材料上加工出孔的操作。孔的大小由钻头直径来保证，钻孔过程需要钻头旋转并沿轴向进给进行切削。钻孔过程中会有切屑缠绕钻头，使孔内壁受到挤压而变形，因此钻削加工仅用于孔的粗加工	麻花钻头、中心钻头
扩孔	扩孔是对已钻出、铸出、锻出和冲出的孔进行扩大的加工方法，用于修正孔的轴线，作为孔的半精加工方法	扩孔钻头
铰孔	铰孔是使用铰刀从已加工孔壁（钻孔、扩孔）上切除微量金属层，以提高其尺寸精度和孔表面质量的方法，属于孔的精加工工艺。被铰孔的尺寸和精度取决于铰刀的尺寸和精度，铰多大尺寸、几级精度的孔，就选择相同尺寸与精度等级的铰刀	铰刀
镗孔	镗孔是用镗刀对已钻出、铸出或锻出的孔做进一步的加工。镗孔可以扩大孔径，提高精度，减小表面粗糙度，还可以较好地纠正原来孔轴线的偏斜	镗刀
攻丝	用丝锥在工件孔中切削出内螺纹的加工方法称为攻丝。攻丝时，必须保持丝锥导程和主轴转速之间的同步关系，即主轴旋转一周，丝锥轴向移动一个导程	丝锥

六、固定循环指令

这个功能是针对孔加工中各种动作有许多固定不变的顺序而设定的，将这些动作用钻（镗）孔的固定循环指令来代替，一个指令可以控制 6 个顺序动作，大大简化了程序。

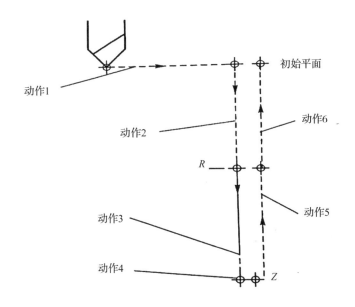

图 5-14　固定循环动作

1. 固定循环动作(图 5-14)

1)动作 1：X、Y 轴快速移动定位,使刀具中心移到孔的中心位置。

2)动作 2:快速下刀进至 R 平面,刀具从初始位置快速进到 R 平面转换为工进,即切削进给。若刀具已在 R 平面,则不动。

3)动作 3:刀具以工进速度进到 Z 平面,深孔加工时可多次抬刀。

4)动作 4:孔底动作,锪孔点窝、镗孔时用,包括暂停、主轴准停、刀具移动等动作。快速退刀返回到 R 平面。

5)动作 5:快速退刀返回到 R 平面。

6)动作 6:快速退刀返回到初始平面。

任务拓展

拓展任务描述:数控钻削孔类零件。

1)想一想

● 孔的加工工艺;

● 孔加工的刀具类型。

2)试一试

● 根据图纸,完成孔系零件的工艺编制。

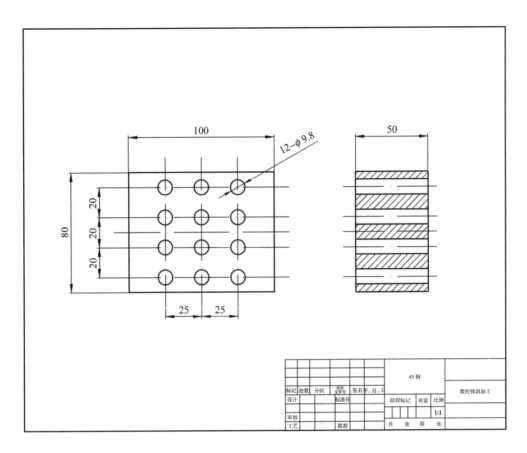

图 5-15

任务二　孔类零件加工及检测

模块目标

- 了解孔类零件的加工指令；
- 能按加工流程和工艺方案进行仿真模拟加工；
- 能根据图纸要求按顺序完成孔系零件加工；
- 能利用内径量表、百分表等相关量具完成孔系零件孔径等的精度检测。

知识要求

- 了解内径量表、百分表的使用方法；
- 掌握不同走刀路线对孔的精度影响。

技能要求

- 在数控仿真软件上完成孔系零件的加工。

任务描述

- 在规定时间内完成在仿真软件上的仿真加工。

任务准备

图纸识读：

图纸(图 5-16)的分析可以看出,本零件由 3 列 4 组 12 个通孔组成,所以此零件为孔系零件,孔深度 50mm,孔距 X 向为 25mm,Y 向为 20mm。

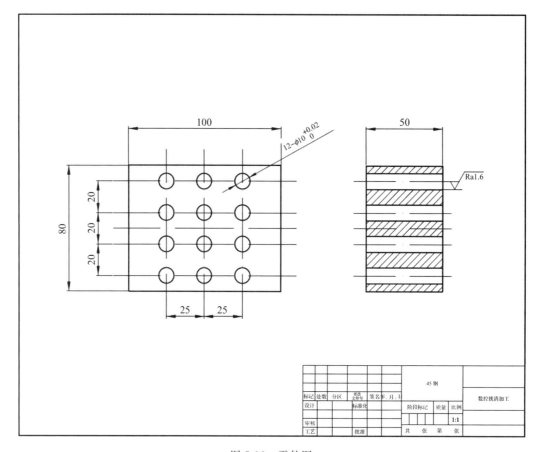

图 5-16　零件图

工艺分析：

1. 零件的结构、技术要求分析

经过对图纸的分析可以看出,该孔系零件为 3 列 4 组 12 个通孔组成均布孔,没有形位公差要求。但是要保证钻孔的直线度,保证下一练习铰孔的要求。钻孔前先使用点钻定位。

毛坯材料为 45 钢,尺寸 100mm×80mm×50mm,孔加工深度刚好 50mm,所以无须其余加工。

2. 切削工艺分析

1) 装夹工具：由于是方形毛坯,所以采用机用平口钳夹紧毛坯。

2) 加工方案的选择：采用一次装夹完成孔系的点钻和钻孔加工。

3) 建立工件坐标系原点：工件坐标系原点建立在方形毛坯的上表面中心。

4) 由于孔的深度为 50mm,钻削过程中考虑排屑方便,所以采用高速啄进钻孔循环(G73)指令编制程序

3. 确定加工工艺过程

1) Ø10 定心钻钻定位孔;

2) Ø9.8 麻花钻钻通孔;

3) Ø10 机铰刀铰孔。

4. 刀具的选择

1) Ø10 中心钻,材料:高速钢;

2) Ø9.8 麻花钻,材料:高速钢;

3) Ø10 铰刀,材料:高速钢。

任务实施

1. 操作准备

(1) 设备:装有 FANUC 0i 数控系统的数控铣床、QH-125mm 机用平口钳。

(2) 量具:0~5mm 百分表及表架。

(3) 工具:活络扳手、木榔头、T 型螺栓、铜片。

2. 加工方法

用双手将平口钳放在数控铣床上,用木榔头敲击调整位置。

3. 任务评价(表 5-5)

表 5-5

班级			姓名			职业	数控铣工			
操作日期		日	时	分至	日		时	分		
序号	考核内容及要求			配分		评分标准		自评	实测	得分
1	刀具安装	钻头装拆		5		操作正确,动作规范				
		镗刀装拆		5		操作正确,动作规范				
		铰刀装拆		5		操作正确,动作规范				
		编制孔程序		20		程序高效,正确				
		在仿真系统和机床中输入程序模拟		20		30 分钟内完成				
2	安全规范操作	知道安全操作要求		10		操作过程符合安全要求				
		机床设备安全操作		15		符合数控机床操作要求				
3	练习	练习次数		5		符合教师提出的要求				
		对练习内容是否理解和应用		10		正确合理地完成并能提出建议和问题				
		互助与协助精神		5		同学之间互助和启发				
	合计			100						
	项目学习学生自评									
	项目学习教师评价									

注意事项：

1. 要仔细检查程序是否编制正确；

2. 练习中二人合作需要互相配合提示，一人动手，另一人可以提醒但不能动手。

知识链接

一、孔加工程序编制

1. 铣床常用的固定循环指令能完成的工作有：钻孔、扩孔、铰孔、镗孔等。如图 5-17 所示，这些循环通常包括六个基本步骤：

步骤 1：X 和 Y 轴的定位（也包括其他轴的定位）

步骤 2：快速移到 R 点

步骤 3：加工孔

步骤 4：孔底的动作

步骤 5：返回 R 点

步骤 6：快速移到起始点

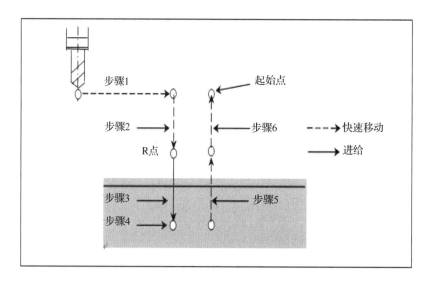

图 5-17　孔循环加工

2. 钻孔指令

常用的钻孔指令见表 5-6 所示。

表 5-6　钻孔指令及应用

G 码	钻孔（−Z 方向）	孔底动作	返回（＋Z 方向）	应用
G73	间歇进给	—	快速	高速啄进钻孔循环
G74	进给	暂停→主轴 CW 转	进给	左手螺纹攻牙循环
G76	进给	主轴定位停止	快速	精镗孔循环
G80	—	—	—	取消
G81	进给	—	进给	钻孔循环

G 码	钻孔（−Z 方向）	孔底动作	返回（＋Z 方向）	应用
G82	进给	暂停	进给	钻孔，反镗孔循环
G83	间歇进给	—	进给	啄进钻孔循环
G84	进给	暂停→主轴 CCW 转	进给	攻牙循环
G85	进给	—	进给	镗孔循环
G86	进给	主轴停止	快速	镗孔循环
G87	进给	主轴 CW 转	快速	反镗孔循环
G88	进给	暂停→主轴停止	手动	镗孔循环
G89	进给	暂停	进给	镗孔循环

1）沿钻孔轴的移动距离 G90/G91（图 5-18 所示）

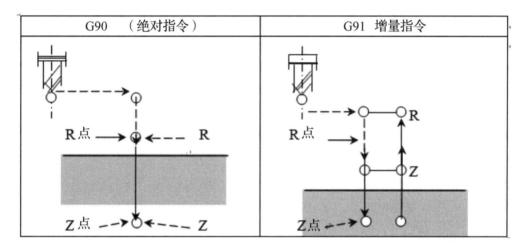

图 5-18　沿钻孔轴的移动距离 G90/G91

当刀具到达孔底时，刀具可能返回到 R 点或起始点，由 G98 和 G99 决定。图 5-19 图解说明在指定 G98 和 G99 时刀具怎样移动的。一般，G99 用作第一钻孔操作，G98 用作最后钻孔操作。即在 G99 模式起始点位置不改变。

图中线形说明：

- - → 定位（快速 G00）

⟶ 切削进给（G01）

⟶ 手动进给

⤵ 主轴定位停止（主轴停在固定旋转位置）

⟹ 变换（快速 G00）

P　暂停

2）高速啄进钻孔循环（G73）

此循环执行高速钻孔，它执行间歇切削到孔底便于排屑。循环过程如图 5-20 所示，常用于深孔加工。

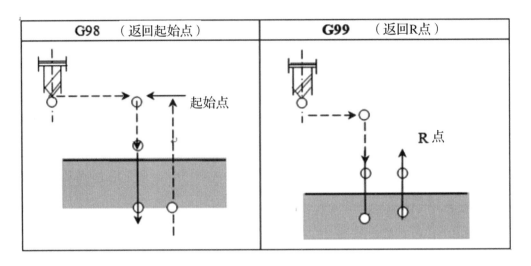

图 5-19　G98 和 G99 模式

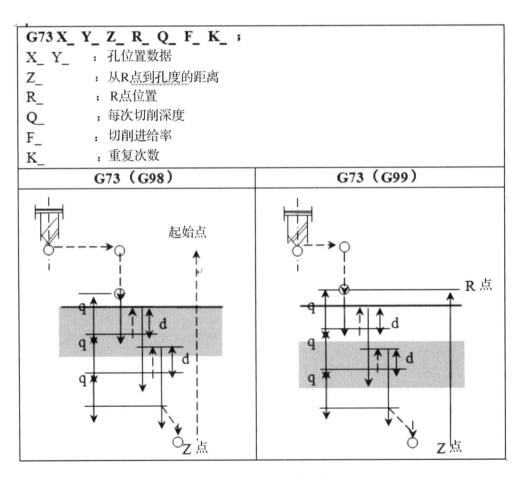

图 5-20　G73 高速啄进钻孔循环

3)钻孔循环,点钻循环(G81)

此循环用于一般钻孔。循环过程如图 5-21 所示,执行切削进给到孔底。然后刀具从孔底以快速返回。

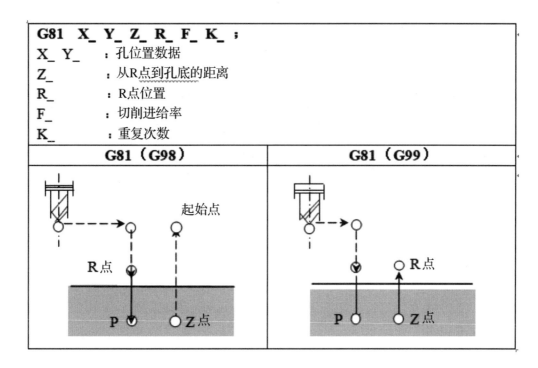

G81 X_ Y_ Z_ R_ F_ K_ ;
X_ Y_ ：孔位置数据
Z_ ：从R点到孔底的距离
R_ ：R点位置
F_ ：切削进给率
K_ ：重复次数

图 5-21　G81 点钻循环

4)钻孔循环,锪孔循环(G82)

此循环用于一般沉孔或台阶孔钻削。循环过程如图 5-22 所示,执行切削进给到孔底。在孔底暂停,然后刀具从孔底以快速返回。

5)镗孔循环(G85)

此循环用于镗孔和铰孔,循环过程如图 5-23 所示。

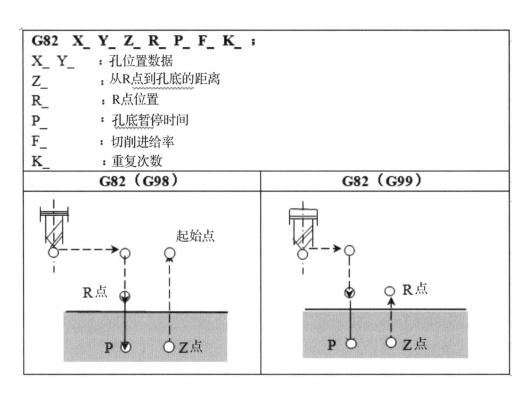

图 5-22　G82 锪孔循环

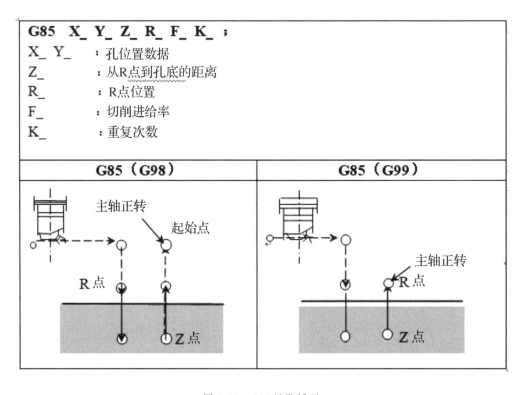

图 5-23　G85 镗孔循环

二、孔加工质量分析

表 5-7 为孔加工误差原因的分析。

表 5-7　孔加工误差原因分析

误差类型	产生误差的原因	消除误差的措施
点孔位置误差	点孔钻装夹不当	调整点孔钻安装
点孔锥面不圆	点孔钻在进给和退刀之间太快无法保证锥面圆整	编制程序时在底部有停顿
钻孔位置误差	钻头安装歪斜	拆卸钻头重新安装
	钻头横刃太长定位不准	修磨横刃
钻孔孔径误差	钻头切削刃不对称	修磨切削刃保持二刃对称
	钻头尺寸选择不当	选择合适的钻头尺寸
钻孔直线度误差	钻头横刃太长定位不准	修磨横刃
	钻头钻削时切削用量不当	调整钻削时的切削用量
	钻头切削刃磨损	调换或修磨钻头
铰孔位置精度超差	机床进给误差造成	保证孔位运动同向
	钻孔的底孔位置误差太大	控制钻孔位置精度
	钻孔的底孔不直	控制钻孔直度
	铰孔切削用量不合适	选择合适的切削用量
铰孔位置精度超差	钻 Ø9.8 底孔时超差（底孔尺寸已大于 Ø10 H7）	正确安装麻花钻，用力夹紧刀具不倾斜
	铰 Ø10H7 孔时铰刀未夹紧使孔超差	正确安装铰刀，用力夹紧刀具
	铰刀刀具磨损，尺寸精度未达标	精加工时，更换一把新刀
表面粗糙度不达标	切削参数不合理	选择正确的切削参数
	刀具磨损	精加工时，更换一把新刀。
	未加冷却液	加入

三、内径百分表

内径百分表又称内径量表，如图 5-24 所示，它是一种以百分表为读数机构，配备杠杆传动系统组合的比较量具，可以准确地测量出孔的形状误差和孔径，其优点是可以测出深孔、深槽的尺寸。

1. 内径百分表种类和规格

1）弹簧式内径量表

如图 5-25 所示，常用的规格：18～35mm、35～50mm、50～160mm、160～250mm、250～450mm。表 5-8 为弹簧式内径百分表的测头直径及工作行程，表 5-9 为弹簧式内径百分表的测力，表 5-10 为弹簧式内径百分表存在的误差。

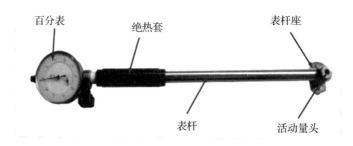

图 5-24　内径百分表

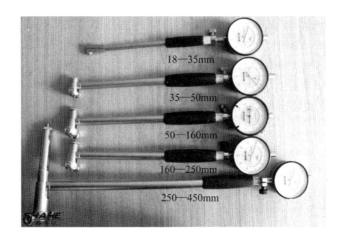

图 5-25　弹簧式内径量表规格

表 5-8　弹簧式内径百分表的测头直径及工作行程

弹簧测量头标称直径/mm	2.0,2.25,2.5,2.75,3.0,3.25,3.5,3.75	4.0,4.5,5.0,5.5,6.0,6.5,7.0,7.5,8.0,8.5,9.0,9.5	10,11,12,13,14,15,16,17,18,19,20
弹簧测头工作行程/mm	0.3	0.6	1.2

注：工作行程为 0.3mm 的，弹簧测头预压量应≥0.05mm，工作行程为 0.6mm 和 1.2mm 的，弹簧测头预压量应≥0.01mm。

表 5-9　弹簧式内径百分表的测力

弹簧测头的标称直径/mm	2.0～4.5	5.0～9.5	10～20
测力/N	≤2.5	≤3.5	≤4.0

弹簧式内径百分表的示值误差、相邻误差不大于表 5-10 的规定。

表 5-10　弹簧式内径百分表的误差

弹簧测头工作行程/mm	示值误差/μm		相邻误差/μm	
	新制的	使用中和修理后的	新制的	使用中和修理后的
0.3	±10	±12	±5	±8
0.6	±12	±15	±5	±8
1.2	±15	±20	±5	±8

2. 内径百分表使用方法

如图 5-26 所示为内径百分表的工作原理。内径百分表是将百分表装夹在测架 4 上,触头 1 通过摆动块 5,连杆 6,将测量值一比一地传递给百分表。可换测头 2 可根据孔径大小更换。测量力由弹簧 7 产生。

1)把百分表插入量表直管轴孔中,压缩百分表一圈,紧固。

2)选取并安装可换测头,紧固。

3)测量时手握隔热装置。

4)根据被测尺寸调整零位。

5)用已知尺寸的环规或平行平面(千分尺)调整零位,以孔轴向的最小尺寸或平面间任意方向内均最小的尺寸对 0 位,然后反复测量同一位置 2～3 次后检查指针是否仍与 0 线对齐,如不齐则重调。

6)为读数方便,可用整数来定零位位置。

7)测量时,摆动内径百分表,找到轴向平面的最小尺寸(转折点)来读数。

8)测杆、测头、百分表等配套使用,不要与其他表混用。

任务拓展

拓展任务描述:数控钻削孔类零件。

1)想一想

- 孔的加工工艺。

- 孔加工的刀具类型。

2)试一试

- 根据图纸,完成孔系零件的工艺编制。

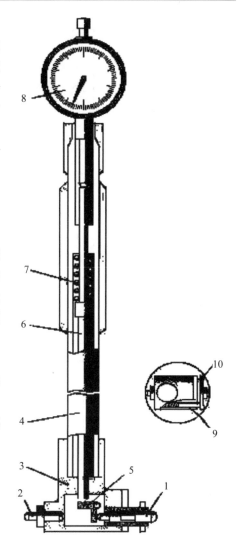

1-触头　2-可换测头　3-护套　4-测架　5-摆动块
6-连杆　7-弹簧　8-百分表　9-调节弹簧　10-定心装置

图 5-26　内径百分表的工作原理

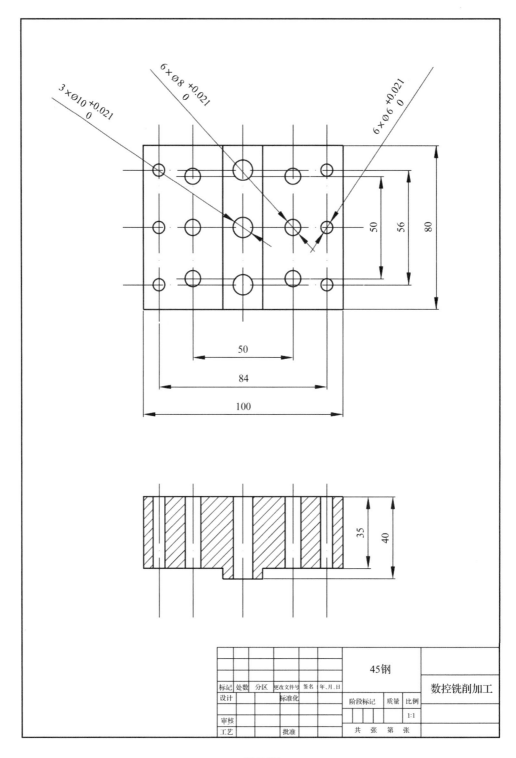

图 5-27

作业练习

一、单选题

1. 直装刀排镗刀杆主要用来镗（ ）

A. 通孔　　　　　　B. 不通孔　　　　　　C. 台阶孔　　　　　　D. 外圆

2. 加工 Ø8H7 孔,采用钻、粗铰、精铰的加工方案,则铰孔前钻底孔的钻头直径约为（ ）。

A. Ø7.8　　　　　B. Ø7.95　　　　　C. Ø7.9　　　　　D. Ø7.7

3. 传统加工概念中,加工槽宽精度为 H9 的键槽,应该选用的键槽铣刀直径偏差为（ ）。

A. H9　　　　　B. e8　　　　　C. h9　　　　　D. d8

4. 铰孔的表面粗糙度值一般可达 Ra（ ）。

A. 3.2～6.3　　　B. 6.3～12.5　　　C. 0.1～0.8　　　D. 0.8～3.2

5. 扩孔钻与麻花钻的区别在于（ ）。

A. 没横刃,刀刃数多　　　　　　B. 也有横刃,但刀刃数多

C. 也有横刃,刃数也一样　　　　D. 没横刃,刃数与钻头一样

二、多选题

1. 除用 G80 取消固定循环功能以外,当执行了下列（ ）指令后固定循环功能也被取消。

A. G01　　　　B. G03　　　　C. G02　　　　D. G00　　　　E. G04

三、判断题

1. Ø60H7 铰孔前的扩孔尺寸应该为 Ø59.8 左右。（ ）

2. 扩孔钻无横刃参加切削。（ ）

一、单选题(答案)

1. A　2. A　3. B　4. D　5. A

二、多选题(答案)

1. ABCD

三、判断题(答案)

1. ✕　　2. ✓

项目六　铣削曲面

❖ 能按曲面曲率半径选择合适刀具；

❖ 能安装找正工、夹、刀具；

❖ 能完成对刀操作并设置工件坐标系；

❖ 能编辑及运行程序；

❖ 能设置切削参数；

❖ 能维护与保养数控铣床。

模块　加工曲面

模块目标

● 能根据曲面最小曲率半径选择刀具；

● 能装夹、找正工件并设置坐标系；

● 能输入与编辑程序；

● 能验证程序；

● 能按图纸要求及时调整优化参数，加工工件并达到精度要求。

学习导入

想一想什么是曲面零件，数控机床上如何加工曲面零件。

面是一条动线，在给定的条件下，在空间连续运动的轨迹。

任务一　曲面零件加工工艺

任务目标

1. 了解球头刀具结构和不同对刀点对加工的影响；

2. 能根据曲面最小曲率半径选择刀具；

3. 能输入程序；

4. 能验证程序；

5. 能按图纸要求调整优化参数。

知识要求

● 掌握球头刀距结构和不同对刀点对加工的影响；

- 凹凸圆弧面铣削工艺特点;
- 凹凸圆弧面零件编程方法。

技能要求

- 掌握曲面加工时的刀具选择;
- 掌握凹凸圆弧面零件编程方式。

任务描述

任务名称:凹凸圆弧面加工。

任务准备

掌握球头刀具结构和不同对刀点对加工的影响,确定零件的加工工艺。

任务实施

图纸(图 6-1)的分析可以看出,本零件左侧有个在 YZ 平面内的曲面,半径为 92.6mm,宽度为 10mm。毛坯材料为 45 钢。

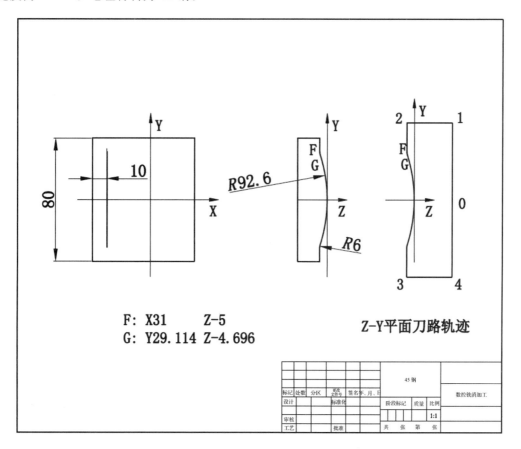

图 6-1　零件图

1. 图纸识读

2. 工艺分析

(1)零件的结构、技术要求分析

该曲面零件为 YZ 平面内加工一个 $R92.6$mm 的圆弧和两个 $R6$mm 的圆弧,没有公差要求和形位公差要求。

(2)切削工艺分析

1)装夹工具:由于是板形毛坯,所以采用机用平口钳夹紧毛坯。

2)加工方案的选择:采用一次装夹完成。

3)建立工件坐标系原点:工件坐标系原点建立在方形毛坯的上表面中心。

(3)确定加工工艺过程

选用 $R5$ 球头铣刀。

(4)刀具的选择

∅10 键槽铣刀,$R5$ 球头铣刀,材料:硬质合金。

3．加工程序

1)加工主程序

O6001	
G54G19G90G0X-1. Y0Z10.	运行至定位点
M03S1200	主轴 1200r/min

M98P120002	调用子程序 12 次
M30	程序结束

2)加工子程序采用 $R5$ 球形刀

O6002	
G90G41G01D1Y50.	1 点
G1Z-5.	2 点
G1Y31.	F 点
G02 Y29.114 Z-4.696 R6.	G 点
G03 Y-29.114 Z-4.696 R92.6	-F 点

G02 Y-31.	Z-5. R6.	-G 点
G01 Y-50.		3 点
G01 Z10.		4 点
G40G0 Y0		0 点
G91G01X1.		X 轴步进增量
M99		返回主程序

4．仿真操作

将曲面程序输入仿真系统检查程序。

5．任务评价(表 6-1)

表 6-1

班级		姓名		职业	数控铣工			
操作日期	日	时	分至	日	时	分		
序号	考核内容及要求			配分	评分标准	自评	实测	得分
1	识读曲面零件视图	看懂零件图纸		10	看懂并分析图纸			
		零件加工内容及技术要求		5	加工内容及技术要求描述正确			
2	刀具角度及应用	球头铣刀的特点		5	描述球头铣刀的加工特点			
		球头铣刀的材料		5	正确选择刀具材料			
		球头铣刀装拆		5	正确装拆球头铣刀			

续表

序号	考核内容及要求		配分	评分标准	自评	实测	得分
3	工艺及程序编制	写出曲面铣削加工工艺	10	工艺步骤正确合理			
		阅读并编制加工程序	15	会用 G17/G18/G19 刀具半径补偿、子程序指令编程			
		切削用量的选择	5	选择合理的切削用量			
4	仿真软件操作	会应用仿真软件功能	10	软件功能应用正确			
		用仿真软件加工曲面零件	15	加工迅速并达到图纸要求			
4	练习	练习次数	5	符合教师提出的要求			
		对练习内容是否理解和应用	5	正确合理地完成并能提出建议和问题			
		互助与协助精神	5	同学之间互助和启发			
合计			100				
项目学习学生自评							
项目学习教师评价							

知识链接

一、曲面的类型

1. 变斜角类零件

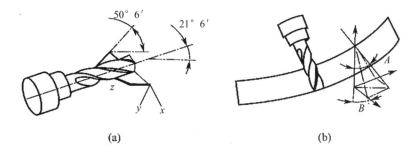

(a)　　　　　　　　　　　　　(b)

图 6-2　变斜角类零件

图 6-2(a)所示为变斜角类零件,此类零件表面不能展开为平面。图 6-2(b)所示为零件斜角在一个平面内变化,即刀具平行于某一个平面摆动,此类零件可用四轴加工中心完成。图 6-2(b)零件的斜角在两个平面内变化,如图中的 A 角与 B 角,此时要用五轴加工中心来完成。

2．立体曲面类零件

加工面为空间曲面的零件称为立体曲面类零件。这类零件的加工面不能展成平面，一般使用球头铣刀切削，加工面与铣刀始终为点接触，若采用其他刀具加工，易产生干涉而铣伤邻近表面。加工立体曲面类零件一般使用三坐标数控铣床，采用以下两种加工方法。

1）行切加工法

采用三坐标数控铣床进行二轴半坐标控制加工，即行切加工法。如图 6-3(a)所示，球头铣刀沿 XY 平面的曲线进行直线插补加工，当一段曲线加工完成后，沿 Y 方向进给 ΔY 再加工相邻的另一曲线，如此依次用平面曲线来逼近整个曲面。相邻两曲线间的距离 ΔY 应根据表面粗糙度的要求及球头铣刀的半径选取。球头铣刀的球半径应尽可能选得大一些，以增加刀具刚度，提高散热性，降低表面粗糙度值。加工凹圆弧时的铣刀头半径必须小于加工曲面的最小曲率半径。

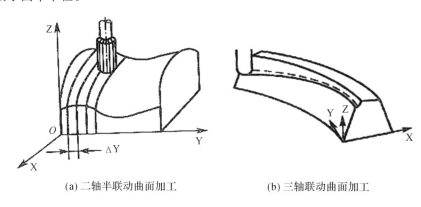

(a) 二轴半联动曲面加工　　　　　(b) 三轴联动曲面加工

图 6-3　行切加工法

2）三坐标联动加工

采用三坐标数控铣床三轴联动加工，即进行空间直线插补，如图 6-3(b)所示。如半球形，可用行切加工法加工，也可用三坐标联动的方法加工。这时，数控铣床用 X、Y、Z 三坐标联动的空间直线插补，实现球面加工，如图 6-4 所示。

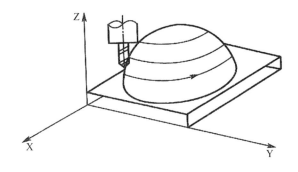

图 6-4　三坐标联动直线插补

二、曲面铣削方法

立体曲面加工应根据曲面形状、刀具形状以及精度要求采用不同的铣削方法。

两坐标联动的三坐标行切法加工 X、Y、Z 三轴中任意二轴做联动插补,第三轴做单独的周期进刀,称为二轴半坐标联动。如图 6-5 所示,将 X 向分成若干段,圆头铣刀沿 YZ 面所截的曲线进行铣削,每一段加工完成进给 ΔX,再加工另一相邻曲线,如此依次切削即可加工整个曲面。在行切法中,要根据轮廓表面粗糙度的要求及刀头不干涉相邻表面的原则选取 ΔX。行切法加工中通常采用球头铣刀。球头

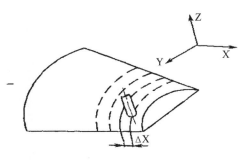

图 6-5 曲面行切法

铣刀的刀头半径应选得大些,有利于散热,但刀头半径不应大于曲面的最小曲率半径。

用球头铣刀加工曲面时,总是用刀心轨迹的数据进行编程。图 6-6 所示为二轴半坐标加工的刀心轨迹与切削点轨迹示意图。$ABCD$ 为被加工曲面,P_{YZ} 平面为平行于 YZ 坐标面的一个行切面,其刀心轨迹 O_1O_2 为曲面 $ABCD$ 的等距面 $IJKL$ 与平面 P_{YZ} 的交线,显然 O_1O_2 是一条平面曲线。在此情况下,曲面的曲率变化会导致球头刀与曲面切削点的位置改变,因此切削点的连线 ab 是一条空间曲线,从而在曲面上形成扭曲的残留沟纹。由于二轴半坐标加工的刀心轨迹为平面曲线,故编程计算比较简单,数控逻辑装置也不复杂,常在曲率变化不大及精度要求不高的粗加工中使用。

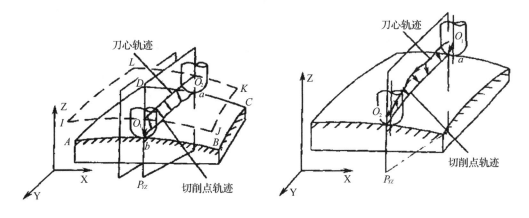

图 6-6 二轴半坐标加工

三、球头刀的结构

曲面加工时,为了获得较好的表面质量,通常采用球头铣刀加工。如图 6-7(a)所示为整体式仿形球头铣刀,图 6-7(b)为双刀片夹固式仿形球头铣刀,图 6-7(c)为单刀片夹固式仿形球头铣刀,图 6-7(d)为可转位 R 型立铣刀。用球头铣刀加工时,刀位点可以放在刀具的端部,也可以放于球心。

球头铣刀从两刃到八刃不等,有刃过中心的,有不过中心的。设计要求,第一后角一般 7°到 10°,第二后角一般 10°到 20°。

球头刀可以铣削模具钢、铸铁、碳素钢、合金钢、工具钢、一般铁材,属于立铣刀。球头刀可以在高温环境下正常作业。

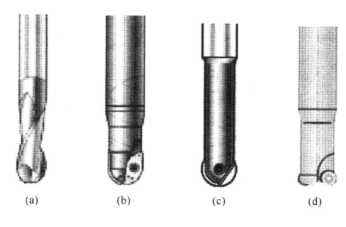

图 6-7　常用球头铣刀

四、铣削曲面的走刀路径

对于边界敞开的曲面加工,可采用如图 6-8 所示的几种走刀路径。

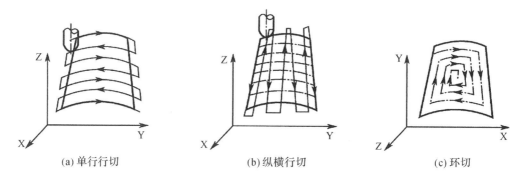

(a)单行行切　　　　　　(b)纵横行切　　　　　　(c)环切

图 6-8　常见走刀路线

确定走刀路径的原则是在保证零件加工精度和表面粗糙度的条件下,尽量缩短走刀路径,以提高生产率。合理地选择加工路线不仅可以提高切削效率,还可以提高零件的表面精度。确定加工路线时应考虑以下几个方面:①尽量减少进、退刀时间和其他辅助时间。②铣削零件轮廓时,尽量采用顺铣方式,以提高表面精度。③进、退刀位置应选在不太重要的位置,并且使刀具沿零件的切线方向进刀和退刀,以免产生刀痕。④先加工外轮廓,再加工内轮廓。

五、程序编写

一般的平面曲面程序编制时要注意:

1. 加工平面的选择

在曲面的加工编程中,首先是平面的选择,由于曲面不仅仅是在默认平面内的加工,也存在于另两个加工平面,所以需要先确定曲面所存在的加工平面。图 6-9 所示为 G17、G18、G19 三个加工平面。

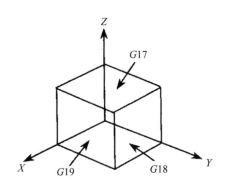

图 6-9　加工平面

2. 刀具半径补偿确定

3. 子程序

采用行切加工法加工编程时,相同的曲面轨迹在程序中多次出现,可使用子程序简化程序。

1)子程序概念:在一个零件或多个零件加工过程中,将加工内容重复的部分编制成一个程序,然后在加工程序内多次应用,重复多次应用的程序称为子程序,这样可以简化程序的编制。

2)调用子程序 M98 指令格式

M98　P　××××　××××

格式中:××××为重复调用子程序的次数;××××为要调用的子程序号。

说明:省略循环次数时,默认循环次数为一次。

3)子程序的嵌套

在复杂零件加工中,会出现在相同的加工内容中还包含有重复加工的部分,这种在子程序中再划分次级子程序的方法称为子程序的嵌套。

如图 6-10,主程序调用两重子程序,即主程序调用一个主程序,而子程序又可以调用另一个子程序。

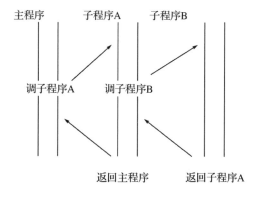

图 6-10　子程序的嵌套

FANUC 0i 控制系统可以嵌套四级

主程序

↓ 调用   ↓ 调用   ↓ 调用   ↓ 调用

一级子程序 ⇆ 二级子程序 ⇆ 三级子程序 ⇆ 四级子程序

↓ 返回   ↓ 返回   ↓ 返回   ↓ 返回

程序结束

4) 子程序的格式

O(或:)××××

………

　　　　　M99

其中 O(或:)为子程序号,表示子程序开始;O 是 EIA 代码,:是 ISO 代码。M99 指令为子程序结束,并返回主程序 M98 P _____(循环次数)_____(子程序)的下一程序段,继续执行主程序。

5) 子程序应用注意事项

● 注意子程序调用和退出过程中模态代码是否被取代。

● 刀具半径补偿功能应在子程序中加入和撤销。

任务二　曲面零件加工及检测

模块目标

● 了解曲面零件的检测方法;

● 能根据图纸要求按序完成曲面零件加工;

● 能使用样板透光法对曲面零件进行检测。

知识要求

● 了解曲面零件的检测方法;

● 掌握测量方法。

技能要求

● 在数控铣床上完成曲面零件的加工。

任务描述

● 在规定时间内完成在曲面零件的加工。

任务准备

按照图纸(图 6-11)要求铣削曲面零件,确定该零件的加工路线与加工工艺,并在数控铣床上加工完成。

任务实施

1. 操作准备

(1) 设备:装有 FANUC 0i 数控系统的数控铣床、装刀器、机外对刀仪、BT40 刀柄、BT 拉钉、弹簧夹套 Q2-Ø8、QH-125mm 机用平口钳。

(2) 刀具:Ø8 球头刀。

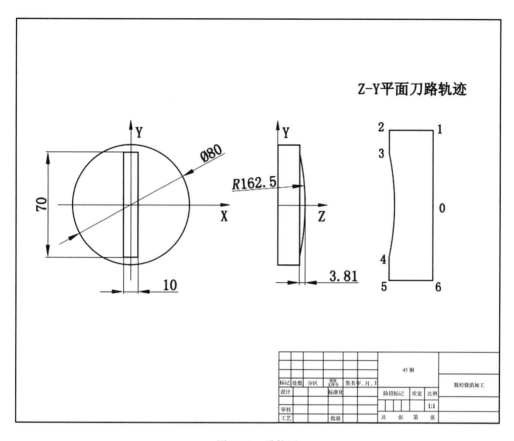

图 6-11　零件图

（3）量具：0～5mm 百分表及表架。

（4）工具：活络扳手、木榔头、T 型螺栓、铜片。

（5）材料：45 钢、∅80×30 圆柱形工件。

（6）程序单（表 6-2）：

表 6-2

程序	说明
加工主程序	
O6003	
G54G19G90G0X-1.Y0Z10.	运行至定位点
M03S1200	主轴 1200r/min
M98P126004	调用子程序 12 次
M30	程序结束
加工子程序采用 R4 球形刀	
O6004	
G90G41G01D1Y50.	1 点
G1Z-3.81.	2 点

续表

程序	说明
G1Y35.	3 点
G03 Y-35. Z-3.81 R162.5	4 点
G01 Y-50.	5 点
G01 Z10.	6 点
G40G0 Y0	0 点
G91G01X1.	X 轴步进增量 1mm
M99	返回主程序

2. 操作步骤

(1)分析图纸,确定该零件的加工路线与加工工艺;

(2)开机回参考点;

(3)安装工件;

(4)安装刀具对刀建立工件坐标系;

(5)输入程序并检查核对;

(6)自动加工;

(7)测量检验。

3. 任务评价(表 6-3)

表 6-3

班级		姓名		职业	数控铣工			
操作日期		日	时	分至	日	时	分	
序号	考核内容及要求			配分	评分标准		自评	实测	得分
1	球头铣刀安装及对刀	球头铣刀的特点	5	描述球头铣刀的加工特点			
		球头铣刀的材料	5	正确选择刀具材料			
		安装球头铣刀	5	正确安装			
2	曲面加工	正确阅读图纸,工件坐标系设定合理,对刀正确	10	对刀正确			
		开机、启动、回参考点	5	能完成开机启动,顺序正确			
		安装工件	10	工件安装合适			
		输入程序并检查核对	10	机床运动方向正确,速度控制合理			
		自动加工	10	操作正确			
3	零件测量	会使用曲面样板测量工件	5	读数正确,误差在 0.02mm 以内			
		对加工零件按图纸要求测量	5	能测量零件各档尺寸和形位公差			
		按图纸要求分析加工误差及表面粗糙度	5	分析加工误差并对比表面粗糙			

序号	考核内容及要求		配分	评分标准	自评	实测	得分
4	安全规范操作	知道安全操作要求	5	操作过程符合安全要求			
		机床设备安全操作	5	符合数控机床操作要求			
5	练习	练习次数	5	符合教师提出的要求			
		对练习内容是否理解和应用	5	正确合理地完成并能提出建议和问题			
		互助与协助精神	5	同学之间互助和启发			
	合计		100				
	项目学习学生自评						
	项目学习教师评价						

注意事项：

1. 要仔细检查对刀是否正确。

2. 练习中二人合作需要互相配合提示，一人动手，另一人可以提醒但不能动手。

知识链接

曲面类零件表面复杂，往往由许多曲面拼合、相交组成，用四轴五轴加工较不方便，也容易发生刀具与工件的干扰。此类零件一般采用加工中心三轴联动或二轴半联动行切加工完成，加工时一般采用球头刀。

一、曲面的检测

用轮廓样板来模拟理想轮廓曲线，与实际轮廓进行比较的测量。

1. 测量特点

测量条件要求不高，容易实现，适用面广，可测量一般的中、低精度的零件。

2. 测量步骤

1）选择样板

2）无基准的线轮廓误差检测——透光法。

3. 注意事项

1）尽量采用自然光或光线柔和的日光灯光源以保证光隙的清晰度。

2）测量的准确度与接触面的粗糙度密切相关，应尽量选择表面粗糙度较小的表面进行测量。

3）由于是凭视觉观察，在经验不足的情况下，可通过与标准光隙比较来估读误差值的大小。

4）将轮廓样板按规定的方向放置在被测零件上，根据透过光线的强弱判断间隙大小，取最大间隙作为该零件的线轮廓度误差。

二、加工质量分析

影响加工质量的因素有很多，针对这些因素可以采取相应的措施控制。

1. 尺寸及形状位置精度

1）工艺系统的几何误差。

2）工艺系统的受力变形引起的误差。

3）工艺系统的热变形引起的误差。

4）工件内应力导致的误差。

2. 表面质量

影响表面质量的主要因素包括以下几个方面：

1）机械加工中的震动。

2）材料的切削性能。

3）刀具的几何形状和角度。

4）切削用量的选择是否合理。

5）切削液的选择是否合理。

任务拓展

拓展任务描述：曲面零件检测。

1）想一想

● 不同曲面的常用检测方法。

2）试一试

● 描述一下透光法的测量方法。

作业练习

一、单选题

1. 在不产生过切的前提下，曲面的粗加工优先选择（　　）。

A. 立铣刀　　　　B. 键槽铣刀　　　　C. 圆柱铣刀　　　　D. 球头铣刀

2. 简单曲面的加工，优先选用的机床是（　　）。

A. 5 轴加工中心　　B. 5 轴数控铣床　　C. 3 轴数控铣床　　D. 3 轴加工中心

二、判断题

1. 加工曲面类零件一般选用数控铣床。（　　）

一、单选题（答案）

1. A　2. C

二、判断题（答案）

1. √

项目七　综合要素零件铣削

项目导学

❖ 掌握二维内、外轮廓加工的基本知识；

❖ 掌握刀具侧刃的切削特点；

❖ 掌握对简单零件进行工艺分析的方法；

❖ 会选择内、外轮廓加工刀具；

❖ 会根据铣削轮廓的要求合理装夹和校正工件；

❖ 掌握外轮廓加工及尺寸控制方法；

❖ 掌握内轮廓加工及尺寸控制方法；

❖ 学会轮廓多余材料的处理方法；

❖ 能使用常用量具检测轮廓及深度。

模块一　板类综合零件加工

模块目标

● 能识读板类综合零件图，分析零件结构、技术要求；

● 根据图纸技术要求，能准确编制板类综合零件数控加工工艺；

● 能规范填写板类综合零件加工工艺卡片、刀具卡片；

● 能手工编制板类综合零件的加工程序；

● 能进行仿真软件模拟加工；

● 能熟练操作数控铣床并完成零件加工；

● 能按图纸要求进行测量。

学习导入

通过上一个学习模块的学习，我们已经掌握了平面类零件的铣削，但机械零件大部分由二维轮廓构成，形状相对比较复杂，有直线、圆弧、曲线等构成，二维轮廓分为外轮廓和内轮廓，加工时外轮廓相对内轮廓较简单，本学习模块先讲解外轮廓的铣削。通过学习可以熟练使用数控铣床进行二维轮廓类零件加工，加工出符合图纸要求的合格的零件。

任务一　制定板类零件加工工艺

任务目标

1. 掌握板类零件内、外轮廓铣削工艺知识；

2. 能对零件结构、技术要求进行分析；

3. 能填写综合板类零件铣削的工艺卡片；

4. 能填写综合板类零件铣削的刀具卡片。

知识要求

● 掌握综合板类零件铣削加工相关工艺知识。

技能要求

● 能识包含综合板类零件图；

● 能对零件结构、技术要求进行分析；

● 能填写综合板类零件铣削的工艺卡片和刀具卡片。

任务描述

任务名称：填写孔系板类零件的工艺卡片（数控加工工艺分析）。

任务准备

以零件图纸（图 7-1）为基础，对零件的结构、技术要求、切削加工工艺、加工顺序、走刀路线以及刀具与切削用量等进行分析。

读懂零件图。

任务实施

1. 操作准备

1）工具：笔、计算器等。

2）工艺卡片（表 7-1）。

表 7-1

板类综合零件的加工 数控加工工艺卡		零件代号		材料名称	零件数量
设备 名称		系统 型号		夹具 名称		毛坯 尺寸	
工序号	工序内容		刀具号	主轴转速 r/min	进给量 mm/min	背吃刀量 mm	备注
编制		审核		批准		年　月　日	共1页	第1页

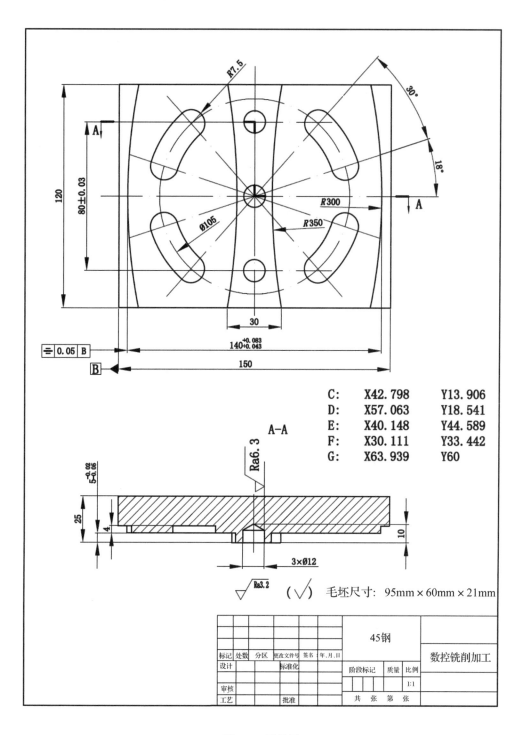

C: X42.798   Y13.906
D: X57.063   Y18.541
E: X40.148   Y44.589
F: X30.111   Y33.442
G: X63.939   Y60

（√） 毛坯尺寸：95mm×60mm×21mm

						45钢		数控铣削加工
标记	处数	分区	更改文件号	签名	年,月,日			
设计			标准化			阶段标记	质量	比例
								1:1
审核								
工艺			批准			共 张 第 张		

图 7-1 零件图

3）刀具卡片

序号	刀具号	刀具名称	刀片/刀具规格	刀具材料	备注

编制	/	审核	/	批准	/	年　月　日	共 1 页	第 1 页

2. 加工方法

选择合理切削用量,安排加工工艺路线,填写工艺卡片和刀具卡片。

3. 操作步骤

(1) 识图,对零件的材料、结构,技术要求进行分析

(2) 加工工艺分析

1）机床与刀具的选择;

2）工序与工步的划分;

3）铣削工艺路径;

4）切削用量的选择。

(3) 工艺卡片填写

(4) 刀具卡片填写

4. 任务评价(表 7-2)

表 7-2

班级		姓名		职业	数控铣工				
操作日期		日　　时　　分至		日　　时　　分					
序号	考核内容及要求			配分	等级	评分标准	自评	实测	得分
1	工艺卡片	工步内容		25	25	工序工步合理			
					15	1 个工步不合理			
					5	2 个工步不合理			
					0	3 个及以上工步不合理			
		切削参数		25	25	切削参数合理			
					15	1 个切削参数不合理			
					5	2 个切削参数不合理			
					0	3 个及以上切削参数不合理			
		其他各项		10	10	填写完整、正确			
					5	漏填或填错一项			
					0	漏填或填错二项及以上			

续表

序号	考核内容及要求		配分	等级	评分标准	自评	实测	得分
2	刀具卡片	刀具卡片内容	20	20	刀具选择合理,填写完整			
				10	1把刀具不合理或漏选			
				0	2把及以上刀具不合理或漏选			
3	练习	按时完成	10		30分钟内完成			
		对练习内容是否理解和应用	5		正确合理地完成并能提出建议和问题			
		互助与协助精神	5		同学之间互助和启发			
合计			100					
项目学习学生自评								
项目学习教师评价								

注意事项:

(1) 工艺卡片中零件数量等内容容易忘记填写;

(2) 零件代号一般为图号,也可以按照要求填写。

知识链接

一、识图,对零件的材料、结构,技术要求进行分析

本学习任务的重点是数控铣床加工综合板类零件的工艺分析。经过对图纸(图7-3)的分析可以看出,本零件由外轮廓的两个对称图形组成。对称轮廓加工深度为4mm,深度尺寸是有公差的。效果图如图7-2所示。

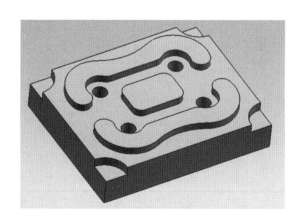

图7-2 零件效果图

毛坯材料为45钢,尺寸为100mm×80mm×24mm,上表面中心点为工艺基准,用平口钳装夹工件。一次装夹完成粗、精加工。

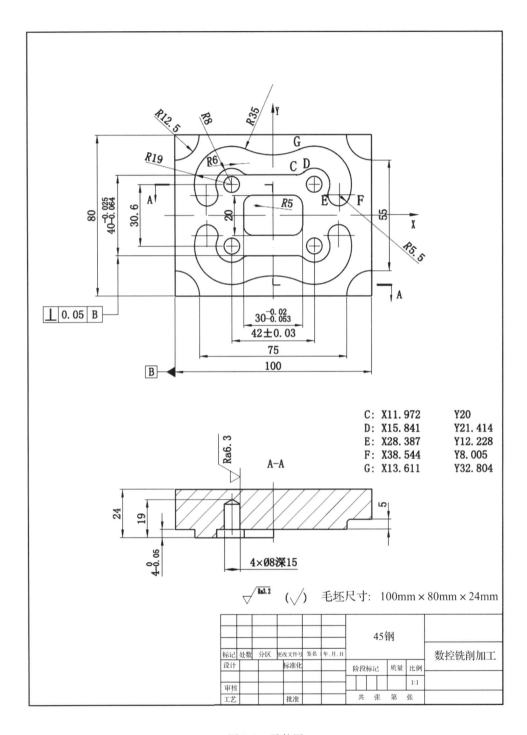

C: X11.972　　Y20
D: X15.841　　Y21.414
E: X28.387　　Y12.228
F: X38.544　　Y8.005
G: X13.611　　Y32.804

4×Ø8深15

毛坯尺寸：100mm×80mm×24mm

45钢

数控铣削加工

标记	处数	分区	更改文件号	签名	年,月,日			
设计			标准化			阶段标记	质量	比例
								1:1
审核								
工艺			批准			共　张	第　张	

图 7-3　零件图

二、加工工艺分析

1. 工、量、刃具的选择

1）工具选择：工件采用平口钳装夹，采用寻边器对刀。

2）量具选择：轮廓尺寸用游标卡尺测量，深度尺寸用深度游标卡尺测量，表面质量用表面粗糙度样板检测。

3）刃具选择：刀具直径要考虑槽拐角圆弧半径值的大小等因素，本案例零件最小圆弧轮廓半径 R6，所以 Ø10 铣刀加工内、外轮廓。孔用 Ø8 的麻花钻加工。

2. 加工工艺路线

1）建立工件坐标系原点：工件坐标系原点建立在方形工件的表面中心。

2）确定加工起刀点：加工起刀点设在工件的表面中心上方 100mm。

3）确定加工顺序，走刀路线。

4）采用先外轮廓后内轮廓的加工顺序，粗加工完单边留 0.2mm 余量，然后检测零件的几何尺寸，根据检测结果决定 Z 向深度和刀具半径补偿的修正量，再分别对零件的内、外轮廓进行精加工。

3. 基点与节点的计算

4. 选择合理切削用量

主轴转速粗加工时取 S＝1000r/min，精加工时取 S＝1200r/min，进给量轮廓粗加工时取 f＝120mm/min，轮廓精加工时取 f＝80mm/min，内轮廓 Z 向下刀时进给量取 f＝30mm/min。

三、工艺卡片填写（表 7-3）

表 7-3

板类综合零件的加工 数控加工工艺卡				零件代号		材料名称		零件数量
				1.1.3		45 钢		1
设备名称	数控铣床	系统型号	FANUC-Oi	夹具名称		平口钳	毛坯尺寸	100mm×80mm×24mm
工序号	工序内容			刀具号	主轴转速 r/min	进给量 mm/min	背吃刀量 mm	备注
	以底面为基准，平口钳装夹工件 100mm×80mm×24mm 毛坯，以工件上表面中间建立坐标系 G54							
1	粗加工 C、D、E 等点构成的一组镜像对称的外轮廓以及中间凸台，留 0.2 余量			T01	1000	120	2	
	精加工外轮廓至图纸尺寸要求			T01	1200	80	0.1	
2	粗加工含 R12.5 内轮廓留 0.2 余量			T01	1000	120	2	
	精加工内轮廓至图纸尺寸要求			T01	1200	80	0.1	
	换 Ø8 钻头，以工件上表面为 Z0，建立坐标系 G55							

续表

工序号	工序内容	刀具号	主轴转速 r/min	进给量 mm/min	背吃刀量 mm	备注
3	加工 4-∅8 孔至尺寸	T02	1000	50	4	
	去锐、入库					
编制		审核		批准		年 月 日	共 1 页	第 1 页

四、刀具卡片填写

序号	刀具号	刀具名称	刀片/刀具规格	刀具材料	备注
1	T01	键槽铣刀（平底刀）	∅10	硬质合金	
2	T02	钻头	∅8	硬质合金	
编制		审核		批准		年 月 日	共 1 页	第 1 页

任务拓展

拓展任务描述：制定曲面板类零件的工艺。

1）想一想

● 如何合理选择切削用量？

● 怎样保证图 7-4 零件的垂直度要求？

2）试一试

● 填写图 7-4 零件加工的工艺卡片及刀具卡片。

任务二　编制综合板类铣削程序及仿真加工

任务目标

1. 掌握数控编程的概念及编程规则；

2. 会手工编制综合板类零件的铣削加工程序；

3. 能进行仿真软件加工；

4. 模拟检测参数合理，零件精度符合图纸要求。

知识要求

● 掌握数控编程的概念及编程规则；

● 掌握刀具半径补偿指令；

● 掌握顺铣与逆铣。

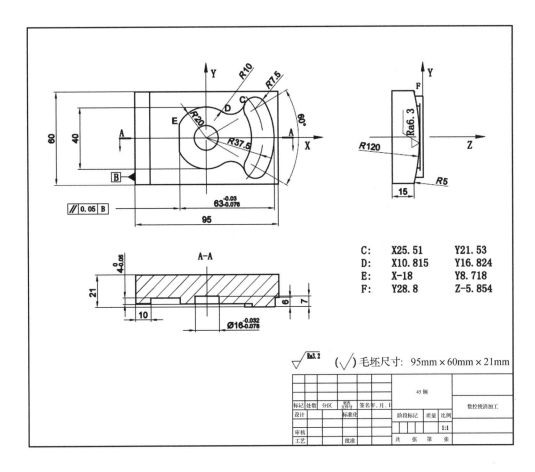

图 7-4　零件图

技能要求

- 能计算基点与节点;
- 能手工编制综合板类零件的铣削加工程序;
- 能使用宇龙仿真软件完成综合板类零件的仿真加工。

任务描述

任务名称:利用宇龙仿真软件完成综合板类零件的仿真加工。

任务准备

读懂零件图(图 7-1),会手工编制板类综合零件的铣削加工程序,能操作宇龙仿真软件。

任务实施

1. 操作准备

1)工具:笔、计算器等。

2)设备:宇龙数控仿真系统及电脑。

3)程序单(表 7-4)。

表 7-4

序号	程序内容	序号	程序内容

2. 加工方法

根据图纸编写程序,将程序输入仿真软件进行模拟加工,要求参数合理,零件精度符合图纸要求。

3. 操作步骤

(1)读图编写加工程序;

(2)将程序输入到仿真软件中验证;

(3)仿真软件数控铣床对刀。

1）装夹工件；

2）安装刀具；

3）建立工件坐标系原点。

（4）仿真铣床实体零件加工。

1）切削用量的选择；

2）计算参数，设置刀具半径补偿；

3）自动加工。

4. 任务评价（表7-5）

表7-5

名称：板类零件编程与仿真　　　　　　　　　**操作时间：**90min

	评价要素	配分	等级	评 分 细 则	评定结果	得分
1	工艺卡片：工步内容、切削参数	15	15	工序工步、切削参数合理		
			10	1个工步、切削参数不合理		
			5	2个工步、切削参数不合理		
			0	3个及以上工步、切削参数不合理		
2	工艺卡片：其他各项	5	5	填写完整、正确		
			0	漏填或填错一项以上		
3	数控刀具卡片	10	10	刀具选择合理，填写完整		
			5	1把刀具不合理或漏选		
			0	2把及以上刀具不合理或漏选		
4	轮廓、孔加工程序与实体加工仿真	20	20	正确而且简洁高效		
			10	正确但效率不高		
			0	不正确		
5	$140^{+0.083}_{+0043}$尺寸	20	20	符合公差要求		
			0	不符合公差要求		
6	$5^{-0.02}_{-0.05}$尺寸	20	20	符合公差要求		
			0	不符合公差要求		
7	仿真软件操作	10	10	能熟练应用软件		
			0	不会操作软件		
合计配分		100		合计得分		
备注	1. 程序简洁高效是指：能正确应用子程序、镜像、坐标旋转等指令，程序简洁；而且指令参数设定正确，没有明显空刀现象。 2. 程序效率不高是指：编程指令选择不是最合适，或者参数设定不合理，有明显的空刀现象。					

注意事项：

（1）仿真练习在机房进行，一人一机，力求与真实环境一致进行操作，避免养成不良操作习惯。

知识链接

一、板类综合零件仿真操作

1. 根据图纸(图 7-5)编程

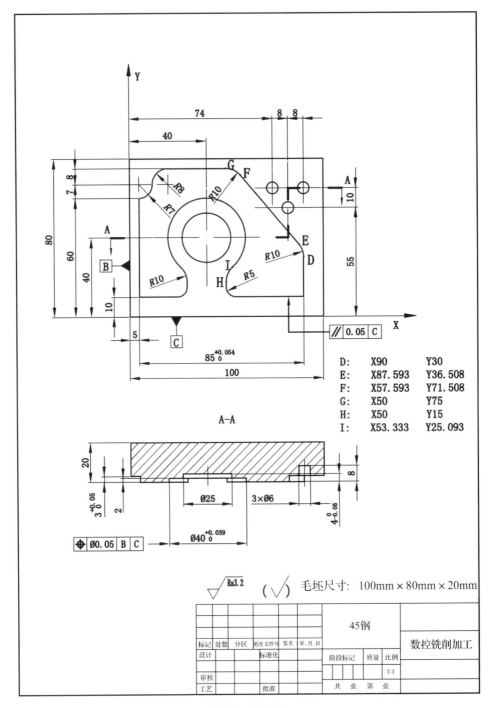

图 7-5 零件图

程序单(表7-6):

表 7-6

O7001(内外轮廓程序)	G54G40G80G90G15;
M03 S1000;	G40 G01 X20. Y0;
G00 X-20. Y-20. Z5. M08;	G00 Z5.;
G01 Z-3. F30.;	G00 X40. Y33.5;
G41 X5. Y0. D01 F100.;	G01 Z-4. F10.;
G01 Y60.;	G41 X52.5 Y40. D02;
G03 X12. Y67. R7.;	G03 X27.5 R12.5;
G02 X20. Y75. R8.;	G03 X40. Y52.5 R-12.5;
G01 X50.;	G40 G01 X34. Y40.;
G02 X57.593 Y71.508 R10.;	G00 Z50. M09;
G01 X87.593 Y36.508;	M05;
G02 X90. Y30. R10.;	M30;
G01 Y10.;	
G01 X-10.;	O7002(钻孔程序)
G40 X-20. Y-20.;	G54 G40 G80 G90 G15;
G00 Z5.;	S1000 M03;
G00 X70. Y-20.;	G00 X0 Y0 Z20. M08;
G01 Z-2. F10.;	G99 G82 X74. Y65. Z-8. R5. P1000 F30;
G41 X60. Y0 D02;	X90.;
G01 X55. Y10.;	X82. Y55.;
G02 X50. Y15. R5.	G80;
G02 X53.333 Y25.093 R10.;	G00 Z50. M09;
G03 X26.667 R-20.;	M05;
G02 X30. Y15. R10.;	M30;
G02 X25. Y10. R5.;	

2. 机床开机操作

(1)打开宇龙仿真软件,选择数控铣床 FANUC 0i 系统。

(2)按下操作面板上的 CNC POWER ON 按钮 ![启动],这时 CNC 通电,面板上 CNC POWER电源指示灯亮。

(3)释放急停按钮 ![ ],这时显示屏显示 READY 表示机床自检完成。

3. 手动回机床原点(参考点)

(1)按下手动操作面板上的操作方式开关 ![ ](REF 键);

(2)选择各轴依次回原点 X Y Z。

1)先将手动轴选择为 Z 轴 Z，再按下"＋"移动方向键 ＋，则 Z 轴将向参考点方向

移动，一直至回零指示灯亮 Z原点灯。

2)然后分别选择 Y、X 轴进行同样的操作。

3)此时 LED 上指示机床坐标 X、Y、Z、均为零 X原点灯 Y原点灯 Z原点灯，CRT 显示区如图 7-6

所示，机械坐标均为 0。

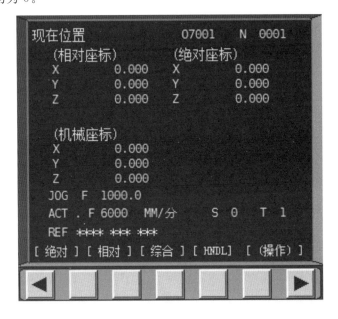

图 7-6　三轴回零显示

4. 程序输入

按 ⟨⟩ 进入程序编辑模式，按程序键 PROG，输入程序名"O7001"，按插入键 INSRT，按换行

键 EOB，按插入键 RESET，输入程序(一行一输入)。如图 7-7 所示。同样的操作输入 O7002。

5. 刀具半径补偿设置

按 OFFSET SETTING 进入刀具半径补偿界面，如图 7-8 所示，再按软键"补正"，光标分别移动到"形状

(D)"，输入刀补数值"5.02"和"4.99"，按输入键 INPUT。

6. 图形轨迹模拟

按编辑键 ⟨⟩ 和程序键 PROG，输入程序名"O7001"，按向下键 ↓ 调用已有程序。再按

图 7-7　程序输入

图 7-8　刀具半径补偿界面

选择自动工作方式,按图形键,机床消失进入图形显示页面,按循环启动按钮

,如图 7-9 所示。图 7-9 为 O7001 添加刀具半径补偿后图形。

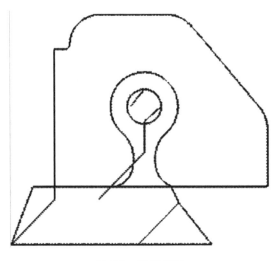

图 7-9　图形模拟

7. 工件毛坯选择与装夹

按 图形键取消图形,进入机床显示页面,按 定义毛坯键选择毛坯形状与尺寸,如图 7-10 所示:毛坯 1 **长方形** 长 100mm,宽 80mm,高 20mm,按 **确定** 。

按夹具键 ,如图 7-11 所示,选择零件"毛坯 1",选择夹具"平口钳",按 **向上** 将零件升到最高,即出现报警"超出范围,不可移动",按 **确定** 。

如图 7-12 所示,按 选中毛坯 1,按 **安装零件** ,机床中会显示夹具与零件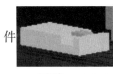,并出现移动键

 退出

来调整位置。建议直接按"退出"即可。

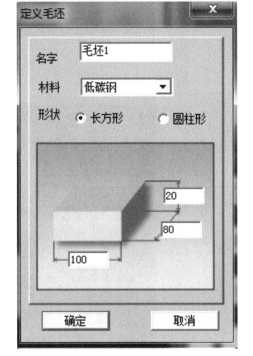

图 7-10　定义毛坯

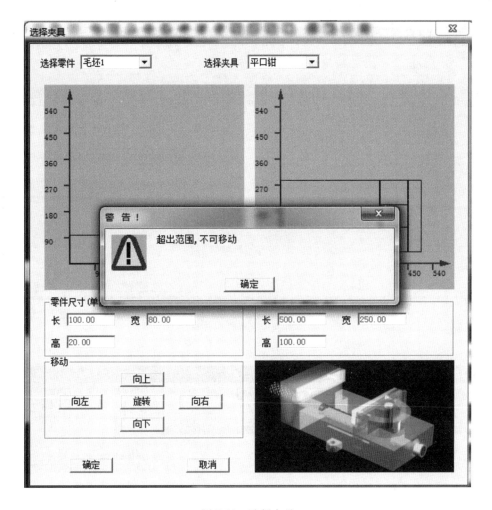

图 7-11　选择夹具

8. 刀具安装

按选择刀具 ，进入刀具选择，如图 7-13 所示，在刀具直径输入"10"，刀具类型选择"平底刀"，点击确定后出现 2 把匹配刀具，选择其中 1 把后，在右下角点击"确定"。

9. 工件坐标系设置

实际加工中数控铣床在 X、Y 方向找基准对刀时可使用基准工具，包括刚性圆柱和寻边器两种，也可以利用铣刀直接找工件坐标系。这里介绍两种方法，用铣刀直接找零件的工件坐标系，以及用测量平面直接记录原点机械坐标值。该零件原点为工件上表面中心。

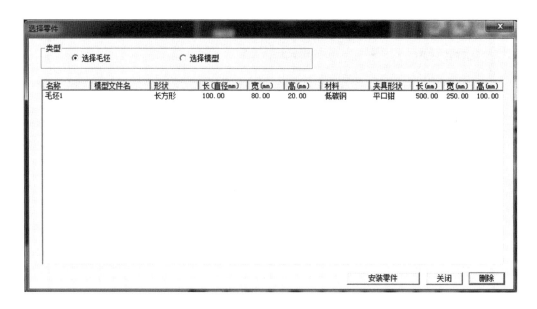

图 7-12　选择零件

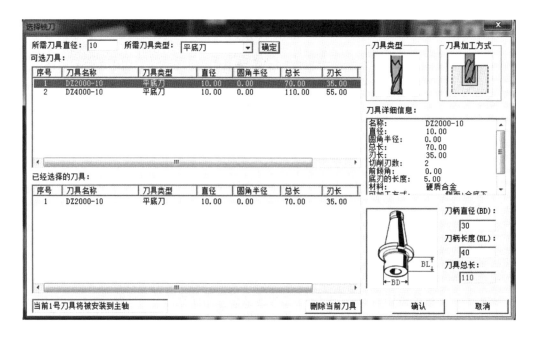

图 7-13　铣刀选择界面

(1)方法一:用铣刀直接找零件的工件坐标系

1)X、Y 轴工件坐标系设置。

a)X 轴方向对刀。单击 [IMAGE] 按钮选手动方式,单击位置显示键 **POS**,选择方向按钮

![quick buttons]，选择坐标轴按钮，将刀具位于工件的左侧。单击菜单"塞尺检查/0.1mm"，在工件与刀具之间放入塞尺。为微量调节工件与刀具之间的相对位置，现将操作面板的方式按钮切换到手轮方式![handwheel]，单击操作面板右下角的显示手轮按键![H]，将轴选择旋钮选至 X 轴，通过调节倍率旋钮和手轮来调整![handle]，直到提示信息对话框显示"塞尺检查的结果：合适"即可，见图 7-14。

图 7-14　X 轴工件坐标系设置

按 **OFFSET SETTING** 键选择[坐标系],移动光标至 G54,按[(操作)]软体键,输入刀具当前位置时工件坐标系的坐标值,即"X-55.1",再按[(测量)]软体键,按系统自动运算并输入 Y 轴的 G54 坐标值。

这里 55.1=塞尺厚度+刀具半径+X 轴偏移量=0.1+5+50。

b)Y 轴方向对刀。参照 X 轴对刀的方法,将刀具位于工件的前侧,单击菜单"塞尺检查/0.1mm",在工件与刀具之间放入塞尺,然后用手轮调整到"塞尺检查的结果:合适"即可。

按 **OFFSET SETTING** 键选择[坐标系],移动光标至 G54,按[(操作)]软体键,输入刀具当前位置时工件坐标系的坐标值,即"Y-45.1",再按[(测量)]软体键,按系统自动运算并输入 Y 轴的 G54 坐标值

这里 45.1=塞尺厚度+刀具半径+Y 轴偏移量=0.1+5+40

2)Z 轴工件坐标系设置。

将刀具位于工件的上侧,单击菜单"塞尺检查/0.1mm",在工件与刀具之间放入塞尺,然后用手轮调整到"塞尺检查的结果:合适"即可。

按 **OFFSET SETTING** 键选择[坐标系],移动光标至 G54,按[(操作)]软体键,输入"Z0.1",按[(测量)]软体键,系统自动将机床坐标系中的 Z 轴坐标输入工件坐标系 G54 的 Z 轴中。图 7-15 为 X、Y、Z 三轴完成 G54 工件坐标系的设置。

```
WORK COONDATES          07001   N  0001
  (G54)

番号 数据              番号 数据
00      X    0.000   02      X    0.000
(EXT)   Y    0.000   (G55)   Y    0.000
        Z    0.000           Z    0.000



01      X -550.000   03      X    0.000
(G54)   Y -455.000   (G56)   Y    0.000
        Z -348.000           Z    0.000

>
  HNDL **** *** ***
[NO检索] [ 测里 ] [       ] [+输入 ] [ 输入 ]
```

图 7-15 G54 工件坐标系设置界面

(2)方法二:用测量平面直接记录原点机械坐标值

1)X、Y 轴工件坐标系设置。

选择"测量"—"剖视图测量"。

X 轴原点机械坐标值:测量工具选择"外卡",测量方式选择"水平测量",调节工具选择"自动测量"。如图 7-16 所示,尺脚 A 为黄色,X 轴机械坐标值为－450.000,尺脚 B 为蓝色,X 轴机械坐标值为－550.000,因此原点 X 轴机械坐标值为:[－450＋(－550)]/2＝－500。

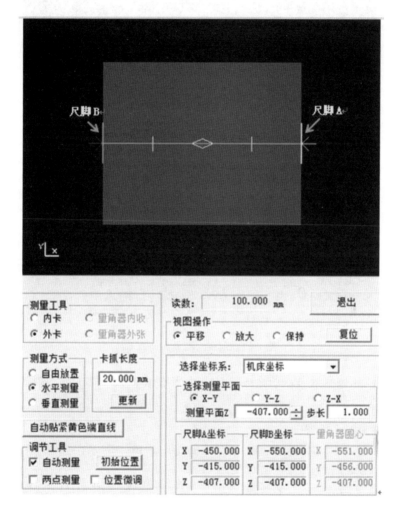

图 7-16　剖视图测量界面 X 轴

Y 轴原点机械坐标值:如图 7-17 所示,测量工具选择"外卡",测量方式选择"垂直测量",调节工具选择"自动测量"。如图所示,尺脚 A 为黄色,Y 轴机械坐标值为－375.000,尺脚 B 为蓝色,Y 轴机械坐标值为－455.000,因此原点 Y 轴机械坐标值为:[－375＋(－455)]/2＝－415。

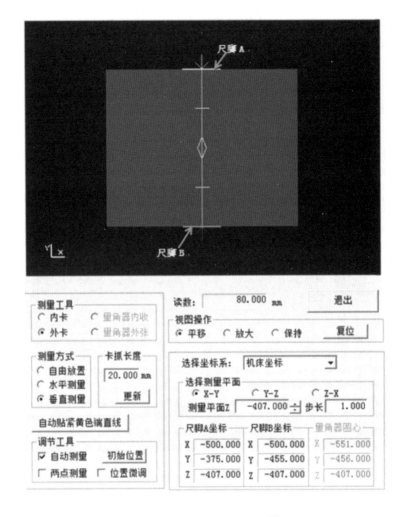

图 7-17　剖视图测量界面 Y 轴

按 [OFFSET SETTING] 键选择[坐标系]，移动光标至 G54 中 X 位置输入"－500."，光标至 G54 中 Y 位置输入"－415."

2)Z 轴工件坐标系设置。

选择"测量"—"剖视图测量"。如图 7-18 所示，选择测量平面 Z，

选择测量平面　⊙ X-Y　○ Y-Z　○ Z-X　将绿色测量面移动到工件的上表面。此时

测量平面Z　－348.000　为 Z0 的机械坐标值。

按 [OFFSET SETTING] 键选择[坐标系]，移动光标至 G54 中 Z 处，输入"－348."，按[(输入)]软体键。

10. 模拟仿真加工

调用 O7001 程序，自动运行，加工完成内外轮廓，如图 7-19(a)所示，选择合适视图观察零件加工情况。手动方式或者编程去除余料如图 7-19(b)所示。

调用程序 O7002，如图 7-20 所示，安装钻孔程序所用刀具麻花钻 d6mm×100mm，如

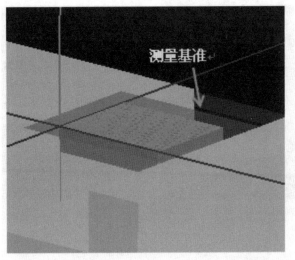

图 7-18　剖视图测量界面 Z 轴

图 7-21 所示。并用同样的方法设定工件坐标系 G55，如图 7-22 所示。完成孔工序模拟仿真加工，如图 7-23 所示。

11. 仿真检测零件

按图 7-24 所示测量内外轮廓尺寸时，选择测量平面"Y-Z"，测量外轮廓选择测量工具"外卡"，测量内轮廓选择测量工具"内卡"，测量方式均为"水平测量"，调节工具"自动测量"及"两点测量"。

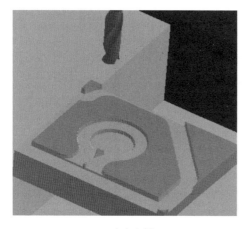
(a)未去余料

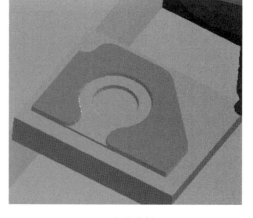
(b)去除余料

图 7-19 零件仿真加工

```
程式            O7002           N  0001
O7002 ;
G55 G40 G80 G90 G15 ;
S1000 M03 ;
G00 X0 Y0 Z20. M08 ;
G99 G82 X74. Y65. Z-8. R5. P1000
F30 ;
X90. ;
X82. Y55. ;
G80 ;
G00 Z50. M09 ;
M05 ;
  〉                      S 0   T 1
   EDIT**** *** ***
[BG-EDT] [O检索]  [检索↓] [检索↑] [REWIND]
```

图 7-20 钻孔程序 O7002

选择铣刀

所需刀具直径: 6   所需刀具类型: 钻头 ▼ 确定

可选刀具:

序号	刀具名称	刀具类型	直径	圆角半径	总长	刃长
1	钻头-∅6	钻头	6.00	0.00	100.00	66.70

图 7-21 钻孔刀具选择界面

任务拓展

拓展任务描述:仿真加工曲面。

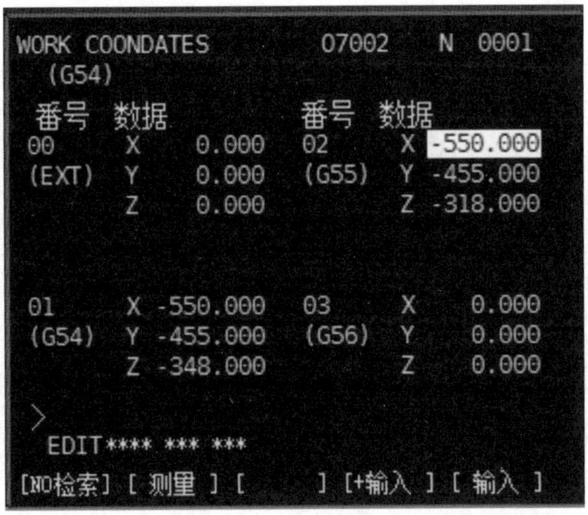

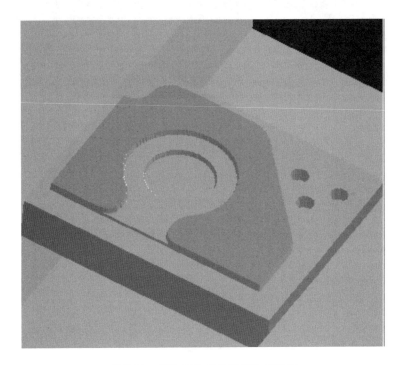

图 7-22　G55 工件坐标系设置界面

图 7-23　板类综合零件模拟仿真加工

1）想一想

● 球头刀与平底刀对刀区别？

2）试一试

● 根据图纸（图 7-25）完成曲面的编程与仿真加工。

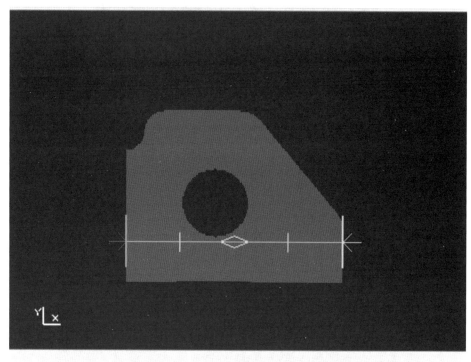

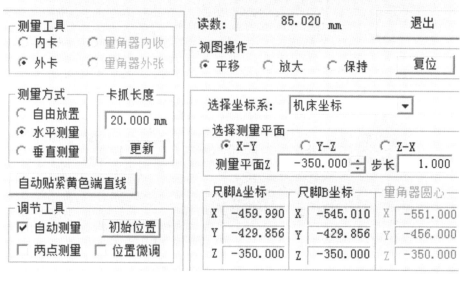

图 7-24　板类综合零件测量界面

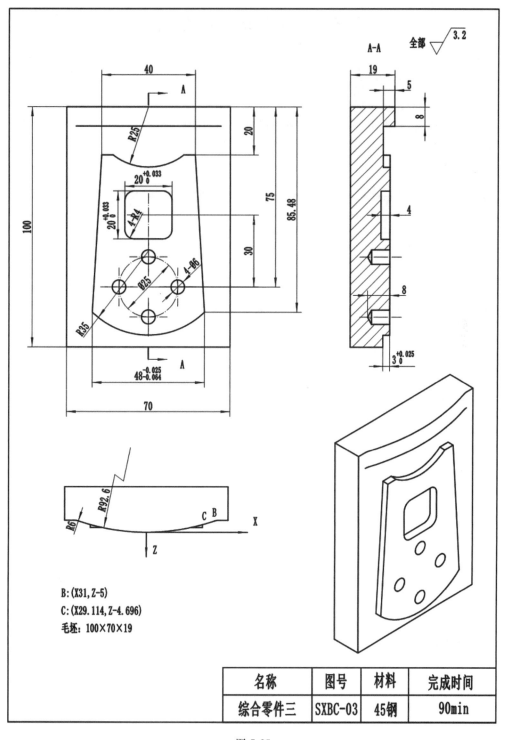

B: (X31, Z-5)
C: (X29.114, Z-4.696)
毛坯：100×70×19

名称	图号	材料	完成时间
综合零件三	SXBC-03	45钢	90min

图 7-25

任务三　加工综合板类零件

任务目标

1. 掌握板类零件精度检验及测量方法；
2. 能按机床操作规范操作数控铣床；
3. 能完成综合板类零件加工并达到图纸精度和功能要求；
4. 能利用常用等相关量具对板类零件进行检测。

知识要求

● 掌握板类零件精度检验方法；
● 掌握板类零件测量方法。

技能要求

● 能按机床操作规范熟练操作数控铣床；
● 能按加工顺序完成综合板类零件加工；
● 能熟练调整有关参数，保证零件加工精度；
● 能利用常用等相关量具对板类零件进行检测。

任务描述

任务名称：120 分钟内完成综合板类零件的加工。

任务准备

准备该图纸(图 7-26)程序，能熟练操作数控铣床，能掌握量具使用方法。

任务实施

1. 操作准备

1）设备：FA40-M 数控铣床、装刀器、机外对刀仪、BT40 刀柄、BT 拉钉、QH-125mm 机用平口钳、弹簧夹套 Q2-Ø10、弹簧夹套 Q2-Ø6。

2）刀具：Ø6 立铣刀、Ø10 立铣刀。

3）量具：游标卡尺、Z 轴设定器、磁性表座、百分表 0～5mm、杠杆表。

4）工具：平行垫铁、T 型螺栓、活络扳手、月牙扳手、0.1mm 塞尺、铜杠 Ø30×150、木榔头。

5）材料：45 钢、100mm×80mm×20mm 标准矩形工件。

6）程序单(表 7-7)：

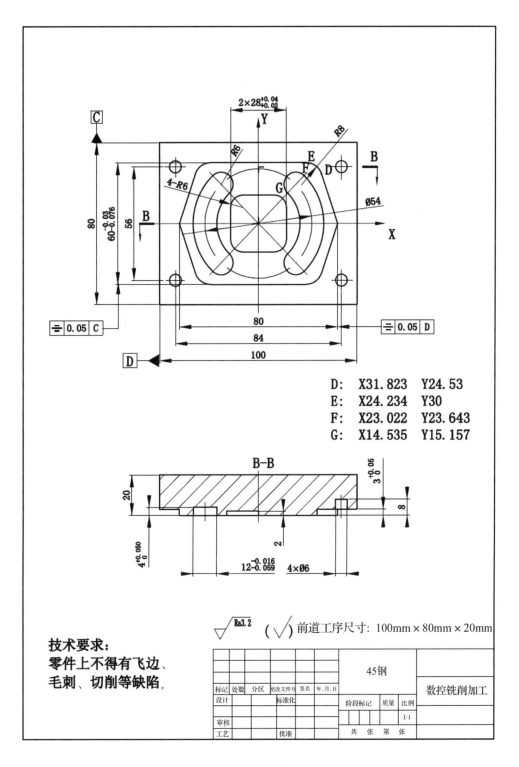

D: X31.823   Y24.53
E: X24.234   Y30
F: X23.022   Y23.643
G: X14.535   Y15.157

(√) 前道工序尺寸: 100mm × 80mm × 20mm

技术要求:
零件上不得有飞边、
毛刺、切削等缺陷。

						45钢		数控铣削加工	
标记	处数	分区	更改文件号	签名	年.月.日				
设计			标准化			阶段标记	质量	比例	
审核								1:1	
工艺			批准			共 张 第 张			

图 7-26   零件图

表 7-7

程序	程序说明	程序	程序说明
O7101	轮廓主程序	/Y-36.；	
G54G17G90G40G15G80；		/X42.Y-27.；	
M3S600；		/Y-36.；	
G0Z100.；		/X-38.；	
X-50.Y-55.；		/Y-34.；	
Z2.；		/X-50.Y-37.；	
G1Z-3.025F30；	外轮廓	/Y37.；	
G41X-40.Y-45.D1F150；		G1Z2.；	
G1Y0；		G0X0Y0；	
X-31.823Y24.53；		G1Z-2.F30；	内轮廓
G2X-24.434Y30.R8.；		G41X14.Y6.F150D02；	
G1X24.434；		G3X6.Y14.R8.；	
G2X31.823Y24.53R8.；		G1X-6.Y14.；	
G1X40.Y0；		G3X-14.Y6.R8.；	
G1X31.823Y-24.53；		G1X-14.Y-6.；	
G2X24.434Y-30.R8.；		G3X-6.Y-14.R8.；	
G1X-24.434；		G1X6.Y-14.；	
G2X-31.823Y-24.53R8.；		G3X14.Y-6.R8.；	
G1X-40.Y0；		G1X14.Y6.；	
Y55.；		G3X6.Y14.R8.；	
G40X-46.；		G40G1X0Y0；	
/G1X-50.Y36.；	去余料	/G1X2.Y2.；	去余料
/X-40.Y32.；		/X-2.；	
/Y36.；		/Y-2.；	
/X48.；		/X2.；	
/Y20.；		G1Z2.；	
/X39.Y26.；		G0Z100.；	
/X48.；		M98P7102；	内轮廓
G69；		G68X0Y0R180.；	
M30；		M98P7102；	
		M99；	
O7102	子程序		
G90G0Z2.；		O7103	钻孔程序
G0X18.779Y19.4；		G55G17G90G40G80；	
G1Z-4.025F30.；		G0X0Y0；	
G41X23.022Y23.643D3F100.；		Z20.；	
G3X14.535Y15.157R6.；		M03S1000；	
G2Y-15.157R21.；		G0Z2.；	
G3X23.022Y-23.643R6.；		G99G81X42.Y28.Z-8.R2.F50；	
G3Y23.643R33.；		Y-28.；	
G3X14.535Y15.157R6.；		X-42.；	
G40G1X18.779Y19.4；		Y28.；	
G0Z100.；		G80G0Z100.；	
		M30；	

2. 加工方法

选用平口虎钳装夹,工件上表面高出钳口至少 6mm。根据图样加工要求,修改程序中的主轴转速及切削速度。加工方案采用一次装夹完成零件的粗、精加工及换刀完成钻孔加工。

3. 操作步骤

（1）装夹工件：由于是方形毛坯,所以采用机用平口钳对毛坯夹紧。

（2）安装刀具：根据零件的结构特点,铣削加工时采用Ø10的键槽铣刀。

（3）切削用量的选择：根据工件材料、工艺要求进行选择。主轴转速粗加工时取 $S=600r/min$,精加工时取 $S=800r/min$,进给量轮廓粗加工时取 $f=100mm/min$,轮廓精加工时取 $f=80mm/min$,Z向下刀时进给量取 $f=30mm/min$。

（4）调用或输入程序 O7101 和 O7102,检查程序,修改主轴转速和进给速度,确定加工路线。

（5）建立工件坐标系原点：工件坐标系原点建立在板类零件的上表面中心点。

（6）设置刀具半径补偿及精加工余量,轮廓和深度方向各留0.5。

（7）自动加工,完成粗加工后检测零件的几何尺寸,根据检测结果决定刀具的磨耗修正量,再分别对零件进行精加工。

（8）调用或输入程序 O7103,检查。

（9）换Ø6的键槽铣刀,对刀,自动加工钻孔。

4. 任务评价（表 7-8）

表 7-8

班级		姓名		职业	数控铣工			
操作日期	日	时	分至	日	时 分			
序号	考核内容及要求		配分	评分标准		自评	实测	得分
1	铣削加工尺寸	$60^{-0.03}_{-0.076}$	8	超差0.01mm扣4分				
		$28^{+0.04}_{+0.02}$	8	超差0.01mm扣4分				
		$28^{+0.04}_{+0.02}$	8	超差0.01mm扣4分				
		$12^{-0.02}_{-0.06}$	8	超差0.01mm扣4分				
		$4^{+0.05}_{0}$	8	超差0.01mm扣4分				
		$3^{+0.05}_{0}$	8	超差0.01mm扣4分				
		═ │ 0.05 │ C	8	超差0.01mm扣4分				
		═ │ 0.05 │ D	8	超差0.01mm扣4分				
		$Ra3.2$	5	每个测量面表面粗糙度有一处降级扣3分,扣完为止				
		4 * Ø6	6	少加工一个Ø6孔扣3分,扣完为止				
		GB1804-IT14	5	未注公差的尺寸有一处超差扣2分,扣完为止				
2	安全规范操作	机床设备安全操作	5	操作不规范每次扣2分;				
		机床日常保养	5	机床清理、工量具归位,零件加工完成后机床不清扫扣2分				

续表

序号		考核内容及要求		配分	评分标准	自评	实测	得分
3	练习	按时完成		5	120分钟内完成			
		互助与协助精神		5	同学之间互助和启发			
合计				100				
项目学习 学生自评								
项目学习 教师评价								

知识链接

一、板类综合零件加工操作实例

1. 调用或输入图纸(图7-5)加工程序 O7104 和 O7105 并检查(表7-9)

2. 开机

打开数控铣床 FM-40M 电源 ,旋转至"ON"(绿色),打开 NC 电源 ,释

放急停按钮 ,按复位键 ,调主轴倍率旋钮到 100%,进给倍率旋钮到 30%。

3. 返回参考点

工作模式选择"手动"方式,如图7-27所示,选择合适的速度移动各轴,使机械坐标为负值,如图7-28所示,X、Y、Z 三轴的机械作标在－100左右即可。

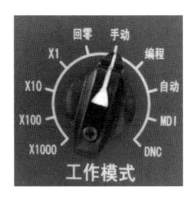

图7-27　手动工作模式

表 7-9

O7104(内外轮廓程序)	G41X60. Y0D02;
G54G40G80G90G15;	G01X55. Y10. ;
M03S1000;	G02X50. Y15. R5. ;
G00X-20. Y-20. Z5. ;	G02X53.333Y25.093R10. ;
G01Z-3. F30. ;	G03X26.667R-20. ;
G41X5. Y0. D01F100. ;	G02X30. Y15. R10. ;
G01Y60. ;	G02X25. Y10. R5. ;
G03X12. Y67. R7. ;	G40G01X20. Y0;
G02X20. Y75. R8. ;	G00Z5. ;
G01X50. ;	G00X40. Y33.5;
G02X57.593Y71.508R10. ;	G01Z-4. F30;
G01X87.593Y36.508;	G41X52.5Y40. D02F100;
G02X90. Y30. R10. ;	G03X27.5R12.5;
G01Y10. ;	G03X40. Y52.5R-12.5;
G01X-10. ;	G40G01X34. Y40. ;
G40X-20. Y-20. ;	/X40. Y40. ;
/G01Y0;	/G01Z-2. ;
/X100. ;	/Y0;
/Y45. ;	G00Z50. ;
/X90. ;	M05;
/Y54. ;	M30;
/X84. ;	
/X100. ;	O7105 (钻孔程序)
/Y63. ;	G54G40G80G90G15;
/X74. ;	S1000 M03;
/Y72. ;	G00 X0 Y0 Z20. M08;
/X70. ;	G99 G82 X74. Y65. Z-8. R5. P1000 F30;
/X100. ;	X90. ;
/Y81. ;	X82. Y55. ;
/X2. ;	G80;
/Y72. ;	G00 Z50. M09;
G00Z5. ;	M05;
G00X70. Y-20. ;	M30;
G01Z-2. F10. ;	

选择回零方式(图 7-29),选择 Z 轴 ,按正向键 ,Z 轴回零。分别选择 X、Y 轴,按正向键,如图 7-30 所示各轴机械坐标系显示"0",图 7-31 所示回零指示灯亮。

4. 夹具与工件安装、刀具安装

(1) 装平口钳夹具:将平口钳放在工作台中间,用吸铁表座与百分表调整平口钳固定钳口与机床 X 轴平行,用压板压紧平口钳。

(2) 装工件:调整平口钳宽度,将工件装入平口钳(工件下方垫入合适的等高垫块),零件平整后夹紧工件,如图 7-32 可利用百分表拉 2 条母线来校正工件平面度。

(3) 装 Ø10mm 键槽铣刀:旋下主轴螺母,Ø10mm 弹簧夹头嵌入螺母,再安装 Ø10mm

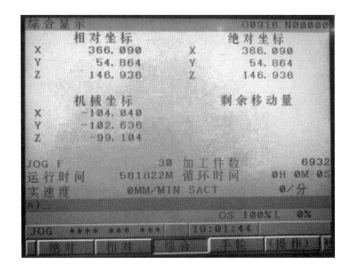

图 7-28　坐标位置综合显示

图 7-29　回零工作模式

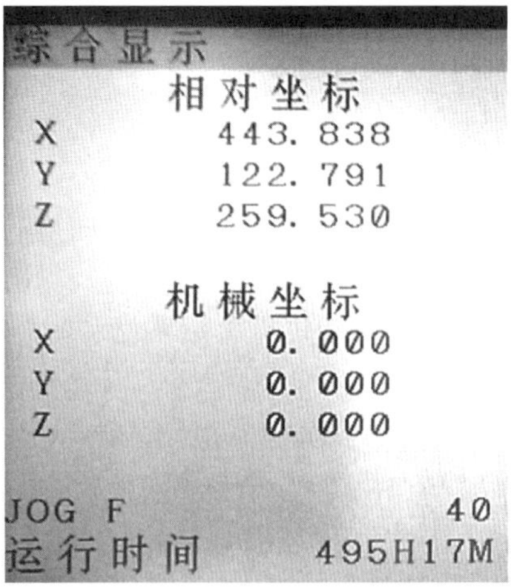

图 7-30　原点坐标综合显示

图 7-31　回零指示灯

键槽铣刀后,将其旋紧在主轴端部。

5. 调用程序并检查修改

择"编程"方式调用 O7104 程序,根据需要修正主轴转速、进给速度及加工深度。

根据切削情况与经验更改,如主轴转速改为 S＝1000r/min 和进给速度 F＝100mm/min。零件加工深度改为图样要求的中间偏差值,其中 Z-3. 处改为 Z-3.025,Z-4 处改为 Z-3.975。

6. 刀具半径补偿设置

按"OFS/SET"键,选择刀偏输入界面,如图 7-33 所示,粗加工时外轮廓刀具半径补偿 $D01_粗$＝5.2,内轮廓刀具半径补偿 $D02_粗$＝5.2 和 $D03_粗$＝5.2。

图 7-32　校正工件

7. 轨迹图形模拟

选择"编程"工作模式(图 7-34(a)),调用程序 O7104,选择"自动"工作模式(图 7-34(b)),处于"机床锁住"和"空运行"状态(图 7-35),按"GRPH/CSTM"键进入图形模拟界面(图 7-36),按"循环启动"键,查看程序轨迹是否与所加工的图形一致。注意:内外轮廓已加刀具半径补偿值,因此外轮廓会比图纸中相对应的轮廓略大些,内轮廓会比图纸轮廓略小些。

刀偏				O7104 N00000

号.	形状(H)	磨损(H)	形状(D)	磨损(D)
001	0.000	0.000	5.200	0.000
002	0.000	0.000	5.200	0.000
003	0.000	0.000	0.000	0.000
004	0.000	0.000	0.000	0.000
005	0.000	0.000	0.000	0.000
006	0.000	0.000	0.000	0.000
007	0.000	0.000	0.000	0.000
008	0.000	0.000	0.000	0.000

相对坐标	X	40.000	Y	0.000
	Z	50.000		

OS 100%L 0%

图 7-33 刀补设置界面

(a)"编程"工作模式　　　　　　　　(b)"自动"工作模式

图 7-34 工作模式

图 7-35 机床锁住及空运行

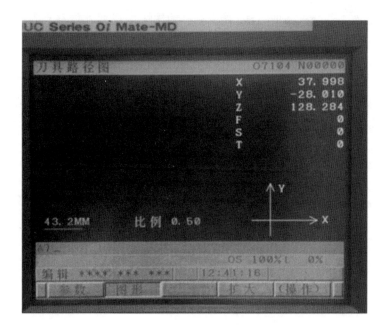

图 7-36　图形模拟界面

8．工件坐标系设置

（1）X 轴对刀。

选择手轮方式，选择适当坐标轴和倍率，将刀具位于工件的左侧，将 0.1mm 厚度的塞尺放置在工件与刀具之间，如图 7-37(a)所示。

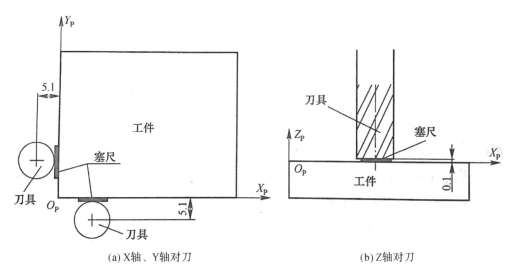

(a) X轴、Y轴对刀　　　　　　　　　　　　　　(b) Z轴对刀

图 7-37　板类零件工件坐标系设置操作

调整手轮倍率，用手轮微量调整刀具与工件之间间隙距离，直到塞尺移动合适为止，按"OFS/SET"键切换到工件坐标系设置界面，光标移到 G54 处，输入"X—5.1"，按［测量］软体键，则 G54 的 X 值自动运算并输入界面，即完成 X 轴的工件坐标设置。

采用自动输入工件坐标系的方法,要注意自动输入完成后才能移动刀具位置。此时所设坐标轴"X"后紧跟的数值"－5.1"表示:在工件坐标系中当前刀位点位置的 X 方向坐标值,即 5.1＝刀具半径＋塞尺厚度。

(2)Y 轴对刀。

将刀具位于工件的前侧,如图 7-37(a)所示。调整手轮倍率,用手轮微量调整刀具与工件之间间隙距离,直到塞尺移动合适为止,按"OFS/SET"键切换到工件坐标系设置界面,光标移到 G54 处,输入"Y－5.1",按[测量]软体键,则 G54 的 Y 值自动运算并输入界面,即完成 Y 轴的工件坐标设置。

(3)Z 轴对刀。

将刀具位于工件的上侧,如图 7-37(b)所示,在工件与刀具之间放入"0.1"塞尺,将手轮调整合适倍率,用手轮微量调整刀具与工件之间间隙距离,直到塞尺移动合适为止,按"OFS/SET"键切换到工件坐标系设置界面,光标移到 G54 处,输入"Z0.1",按[测量]软体键,即完成工件坐标系原点设置。深度方向粗加工余量取 0.3mm,则在 EXT 处 Z 值输入"0.3",如图 7-38 所示。

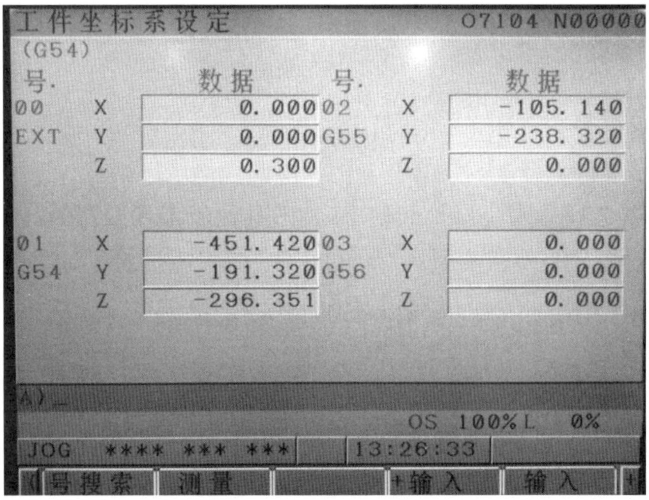

图 7-38　深度加工余量设置

9. 粗加工内、外轮廓

退出图形界面,取消"机床锁住"和"空运行"状态,选择"回零"工作模式,依次对机床进行各轴回零操作。

调用程序 O7104,选择"自动"工作模式,调进给倍率旋钮到 10％,选择单段加工按钮,按启动键一次,执行一段程序,密切观察工作台、刀具的位置与坐标值,再释放单段加工按钮,调整进给倍率到合适倍率,自动连续运行,粗加工内、外轮廓。

10. 精加工内、外轮廓

粗加工完成后,去毛刺,用量具测量有尺寸公差要求的轮廓尺寸 B,本题中外轮廓 $=85+\dfrac{0.054}{2}=85.027$,内轮廓 $40+\dfrac{0.039}{2}=40.02$。公式 7-1 为精加工的刀具半径补偿值的计算公式。

$$D_{精} = D_{粗} - \left| \frac{B_{测量尺寸} - B_{图样尺寸}}{2} \right| \qquad \text{公式 7-1}$$

根据公式 7-1，分别计算精加工的刀具补偿值 $D01_{精}$ 和 $D02_{精}$，如图 7-39 所示为修改刀具半径补偿值。

$$D01_{精} = D01_{粗} - \left| \frac{B_{1测量尺寸} - B_{1图样尺寸}}{2} \right| = 5.2 - \left| \frac{85.48 - 85.027}{2} \right| = 4.97$$

$$D02_{精} = D02_{粗} - \left| \frac{B_{2测量尺寸} - B_{2图样尺寸}}{2} \right| = 5.2 - \left| \frac{39.52 - 40.02}{2} \right| = 4.95$$

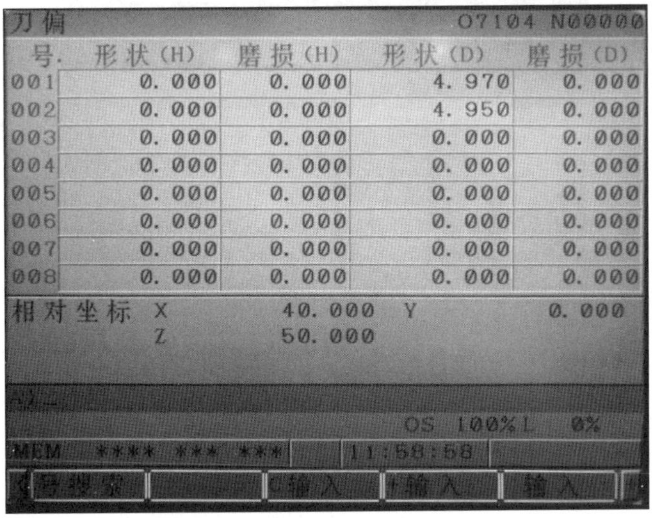

图 7-39　精加工刀具补偿值

用百分表量具测量出有公差的内、外轮廓深度尺寸 $H_{内测量尺寸}$，$H_{外测量尺寸}$。首先将百分表测量触头垂直指向工件上表面，手轮或手动方式向 Z 轴负方向移动，百分表表针指向刻度 20，如图 7-40(a)所示。记录当前机械坐标 Z 值为"-205.006"，如图 7-40(b)所示。X、Y 轴方向移动，将百分表测量触头垂直指向工件外轮廓底面，手轮或手动方式向 Z 轴负方向移动，百分表表针指向刻度 20，如图 7-40(c)所示。记录当前机械坐标 Z 值为"-207.770"，如图 7-40(d)所示。为上表面机械坐标 Z 值与轮廓底面机械坐标 Z 值的差值为 2.764，即 $H_{外测量尺寸}$ 为 2.764。同理检测内轮廓深度。外轮廓深度计算过程。

内外轮廓深度精加工计算方法相同。深度精加工修改值计算公式为 7-2：

$$Z_{G54精} = Z_{精加工余量} - (H_{图样尺寸} - H_{测量尺寸}) \qquad \text{公式 7-2}$$

当 $H_{外图样尺寸}$ 为 3.025，根据公式 7-2 计算外轮廓深度修改值 $Z_{G54精}$：

$$Z_{G54精} = 0.3 - (3.025 - 2.764) = 0.039$$

注意，如内外轮廓深度尺寸公差不同，则使用在程序中修改 Z 坐标的方法。

如图 7-41 所示，按"OFS/SET"切换到工件坐标系输入界面，输入 $Z_{G54精}$ 值。接着选择"自动"模式，按循环启动键，完成零件内、外轮廓的精加工。

11. 铣削轮廓多余量

根据实际情况有 3 种方式去余量。

1)选择手轮方式手动去除余量。

(a)上表面位置   (b)上表面Z值

(c)轮廓底面位置   (d)轮廓底面Z值

图 7-40 深度尺寸测量

图 7-41 修改深度尺寸参数

2)选择扩大刀具半径补偿值来去除余量。

3)选择编写多余量铣削程序去除余量。

本题余量较多,则采用编程方式去除余量,因此加工完成后无须手动去除,O7104 程序中去余量程序前均输入"/",需要时如图 7-42 所示将跳步按钮按亮,从而跳过去余量程序。

图 7-42　跳步按钮

12. 加工孔

调用程序 O7105,修改有关切削参数:根据切削情况与经验更改,如主轴转速改为 S=1200r/min和进给速度 F=30mm/min。利用换刀台拆下 Ø10mm 刀具,安装 Ø6mm 刀具,重新设置 Z 轴的工件坐标系,可以在 MDI 方式下输入第一个孔的 X、Y 位置,程序为 "G54 G90 X74. Y65.;"。主轴正转,当刀碰到该孔上表面时,在工件坐标系 G54 Z 位置输入"Z-3."随后按[测量]按钮,X 轴、Y 轴工件坐标系不变,然后自动运行后完成孔加工。注意:刀具刚接触到工件时,调整进给倍率,降低进给速度。图 7-43 为加工完成的该零件。随后去毛刺,上油入库。

图 7-43　零件加工完成

13. 关机

程序运行结束,选择手动工作模式,将工作台置于中间位置,按下紧停按钮,最后关闭机的电源开关。

任务拓展

拓展任务描述:解决综合板类零件加工中存在的尺寸控制问题。

1）想一想

● 如果在运行时中断加工,该如何操作继续加工?

● 如果加工后,外轮廓已满足尺寸要求,而内轮廓未满足尺寸要求,该如何调整后加工?

2）试一试

● 完成如图 7-44 图纸的综合板类零件加工。

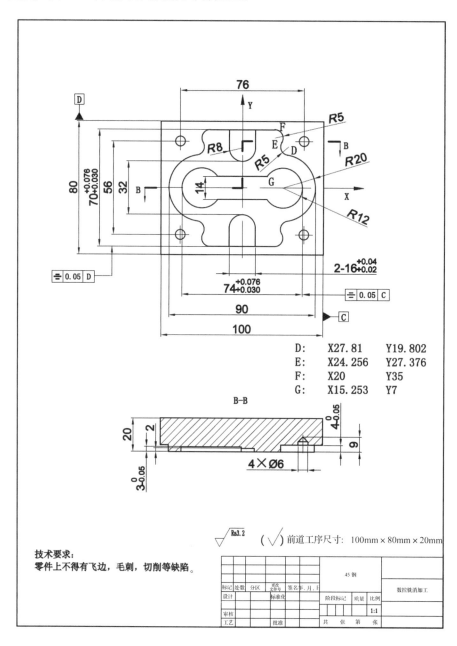

图 7-44

模块二　盘类综合零件加工

模块目标

- 能识读盘类综合零件图,分析零件结构、技术要求;
- 能根据图纸技术要求,准确编制盘类综合零件数控加工工艺;
- 能规范填写盘类综合零件加工工艺卡片、刀具卡片;
- 能手工编制盘类综合零件的加工程序;
- 能进行仿真软件模拟加工;
- 能熟练操作数控铣床并完成盘类综合零件加工;
- 能按图纸要求进行测量。

学习导入

通过上一个学习模块的学习,我们已经掌握了板类综合零件的铣削。盘类零件和板类零件是零件铣削加工的两大主要种类。盘类零件相对板类零件在工艺、仿真、加工上有哪些共同点又有何区别?希望通过学习学生可以熟练使用数控铣床进行盘类综合零件加工,加工出符合图纸要求的合格的零件。

任务一　制定盘类零件加工工艺

任务目标

1. 掌握盘类零件内、外轮廓铣削工艺知识;
2. 能对零件结构、技术要求进行分析;
3. 能填写综合盘类零件铣削的工艺卡片;
4. 能填写综合盘类零件铣削的刀具卡片。

知识要求

- 掌握综合盘类零件铣削加工相关工艺知识。

技能要求

- 能识包含综合盘类零件图;
- 能对零件结构、技术要求进行分析;
- 能填写综合盘类零件铣削的工艺卡片和刀具卡片。

任务描述

任务名称:填写含曲面的盘类零件的工艺卡片(数控加工工艺分析)。

任务准备

以零件图纸(图 7-45)为基础,对零件的结构、技术要求、切削加工工艺、加工顺序、走刀路线以及刀具与切削用量等进行分析。读懂零件图。

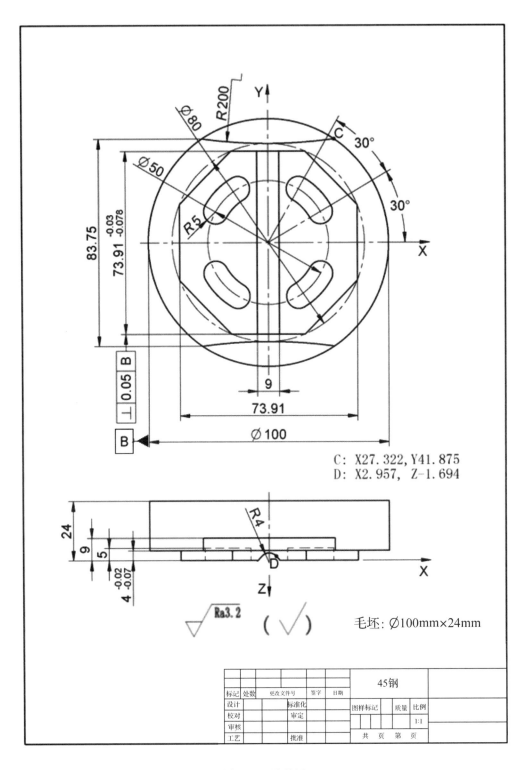

C: X27.322, Y41.875
D: X2.957, Z-1.694

毛坯: ∅100mm×24mm

Ra3.2

标记	处数	更改文件号	签字	日期	45钢			
设计		标准化			图样标记		质量	比例
校对		审定						1:1
审核					共 页 第 页			
工艺		批准						

图 7-45 零件图

任务实施

1. 操作准备

1) 工具:笔、计算器等。

2) 工艺卡片(表 7-11)。

表 7-11

盘类综合零件的加工 数控加工工艺卡				零件代号		材料名称		零件数量
设备 名称			系统 型号	夹具 名称			毛坯 尺寸	
工序号	工序内容			刀具号	主轴转速 r/min	进给量 mm/min	背吃 刀量 mm	备注
编制		审核		批准		年　月　日	共1页	第1页

3) 刀具卡片(表 7-12)

表 7-12

序号	刀具号	刀具名称	刀片/刀具规格	刀具材料	备注
编制		审核	批准	年　月　日　共1页	第1页

2．加工方法

选择合理切削用量,安排加工工艺路线,填写工艺卡片和刀具卡片。

3．操作步骤

(1) 识图,对零件的材料、结构,技术要求进行分析。

(2) 加工工艺分析。

1)机床与刀具的选择;

2)工序与工步的划分;

3)铣削工艺路径;

4)切削用量的选择。

(3) 工艺卡片填写。

(4) 刀具卡片填写。

4．任务评价(表 7-13)

表 7-13

班级			姓名		职业	数控铣工				
操作日期		日	时	分至	日	时	分			
序号	考核内容及要求			配分	等级	评分标准		自评	实测	得分
1	工艺卡片	工步内容		25	25	工序工步合理				
					15	1 个工步不合理				
					5	2 个工步不合理				
					0	3 个及以上工步不合理				
		切削参数		25	25	切削参数合理				
					15	1 个切削参数不合理				
					5	2 个切削参数不合理				
					0	3 个及以上切削参数不合理				
		其他各项		10	10	填写完整、正确				
					5	漏填或填错一项				
					0	漏填或填错两项及以上				
2	刀具卡片	刀具卡片内容		20	20	刀具选择合理,填写完整				
					10	1 把刀具不合理或漏选				
					0	2 把及以上刀具不合理或漏选				
3	练习	按时完成		10		30 分钟内完成				
		对练习内容是否理解和应用		5		正确合理地完成并能提出建议和问题				
		互助与协助精神		5		同学之间互助和启发				

序号	考核内容及要求	配分	评分标准	自评	实测	得分
合计		100				
项目学习 学生自评						
项目学习 教师评价						

注意事项:

(1) 工艺卡片中零件数量等内容容易忘记填写。

(2) 零件代号一般为图号,也可以按照要求填写。

知识链接

一、识图,对零件的材料、结构,技术要求进行分析

本学习任务的重点是数控铣床加工综合盘类零件的工艺分析。经过对图纸(图 7-46)的分析可以看出,本零件由内外轮廓及凹曲面组成。外轮廓加工深度为 5mm。内轮廓加工深度为 9mm,需分 2 层切削。内外轮廓尺寸均有公差要求。中间为凹曲面,深度为 8mm。图 7-47 所示为零件效果图。

毛坯材料为 45 钢,尺寸为 ∅100×25mm,上表面中心点为工艺基准,用三爪自定心卡盘装夹工件。一次装夹完成内外轮廓粗、精加工。

二、加工工艺分析

1. 工、量、刃具的选择

1)工具选择　工件采用三爪自定心卡盘装夹。

2)量具选择　轮廓尺寸用游标卡尺测量,深度尺寸用深度游标卡尺测量,表面质量用表面粗糙度样板检测。

3)刃具选择　由于零件轮廓凹圆弧的最小半径为 8mm,考虑零件表面去除的毛坯余量较多,选用 ∅12mm 键槽铣刀较为合理。凹曲面的半径为 6mm,选用半径 5mm 的球头铣刀加工。

2. 加工工艺路线与基点坐标

1)建立工件坐标系原点:工件坐标系原点建立在圆形工件的上表面中心。

2)确定加工起刀点:加工起刀点设在工件的表面中心上方 100mm。

3)确定加工顺序,走刀路线。

采用先外轮廓后内轮廓的加工顺序,粗加工完单边留 0.2mm 余量,然后检测零件的几何尺寸,根据检测结果决定 Z 向深度和刀具半径补偿的修正量,再分别对零件的内外轮廓进行精加工。铣削外轮廓凸台的走刀路线如图 7-48 所示,基点坐标见表 7-14。

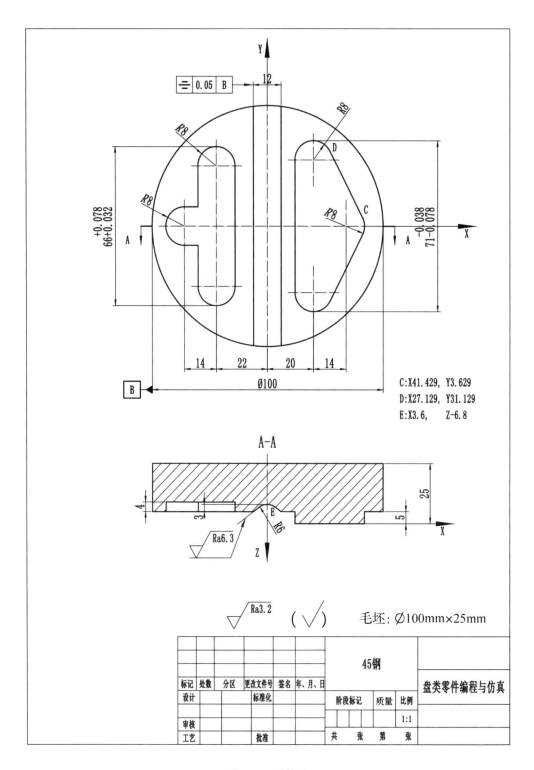

C:X41.429, Y3.629

D:X27.129, Y31.129

E:X3.6, Z-6.8

毛坯: Ø100mm×25mm

						45钢			盘类零件编程与仿真
标记	处数	分区	更改文件号	签名	年、月、日				
设计			标准化			阶段标记	质量	比例	
审核								1:1	
工艺			批准			共 张 第 张			

图 7-46 零件图

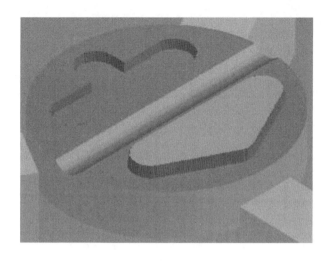

图 7-47 零件效果图

表 7-14 铣削外轮廓凸台的走刀路线基点坐标

序号	编号	绝对坐标		序号	编号	绝对坐标	
		X	Y			X	Y
1	A	0	−60	6	F	41.129	−3.629
2	B	12	−60	7	G	27.129	−31.129
3	C	12	27.5	8	H	12	−27.5
4	D	27.129	31.129	9	I	12	60
5	E	41.129	3.629	10	J	0	60

铣削内轮廓的走刀路线如图 7-49 所示,基点坐标见表 7-15。

表 7-15 铣削内轮廓的走刀路线基点坐标

序号	编号	绝对坐标		序号	编号	绝对坐标	
		X	Y			X	Y
1	A	−22	0	6	F	30	−25
2	B	−22	8	7	G	−14	−25
3	C	−36	8	8	H	−14	25
4	D	−36	−8	9	I	30	25
5	E	−30	−8	10	J	−30	0

铣削凹曲面走刀路线如图 7-50 所示,基点坐标见表 7-16。

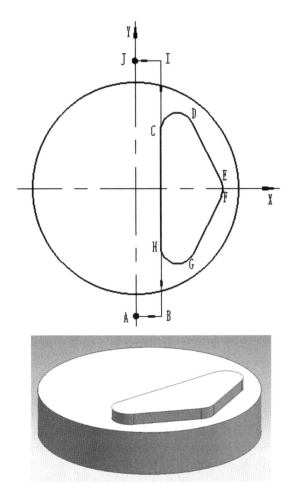

图 7-48   铣削外轮廓凸台的走刀路线

表 7-16   铣削凹曲面走刀路线基点坐标

序号	编号	绝对坐标		序号	编号	绝对坐标	
		X	Y			X	Y
1	A	42	25	5	E	−42	−25
2	B	30	32	6	F	−30	−32
3	C	−30	32	7	G	30	−32
4	D	−42	25	8	H	42	−25

3. 选择合理切削用量

主轴转速粗加工时取 $S = 800\text{r/min}$，精加工时取 $S = 1000\text{r/min}$，进给量轮廓粗加工时取 $f = 80\text{mm/min}$，轮廓精加工时取 $f = 60\text{mm/min}$，内轮廓 Z 向下刀时进给量取 $f = 30\text{mm/min}$。

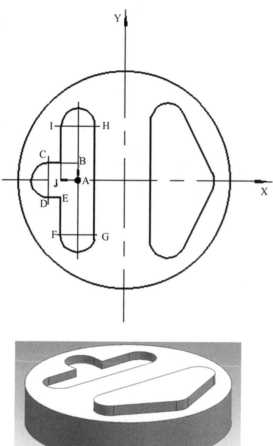

图 7-49　铣削内轮廓的走刀路线

图 7-50　铣削凹曲面走刀路线

三、工艺卡片填写(表 7-17)

表 7-17

盘类综合零件的加工 数控加工工艺卡				零件代号		材料名称		零件数量
						45 钢		1
设备名称	数控铣床	系统型号	FANUC 0i	夹具名称	三爪自定心卡盘		毛坯尺寸	Ø100mm×80mm×24mm
工序号	工序内容			刀具号	主轴转速 r/min	进给量 mm/min	背吃刀量 mm	备注
	以底面为基准,三爪自定心卡盘装夹工件 Ø100×25 毛坯,以工件上表面中心建立坐标系 G54							
1.	粗加工 C、D 等点构成的外轮廓,留 0.2 余量			T01	800	80	2	
	精加工外轮廓至图纸尺寸要求			T01	1000	60	0.2	
2.	粗加工左侧含 R8 尺寸内轮廓,留 0.2 余量			T01	800	80	2	
	精加工内轮廓至图纸尺寸要求			T01	1000	60	0.2	
	换 R5 球头刀,以工件上表面为 Z0,建立坐标系 G55							
3.	加工凹曲面至尺寸			T02	1000	60	2	
	去锐、入库							
编制		审核		批准		年 月 日	共 1 页	第 1 页

四、刀具卡片填写(表 7-18)

表 7-18

序号	刀具号	刀具名称	刀片/刀具规格		刀具材料		备注
1	T01	键槽铣刀(平底刀)	Ø12		高速钢		
2	T02	镜前沿刀	SØ10		高速钢		
编制		审核	批准		年 月 日	共 1 页	第 1 页

任务拓展

拓展任务描述:简述加工方案的确定原则。

1) 想一想

- 曲面的类型一般有哪几种?

● 常用曲面加工刀具有哪些？如何选用？

2）试一试

● 填写图 7-51 零件加工的工艺卡片及刀具卡片。

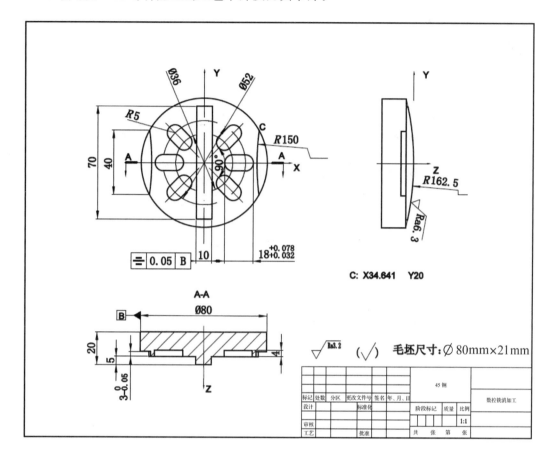

图 7-51

任务二　编制综合盘类铣削程序及仿真加工

任务目标

1. 掌握数控编程的概念及编程规则；

2. 会手工编制综合盘类零件的铣削加工程序；

3. 能进行仿真软件加工；

4. 模拟检测参数合理,零件精度符合图纸要求。

知识要求

● 掌握数控编程的概念及编程规则；

● 掌握刀具半径补偿指令；

● 掌握顺铣与逆铣。

技能要求

● 能计算基点与节点；

● 能手工编制综合盘类零件的铣削加工程序；

● 能使用宇龙仿真软件完成综合盘类零件的仿真加工。

任务描述

任务名称：利用宇龙仿真软件完成综合盘类零件的仿真加工。

任务准备

读懂零件图（图 7-45），会手工编制盘类综合零件的铣削加工程序，能操作宇龙仿真软件。效果图如图 7-52 所示。

图 7-52　零件效果图

任务实施

1. 操作准备

1）工具：笔、计算器等。

2）设备：宇龙数控仿真系统及电脑。

3）程序单（表 7-9）。

表 7-19

序号	程序内容	序号	程序内容

序号	程序内容	序号	程序内容

2. 加工方法

根据图纸(图7-45)编写程序,将程序输入仿真软件进行模拟加工,要求参数合理,零件精度符合图纸要求。

3. 操作步骤

(1)读图编写加工程序。

(2)将程序输入到仿真软件中验证。

(3)仿真软件数控铣床对刀。

1)装夹工件;

2)安装刀具;

3)建立工件坐标系原点。

(4)仿真铣床实体零件加工。

1)切削用量的选择;

2)计算参数,设置刀具半径补偿;

3)自动加工。

4. 任务评价(表 7-20)

表 7-20

名称:盘类零件编程与仿真   操作时间:90min

	评价要素	配分	等级	评分细则	评定结果	得分
1	工艺卡片:工步内容、切削参数	15	15	工序工步、切削参数合理		
			10	1个工步、切削参数不合理		
			5	2个工步、切削参数不合理		
			0	3个及以上工步、切削参数不合理		
2	工艺卡片:其他各项	5	5	填写完整、正确		
			0	漏填或填错一项及以上		
3	数控刀具卡片	10	10	刀具选择合理,填写完整		
			5	1把刀具不合理或漏选		
			0	2把及以上刀具不合理或漏选		
4	轮廓、孔加工程序与实体加工仿真	20	20	正确而且简洁高效		
			10	正确但效率不高		
			0	不正确		
5	$73.91_{-0.078}^{-0.03}$尺寸	20	20	符合公差要求		
			0	不符合公差要求		
6	$4_{-0.07}^{-0.02}$尺寸	20	20	符合公差要求		
			0	不符合公差要求		
7	仿真软件操作	10	10	能熟练应用软件		
			0	不会操作软件		
合计配分		100		合计得分		
备注	1. 程序简洁高效是指:能正确应用子程序、镜像、坐标旋转等指令,程序简洁;而且指令参数设定正确,没有明显空刀现象。 2. 程序效率不高是指:编程指令选择不是最合适,或者参数设定不合理,有明显的空刀现象。					

注意事项:

(1)盘类零件对刀方法与板类零件是不同的。

知识链接

一、盘类综合零件仿真操作实例

1. 根据图纸(图 7-45)编程

加工程序(表 7-21):

表 7-21

O7006(内外轮廓程序)	Y-30.
G54G90G17G80G69G40.	Z2.
M3S1000.	G0X-22. Y0.
G0Z30.	G1Z-9. F100.
X0Y-50.	G41Y8. D01.
Z2.	X-36.
G1Z-5. F100.	G3Y-8. R8.
G41X12. D01.	G1X-30.
G1Y27. 5.	Y-25.
G2X27. 129Y31. 129R8.	G3X-14. R8.
G1X41. 129Y3. 629.	G1Y25.
G2Y-3. 629R8.	G3X-30. R8.
G1X27. 129Y-31. 129.	G1Y0.
G2X12. Y-27.5R8.	G40X-22.
G1Y50.	Z2.
G40X0.	G0Z100.
Y-50.	M30.
G1X-11.	
Y50.	O7007(曲面主程序).
X-22.	G55G90G17G80G69G40.
Y-40.	M3S1000.
X-33.	G0Z30.
Y40.	G0X0Y-55.
X-44.	Z2.
M98P2200003.	G3X-3. 6R6.
G0Z100.	G1X-6. Z-5.
M30.	Z2.
O7008(曲面子程序).	G40X0.
G18.	G91.
G41G1X6. D02F100.	G1Y0. 5.
Z-5.	G90.
X3. 6Z-6. 8	M99.

2. 机床开机操作

(1)打开宇龙仿真软件,选择数控铣床 FANUC 0i 系统。

(2)按下操作面板上的 CNC POWER ON 按钮 [启动],这时 CNC 通电,面板上 CNC POWER电源指示灯亮。

（3）释放急停按钮 ⟳，这时显示屏显示 READY 表示机床自检完成。

3. 手动回机床原点(参考点)

（1）按下手动操作面板上的操作方式开关 ⊕ (REF 键)；

（2）选择各轴依次回原点 X Y Z 。

1）先将手动轴选择为 Z 轴 Z ，再按下"＋"移动方向键 ＋ ，则 Z 轴将向参考点方向

移动，一直至回零指示灯亮 Z原点灯 。

2）然后分别选择 Y、X 轴进行同样的操作。

3）此时 LED 上指示机床坐标 X、Y、Z 均为零 X原点灯 Y原点灯 Z原点灯 。

4. 程序输入

按 ⟨◇⟩ 进入程序编辑模式，按程序键 PROG，输入程序名"O7006"，按插入键 INSRT，按换行

键 EOB E，按插入键 RESET，输入程序（一行一输入）。同样的操作输入 O7007、O7008。

5. 刀具半径补偿设置

按 OFFSET SETTING 进入刀具半径补偿界面，如图所示，再按软键"补正"，光标移动到"形状（D）"，输

入刀补数值 D01 和 D02 均为"5.97"，按输入键 INPUT。

6. 图形轨迹模拟

按编辑键 ⟨◇⟩ 和程序键 PROG，输入程序名"O7006"，按向下键 ↓ 调用已有程序。再按

→ 选择自动工作方式，按图形键 CUSTOM GRAPH，机床消失进入图形显示页面，按循环启动按钮

⎵ ，如图 7-53 所示为 O7006 添加刀具半径补偿后图形。

7. 工件毛坯选择与装夹

按 CUSTOM GRAPH 图形键取消图形，进入机床显示页面，按 ⬚ 定义毛坯键选择毛坯形状与尺寸

（图 7-54）：毛坯 1 ⦿ 圆柱形 直径 100mm，高 25mm，按 确定 。

按夹具键 ⛰，如图 7-55 所示，选择零件"毛坯 1"，选择夹具"卡盘"，按 向上 将零

件升到最高，即出现报警"超出范围，不可移动"，按 确定 。

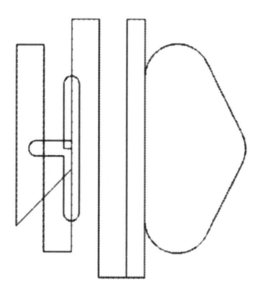

图 7-53　模拟图形

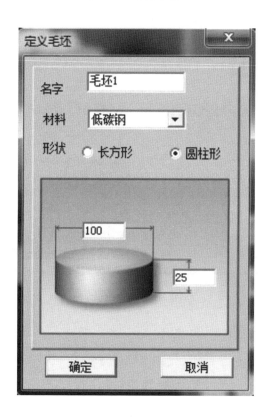

图 7-54　定义毛坯

按 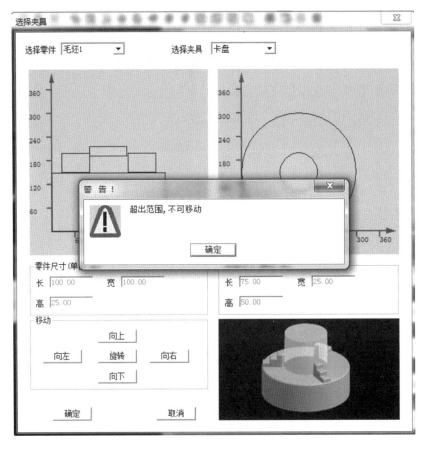 选中毛坯 1，按 ▢ 安装零件 ，机床中会显示夹具与零件 ▢ ，并

出现移动键 ▢ ↺ ▢　▢　　退出　　来调整位置。建议直接按"退出"即可。
　　　　　　　　▢

图 7-55　选择夹具

8．刀具安装

按选择刀具 🔧，进入刀具选择，如图 7-56 所示，在刀具直径输入"12"，刀具类型选择"平底刀"，点击确定后出现 3 把匹配刀具，选择其中 1 把后，在右下角点击"确定"。

9．工件坐标系设置

（1）X、Y 轴工件坐标系设置。该零件原点为圆心，铣床上 X、Y 方向找基准对刀时可使用环表法。由于宇龙仿真软件中没有百分表模块，因此这里介绍用测量平面的方法直接记录机械坐标系中原点的 X、Y 值。

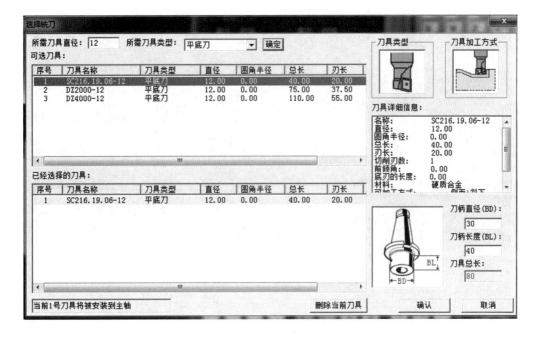

图 7-56 选择铣刀

选择"测量"—"剖视图测量"。

X 轴原点机械坐标值:测量工具选择"外卡",测量方式选择"水平测量",调节工具选择"自动测量"。如图 7-57 所示,尺脚 A 为黄色,X 轴机械坐标值为 -450.000,尺脚 B 为蓝色,X 轴机械坐标值为 -550.000,因此原点 X 轴机械坐标值为:$\dfrac{-450-550}{2}=-500$。

Y 轴原点机械坐标值:测量工具选择"外卡",测量方式选择"垂直测量",调节工具选择"自动测量"。如图 7-58 所示,尺脚 A 为黄色,Y 轴机械坐标值为 -365.000,尺脚 B 为蓝色,Y 轴机械坐标值为 -465.000,因此原点 Y 轴机械坐标值为:$\dfrac{-365-465}{2}=-415$。

按 **OFFSET SETTING** 键选择[坐标系],移动光标至 G54 中 X 位置输入"$-500.$",光标至 G54 中 Y 位置输入"$-415.$"。

(2)Z 轴工件坐标系设置。Z 轴原点位置在工件上表面,这里介绍用测量平面的方法来设置 Z 轴工件坐标系。

选择"测量"—"剖视图测量"。如图 7-59 所示,选择测量平面 Z,

选择测量平面
⊙ X-Y   ○ Y-Z   ○ Z-X   将绿色测量面移动到工件的上表面。此时

测量平面Z -273.000 为 Z0 的机械坐标值。图 7-60 所示为 X、Y、Z 三轴完成 G54 工

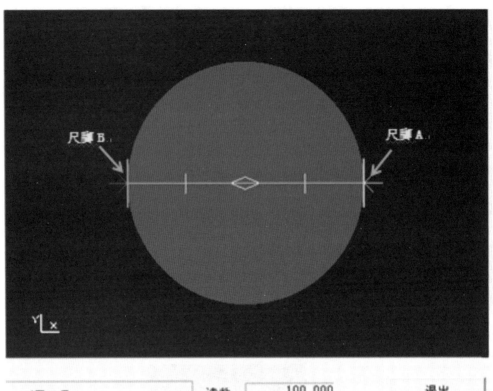

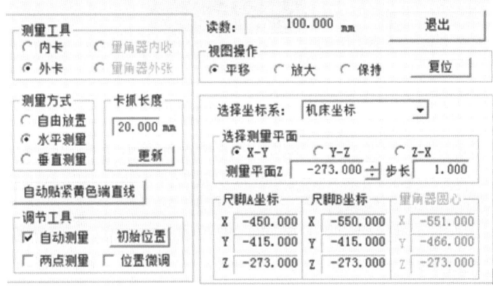

图 7-57　剖视图测量界面 X 轴

件坐标系的设置。

　　10. 模拟仿真加工

　　调用 O7006 程序,自动运行,加工完成内、外轮廓,如图 7-61(a)所示,选择合适视图观察零件加工情况。手动方式或者编程去除余料,该例题可手工编程直径为 100mm 的整圆来去除余料,如图 7-61(b)所示。

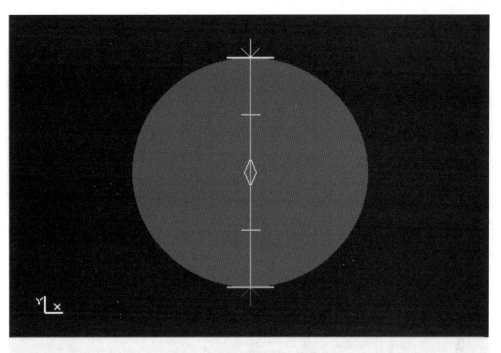

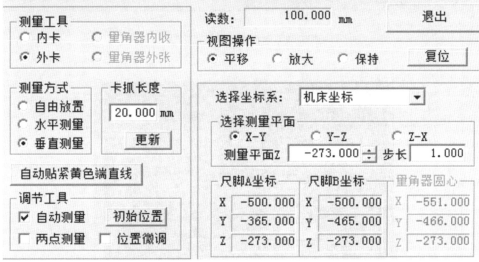

图 7-58　剖视图测量界面 Y 轴

调用程序 O7007，为凹曲面主程序，安装刀具为球头刀 DZ-BS-6，如图 7-62 所示。并用同样的方法设定工件坐标系 G55，如图 7-63 所示。完成凹曲面工序模拟仿真加工，如图 7-64所示。

11. 仿真检测零件

如图 7-65(a)所示，测量外轮廓尺寸时，选择测量平面"X-Y"，测量外轮廓选择测量工具"外卡"，如图 7-65(b)所示，测量内轮廓选择测量工具"内卡"，测量方式均为"水平测量"，调节工具"自动测量"及"两点测量"。深度与轮廓检测方法相同，只需将测量平面调整到"X-Z"或"Y-Z"。

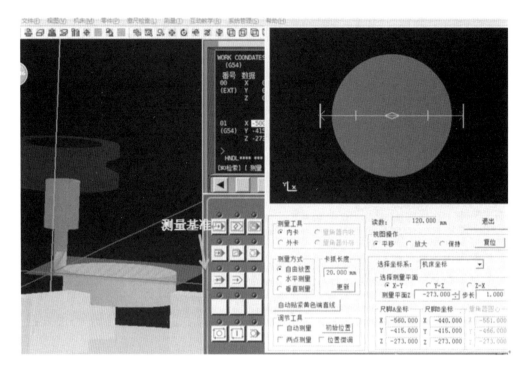

图 7-59　剖视图测量界面 Z 轴

图 7-60　G54 工件坐标系设置界面

(a)未去余料

(b)去除余料

图 7-61 零件仿真加工

序号	刀具名称	刀具类型	直径	圆角半径	总长	刃长
1	DZ-BS-6	球头刀	6.00	3.00	120.00	60.00

图 7-62 球头刀选择界面

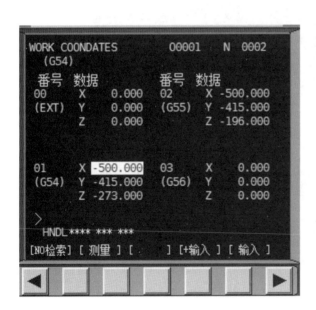

图 7-63 G55 工件坐标系设置界面

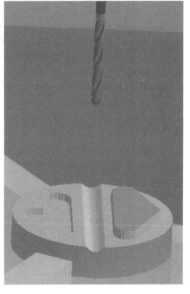

图 7-64 盘类综合零件模拟仿真加工

二、仿真加工不能顺利完成的原因分析。

仿真加工不能顺利完成的原因有很多。下面就学生操作中最常碰到的问题加以分析:

1)打开仿真后不能动:急停是否弹开、电源是否打开、回零操作是否做过。

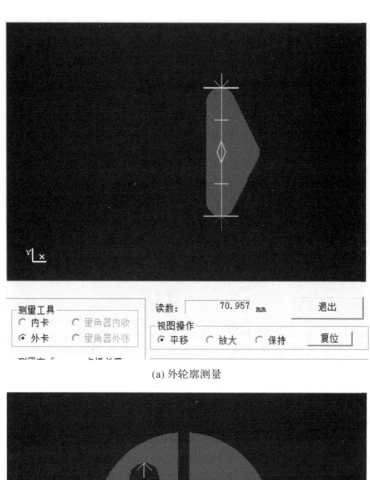

(a) 外轮廓测量

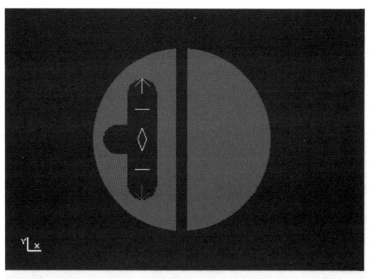

(b) 内轮廓测量

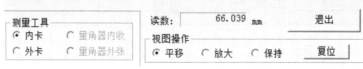

图 7-65 盘类综合零件测量界面

2)程序无法输入:检查功能按钮是否放在编辑状态,程序名是否输入。

3)撞刀:检查对刀操作是否做过或对刀是否准确无误、对刀的数值是否输入准确。

4)加工到一半停并显示出错:程序编错或输入错。查程序时在停止段开始往后查3~5段程序。

5)撞刀或误操作后无法继续操作:可将工件拆掉,进行复位、回零操作后再装工件加工。

6)程序输错:查时注意是否漏输、少输,是否漏掉小数点,是否由于手误造成指令格式错。

任务拓展

拓展任务描述:仿真加工圆弧凸台曲面。

1)想一想

● 球头刀与平底刀对刀区别?

● 子程序在编写应用中要注意什么?

2)试一试

● 根据图纸(图 7-66)完成曲面的编程与仿真加工。

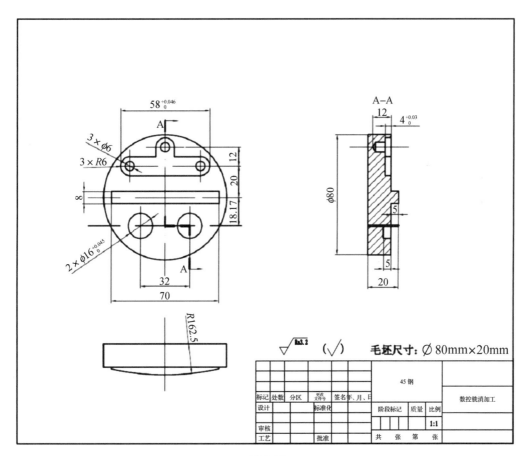

图 7-66

任务三　加工综合盘类零件

任务目标

1. 掌握盘类零件精度检验及测量方法；
2. 能按机床操作规范操作数控铣床；
3. 能完成综合盘类零件加工并达到图纸精度和功能要求；
4. 能利用常用等相关量具对盘类零件进行检测。

知识要求

- 掌握盘类零件精度检验方法；
- 掌握盘类零件测量方法。

技能要求

- 能按机床操作规范熟练操作数控铣床；
- 能按加工顺序完成综合盘类零件加工；
- 能熟练调整有关参数，保证零件加工精度；
- 能利用常用等相关量具对盘类零件进行检测；
- 能够做到文明操作，做好数控铣床日常维护。

任务描述

任务名称：120 分钟内完成综合盘类零件的加工。

任务准备

准备图纸（图 7-67）程序，能熟练操作数控铣床，能掌握量具使用方法。

任务实施

1. 操作准备

1）设备：FA40-M 数控铣床、装刀器、机外对刀仪、BT40 刀柄、BT 拉钉、三爪自定心卡盘、弹簧夹套 Q2-Ø10、弹簧夹套 Q2-Ø6。

2）刀具：Ø63 盘铣刀、Ø10 键槽铣刀、Ø6 键槽铣刀。

3）量具：游标卡尺、Z 轴设定器、磁性表座、百分表 0～5mm、杠杆表。

4）工具：平行垫铁、T 型螺栓、活络扳手、月牙扳手、0.1mm 塞尺、铜杠 Ø30×150、木榔头。

5）材料：45 钢、Ø80×20 标准圆柱形工件。

6）程序单（表 7-22）：

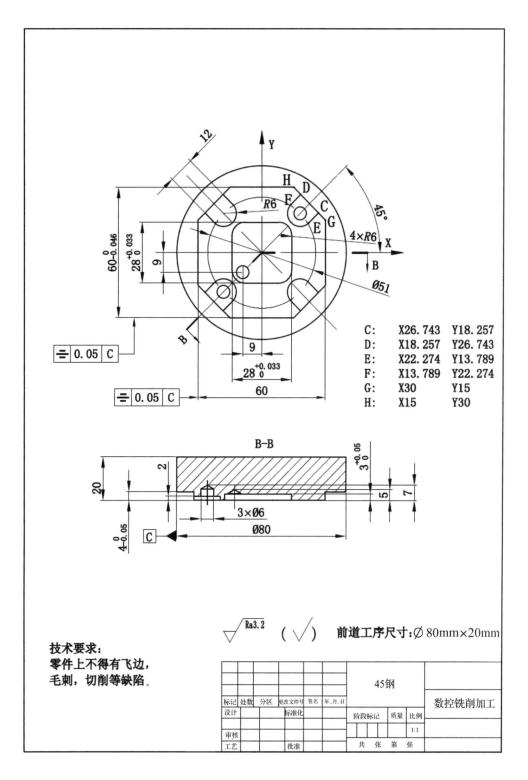

C: X26.743 Y18.257
D: X18.257 Y26.743
E: X22.274 Y13.789
F: X13.789 Y22.274
G: X30   Y15
H: X15   Y30

前道工序尺寸: ⌀80mm×20mm

技术要求:
零件上不得有飞边,
毛刺,切削等缺陷。

标记	处数	分区	更改文件号	签名	年.月.日		45钢			
设计			标准化				数控铣削加工			
						阶段标记	质量	比例	
审核								1:1	
工艺			批准			共 张 第 张			

图 7-67 零件图

283

表 7-22

O7106；(内外轮廓程序)	G03X14. Y-8. R6. ；
G54G90G17G40G15G80；	G01Y8. ；
G00Z100. ；	G03X8. Y14. R6.
G00X-40. Y-30. ；	G40G01X0Y0；
G00Z2. ；	G01Z2. ；
M03S800；	G00 X-60. Y-40. Z5. ；
G01Z-4. F30；	G01 Z-2. F30；
G41G01X-30. D01F150；	G41 X-35. Y-32. D03F150；
Y15. ；	G01 X-18.257 Y-26.743；
X-15. Y30. ；	G01 X-13.789 Y-22.274；
X15. ；	G03 X-22.274 Y-13.789 R6. ；
X30. Y15. ；	G01 X-26.743 Y-18.257；
Y-15. ；	G01 X-40. ；
X15. Y-30. ；	G00 Y18.257；
X-15. ；	G01 X-26.743；
X-30. Y-15. ；	G01 X-22.274 Y13.789；
Y20. ；	G03 X-13.789 Y22.274 R6. ；
G40G01X-40. ；	G01 X-18.257 Y26.743；
G1Z2. ；	G01 Y40. ；
G00X0Y0；	G00 X18.257；
G01Z-3. F30；	G01 Y26.743；
G41X14. Y8. D02F150；	G01 X13.789 Y22.274；
G03X8. Y14. R6. ；	G03 X22.274 Y13.789 R6. ；
G01X-8. ；	G01 X26.743 Y18.257；
G03X-14. Y8. R6. ；	G01 X40. ；
G01Y-8. ；	G00 Y-18.257；
G03X-8. Y-14. R6. ；	G01 X26.743；
G01X8. ；	G01 X22.274 Y-13.789；
G03 X13.789 Y-22.274 R6. ；	S1000 M03；
G01 X18.257 Y-26.743；	M08；
G01 X40. Y-32. ；	G00 X0 Y0 Z20. ；
G40 X60. Y-40. ；	G99 G82 X18.031 Y18.031 Z-7. R5. P1000 F30；
G01 Z2. ；	X-18.031 Y-18.031；
G00Z100.0；	X-9. Y-9. Z-5. ；
M05；	G80；
M30；	G00 Z50. M09；
O7107；(钻孔程序)	M05；
G54G40G80G90G15；	M30；

2. 加工方法

选用三爪自定心卡盘装夹，工件上表面高出钳口至少 6mm。

根据图样加工要求，修改程序中的主轴转速及切削速度。加工方案采用一次装夹完成零件的粗、精加工及换刀完成钻孔加工。

3. 操作步骤

（1）装夹工件：由于是圆形毛坯，所以采用三爪自定心卡盘对毛坯夹紧。

（2）安装刀具：根据零件的结构特点，铣削加工时采用 Ø10 的键槽铣刀。

（3）切削用量的选择：根据工件材料、工艺要求进行选择。主轴转速粗加工时取 $S=800r/min$，精加工时取 $S=1000r/min$，进给量轮廓粗加工时取 $f=120mm/min$，轮廓精加工时取 $f=100mm/min$，Z 向下刀时进给量取 $f=30mm/min$。

（4）调用或输入程序 O7106，检查程序，修改主轴转速和进给速度，确定加工路线。

（5）建立工件坐标系原点：工件坐标系原点建立在盘类零件的上表面中心点。

（6）设置刀具半径补偿及精加工余量，轮廓和深度方向各留 0.4 和 0.3。

（7）自动加工，完成粗加工后检测零件的几何尺寸，根据检测结果决定刀具的磨耗修正量，再分别对零件进行精加工。

（8）调用或输入程序 O7107，检查。

（9）换 Ø6 的键槽铣刀，对刀，自动加工钻孔。

4. 任务评价（表 7-23）

表 7-23

班级		姓名			职业	数控铣工			
操作日期		日	时	分至	日	时 分			
序号	考核内容及要求			配分	评分标准		自评	实测	得分
1	铣削加工尺寸	$60_{-0.046}^{0}$		10	超差 0.01mm 扣 4 分				
		$28_{0}^{+0.033}$		10	超差 0.01mm 扣 4 分				
		$12_{+0.02}^{+0.04}$		10	超差 0.01mm 扣 4 分				
		$4_{+0.02}^{+0}$		9	超差 0.01mm 扣 4 分				
		$3_{0}^{+0.05}$		9	超差 0.01mm 扣 4 分				
		⏻ 0.05 C		8	超差 0.01mm 扣 4 分				
		⏻ 0.05 D		8	超差 0.01mm 扣 4 分				
		$Ra3.2$		5	每个测量面表面粗糙度有一处降级扣 3 分，扣完为止				
		3 * Ø6		6	少加工一个 Ø6 孔扣 3 分，扣完为止				
		GB1804-IT14		5	未注公差的尺寸有一处超差扣 2 分，扣完为止				
2	安全规范操作	机床设备安全操作		5	操作不规范每次扣 2 分				
		机床日常保养		5	机床清理、工量具归位，零件加工完成后机床不清扫扣 2 分				

续表

序号	考核内容及要求		配分	评分标准	自评	实测	得分
3	练习	按时完成	5	120分钟内完成			
		互助与协助精神	5	同学之间互助和启发			
合计			100				
项目学习 学生自评							
项目学习 教师评价							

知识链接

一、盘类综合零件加工操作实例

1. 调用图纸(图 7-68)加工程序

加工程序(表 7-24)。

2. 开机

打开数控铣床 FM-40M 电源,旋转至"ON"(绿色),打开 NC 电源,释

放急停按钮,按复位键,调主轴倍率旋钮到 100%,进给倍率旋钮到 30%。

3. 返回参考点

工作模式选择"手动"工作模式,选择合适的速度移动各轴,使机械坐标为负值。

选择回零工作模式,选择 Z 轴,按正向键,Z 轴回零。分别选择 X、

Y 轴,按正向键,各轴机械坐标系显示"0",回零指示灯亮。

4. 夹具与工件安装、刀具安装

(1)装三爪自定心卡盘夹具:将三爪自定心卡盘放在工作台中间,三爪自定心卡盘的钥匙孔正对操作者,用压板对称压紧三爪自定心卡盘。

(2)装工件:调整三爪自定心卡盘,将工件装入卡盘,零件装平后用三爪自定心卡盘钥匙夹紧工件,工件伸出长度必须大于工件外轮廓深度尺寸。

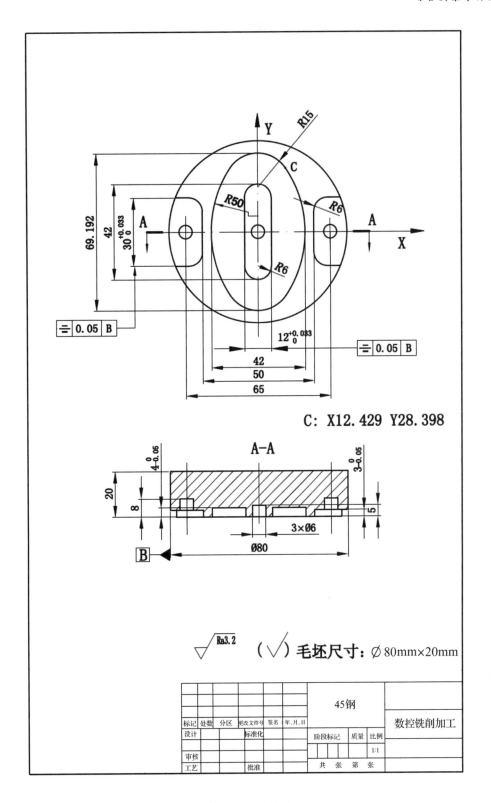

图 7-68　零件图

表 7-24

O7108（内外轮廓程序）	G01 Z-4. F10.；
G54G40G80G90G15；	G42 X6. Y15. D02；
M03 S100；	G03 X-6. R6.；
G00 X-60. Y0. Z5. M08；	G01 Y-15.；
G01 Z-3. F10.；	G03 X6. R6.；
G41 X-40. Y-15. D01；	G01 Y15.；
G01 X-31.；	G03 X-6. R6.；
G03 X-25. Y-9. R6.；	G40 G01 X-15. Y0；
G01 Y9.；	G00 Z50. M09；
G03 X-31. Y15. R6.；	M05；
G01 X-40.；	M30；
G40 X-60. Y0；	
G00 Z5.；	O7109（钻孔程序）
G00 X60. Y0. Z5.；	G55G40G80G90G15；
G01 Z-4. F10.；	S100 M03；
G42 X40. Y-15. D01；	M08；
G01 X31.；	G00 X0 Y0 Z20.；
G02 X25. Y-9. R6.；	G99 G82 X32.5 Y0 Z-8. R5. P1000 F10.；
G01 Y9.；	X-32.5；
G02 X31. Y15. R6.；	G99 G82 X0 Y0 Z-5. R5. P1000 F10.；
G01 X40.；	G80；
G40 X60. Y0；	G00 Z50. M09；
G00 Z5.；	M05；
G00 X13. Y0；	M30；
G01 Z-4. F10.；	
G41 X21. Y0 D01；	
G03 X12.429 Y28.398 R50.；	
G03 X-12.429 R15.；	
G03 Y-28.398 R50.；	
G03 X12.429 R15.；	
G03 Y28.398 R50.；	
G03 X-12.429 R15.；	
G03 X-21. Y0 R50.；	
G40 G01 X-13. Y0；	
G00 Z5.；	
G00 X15. Y0；	

（3）装 Ø10mm 键槽铣刀：把弹簧夹头螺母从机床主轴上旋下，先将弹簧夹头嵌入螺母，再安装 Ø10mm 键槽铣刀，注意要将铣刀直柄部分全部嵌入弹簧夹头。最后将螺母旋到机床主轴上，用月牙扳手旋紧。

5. 调用程序并检查修改

选择"编程"工作模式调用 O7108 程序，根据需要修正主轴转速、进给速度及加工深度。

根据切削情况与经验更改,如主轴转速改为 S=1000r/min 和进给速度 F=100mm/min。零件加工深度改为图样要求的中间偏差值,其中 Z-3 处改为 Z-2.975,Z-4 处改为 Z-3.975。

6. 刀具半径补偿设置

粗加工时内轮廓刀具半径补偿 $D01_粗$=5.2,外轮廓刀具半径补偿 $D02_粗$=5.2,按"OFS/SET"切换到刀具半径补偿输入界面,输入 $D01_粗$ 和 $D02_粗$ 的值。

7. 轨迹图形模拟

工作模式选择"编程"方式,调用程序 O7108,确认光标是否在程序第一行。选择"自动"方式,处于"机床锁住"和"空运行"状态,进入图形模拟界面,按"循环启动"键,查看程序轨迹是否与所加工的图形一致。图 7-69 所示为 O7108 程序的图形模拟。注意:内外轮廓已加刀具半径补偿值,因此外轮廓会比图纸中相对应的轮廓略大些,内轮廓会比图纸轮廓略小些。

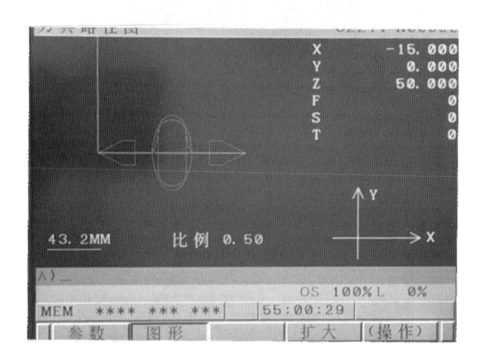

图 7-69　图形模拟

退出图形界面,取消"机床锁住"和"空运行"状态,选择"回零"方式,对机床进行回零操作。

8. 工件坐标系设置

(1)X、Y 轴对刀。

工作模式选择"手轮"方式(×100 倍率),用手轮方式目测将刀具移动到工件中心,接近工件上表面时可调慢手轮倍率。如图 7-70 所示,可以尽可能使刀具靠近工件上表面,注意刀具不要碰到工件,接近时降低移动速度。目测法找正中心后,抬起刀具到合适位置,在主轴上装上吸铁表座与百分表,百分表表头指向工件圆心,表头压入工件 0.5mm,百分表紧贴工件圆柱外表面,回转主轴,观察百分表在 X 轴和 Y 轴二个方向的数值。

粗调:先将手轮控制调到 X 轴,旋转主轴分别记下工件左右两端点百分表读数。如

图 7-71(a)所示左端指针指向"0",图 7-71(b)所示右端指针指向"70"。现将百分表表头停留在右侧,手轮倍率调为×10,移动 X 轴,观察百分表读数,移动到左右两端的中间值"85"完成 X 轴粗调。同样的方法完成 Y 轴的粗调。回转时,误差在 0.1mm 以内即可完成粗调。

图 7-70　目测法对中心

(a) 左端读数

(b) 右端读数

图 7-71　百分表粗调读数

微调:粗调完成后进行微调。手轮控制上重新选择 X 轴调整,方法相同,不同的是微调时要 X 轴、Y 轴轮流调整,直到主轴回转一周,百分表读数值相等时(允许误差在 0.02mm),表示主轴回转中心和工件中心重合。如图 7-72(a)(b)(c)三点读数均相同。

(a) 左端读数

(b) 右端读数

(c) 上端读数

图 7-72　百分表微调读数

(2)Z轴对刀。同板类综合零件 Z 轴对刀。粗加工余量取 0.2mm。

9. 粗加工内、外轮廓

调整切削液位置,关闭防护门。调用程序 O7108,选择"自动"方式,调进给倍率旋钮到 10%,选择单段加工按钮,按启动键一次,执行一段程序,密切观察工作台、刀具的位置与坐标值,再释放单段加工按钮,调整进给倍率到合适倍率,自动连续运行,粗加工内、外轮廓。图 7-73 所示为完成综合盘类零件粗加工。

图 7-73 综合盘类零件粗加工

注意:若有紧急情况则立即将进给倍率按钮调到"0%"或按 RESET 复位键。若发生未知或不可控情况则立即按紧急按钮。

10. 精加工内、外轮廓

粗加工完成后,去毛刺,用量具测量有尺寸公差要求的轮廓尺寸 B,B_1测量尺寸 为 29.54,B_2测量尺寸 为 12.55,本题中内轮廓 B_1图样尺寸 $= 30 + \dfrac{0.033}{2} = 30.017$,外轮廓 B_2图样尺寸 $= 12 + \dfrac{0.033}{2} = 12.017$。根据公式 7-1 和 7-2 计算精加工的刀具半径补偿值,如图 7-74 为修改刀具补偿值。

$$D01_{精} = D01_{粗} - \left| \frac{B_{1测量尺寸} - B_{1图样尺寸}}{2} \right| = 5.2 - \left| \frac{29.54 - 30.017}{2} \right| = 4.96$$

$$D02_{精} = D02_{粗} - \left| \frac{B_{2测量尺寸} - B_{2图样尺寸}}{2} \right| = 5.2 - \left| \frac{12.55 - 12.017}{2} \right| = 4.93$$

用百分表量具测量出有公差的内、外轮廓深度尺寸 $H_{内测量尺寸}$,$H_{外测量尺寸}$。首先将百分表测量触头垂直指向工件上表面,手轮或手动方式向 Z 轴负方向移动,百分表表针指向刻度 20,如图 7-75(a)所示。记录当前机械坐标 Z 值为"−136.637",如图 7-75(b)所示。X 轴、Y 轴方向移动,将百分表测量触头垂直指向工件内轮廓底面,手轮或手动方式向 Z 轴负方向移动,百分表表针指向刻度 20,如图 7-75(c)所示。记录当前机械坐标 Z 值为"−139.437",

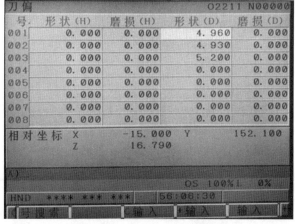

图 7-74　精加工刀具补偿值

(a) 上表面位置　　　　　　　(b) 上表面Z值

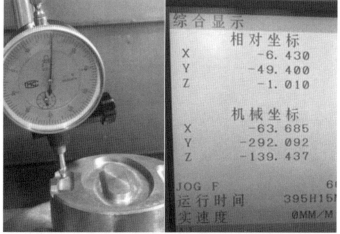

(c) 轮廓底面位置　　　　　　(d) 轮廓底面Z值

图 7-75　深度尺寸测量

如图 7-75(d)所示。为上表面机械坐标 Z 值与轮廓底面机械坐标 Z 值的差值为 2.8,即 $H_{内测量尺寸}$ 为 2.8。同理检测外轮廓深度,机械坐标 Z 值为"-139.437",即 $H_{外测量尺寸}$ 为 2.8。该零件图内外轮廓深度公差均相同,且测量结果也相同,因此只介绍内轮廓计算过程。$H_{内图样尺寸}$ 为 2.975.根据公式 7-2 计算 $Z_{G54精}$:

$$Z_{G54精}=0.2-(2.975-2.8)=0.025$$

注意,如内外轮廓深度尺寸公差不同,则使用在程序中修改 Z 坐标的方法。

如图 7-76 所示,按"OFS/SET"切换到工件坐标系输入界面,输入 $Z_{G54精}$ 值。接着选择"自动"模式,按循环启动键,完成零件内、外轮廓的精加工。

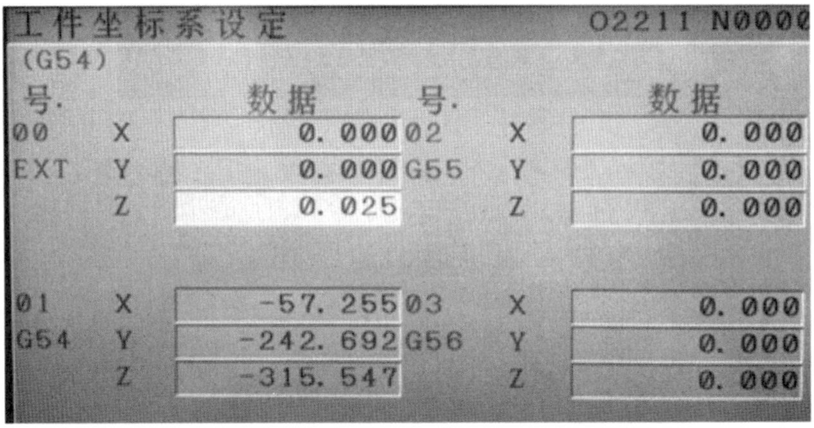

图 7-76　修改深度尺寸参数

11. 铣削轮廓多余量

本题余量较少,可采用手轮方式铣去多余量,注意密切观察不能铣削到已经加工完成的内、外轮廓。如图 7-77 所示完成去除余量。

图 7-77　去除余量

12. 加工孔

调用程序 O7109,修改有关切削参数：根据切削情况与经验更改,如主轴转速改为 S＝1200r/min 和进给速度 F＝30mm/min。利用换刀台拆下 Ø10mm 刀具,安装 Ø6mm 刀具,重新设置 Z 轴的工件坐标系,如图 7-78 注意在孔上方对刀。X 轴、Y 轴工件坐标系不变,然后自动运行后完成孔加工。注意：刀具刚接触到工件时,调整进给倍率,降低进给速度。图 7-79 为加工完成该零件。随后去毛刺,上油入库。

图 7-78　孔 Z 轴对刀

图 7-79　零件加工完成

13. 关机

程序运行结束,选择手动方式,将工作台置于中间位置,按下紧停按钮,最后关闭机的电源开关。

二、对常见问题的现象、产生原因与预防方法进行分析

【问题一】零件粗糙,表面质量不高。

零件粗糙,表面质量不高主要是切削用量选择不当造成的,铣削加工切削用量包括背吃刀量、侧吃刀量、切削速度和进给速度。应根据零件的表面粗糙度、加工精度要求、刀具及工件材料等因素,参考切削用量手册来选取。表 7-25 为表面质量不高最常见的主要原因以及对应的解决方法。

表 7-25 表面质量不高原因及解决方法

产生原因	解决方法
刀具崩刃磨损	修磨或更换刀具
切削用量选择不合理	选择合理的切削用量
工艺系统刚性不足	增加工艺系统刚性
切削液供应不足	保证切削液供给充足

【问题二】零件表面存在有接刀痕。

零件表面存在接刀痕主要原因是刀具横向进给时未考虑刀具的半径对接刀的影响,正确的做法是每次刀具的横向进给量应小于刀具半径。

【问题三】轮廓尺寸超差

轮廓尺寸超差直接影响零件的精度和使用性,表 7-26 为轮廓尺寸超差最常见的原因以及对应的解决方法。

表 7-26 轮廓尺寸超差原因及解决方法

产生原因	解决方法
刀具磨损	修磨或更换刀具
刀具半径参数设置不当	正确设置刀具半径参数
丝杆间隙过大、主轴跳动过大等导致机床精度降低	进行机床精度检测并维修
切削液供应不足	保证切削液供给充足

目录二为综合要素零件图纸,可做补充练习。

任务拓展

拓展任务描述:对常见问题的现象、产生原因与预防方法进行分析。

1) 想一想

● 如何保证工件轮廓表面粗糙度?

● 数控机床加工中如果出现意外事故,如何处理?

● 零件对称度不符合要求的原因及解决方法。

2) 试一试

● 完成图纸(图 7-80)的综合盘类零件加工。

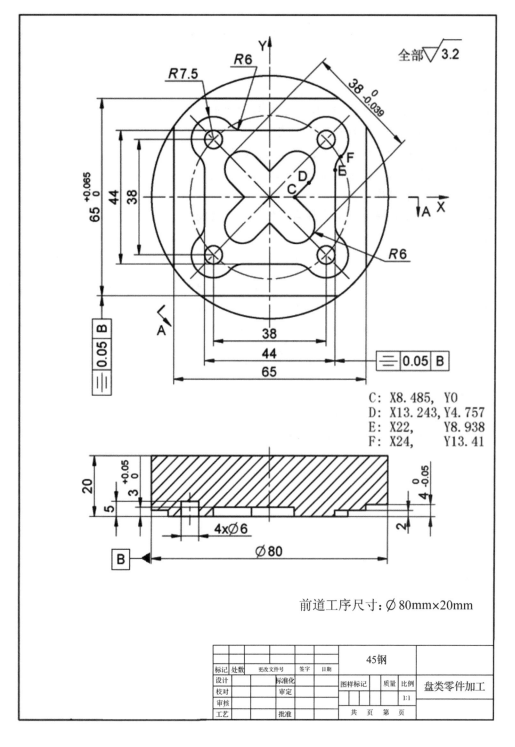

C: X8.485, Y0
D: X13.243, Y4.757
E: X22,   Y8.938
F: X24,   Y13.41

前道工序尺寸: Ø80mm×20mm

标记	处数	更改文件号	签字	日期		45钢			
设计		标准化				图样标记		质量	比例
校对		审定							1:1
审核									
工艺		批准				共 页 第 页			

盘类零件加工

图 7-80

模块三 配合零件加工

模块目标

- 能识读配合件零件图,分析零件结构、技术要求;
- 能准确编制配合零件数控加工工艺;
- 能规范填写配合零件加工工艺卡片、刀具卡片;
- 能手工编制配合零件的加工程序;
- 能进行仿真软件模拟加工;
- 能熟练操作数控铣床并完成配合零件加工并装配。

学习导入

许多工件是由两件或多件配合而成,配合形式组合要有内外轮廓加工、凸台以及凹槽等。作为配合零件在表面质量和精度要求上会有更高的要求,工件的定位装夹和工步的安排比较关键。为了保证加工精度和表面质量,应尽可能减少装夹次数。希望通过本模块的学习可以熟练使用数控铣床进行配合零件加工,加工出符合图纸要求的合格的一组零件。

任务 配合零件加工工艺分析

任务目标

1. 掌握配合零件加工工艺编制要求;
2. 能对零件结构、技术要求进行分析;
3. 能填写配合零件铣削的工艺卡片;
4. 能填写配合零件铣削的刀具卡片。

知识要求

- 掌握配合零件铣削加工相关工艺知识;
- 理解配合零件加工工艺路线。

技能要求

- 能识读配合零件图,对零件结构、技术要求进行分析;
- 能正确编制配合零件的加工程序;
- 能应用数控铣床加工配合零件。

任务描述

任务名称:填写配合零件的工艺卡片(数控加工工艺分析)。

任务准备

以零件图纸(图 7-81)为基础,对零件的结构、技术要求切削加工工艺、加工顺序、走刀路线以及刀具与切削用量等进行分析。读懂零件图。

件一

全部 $\sqrt{}$ 3.2

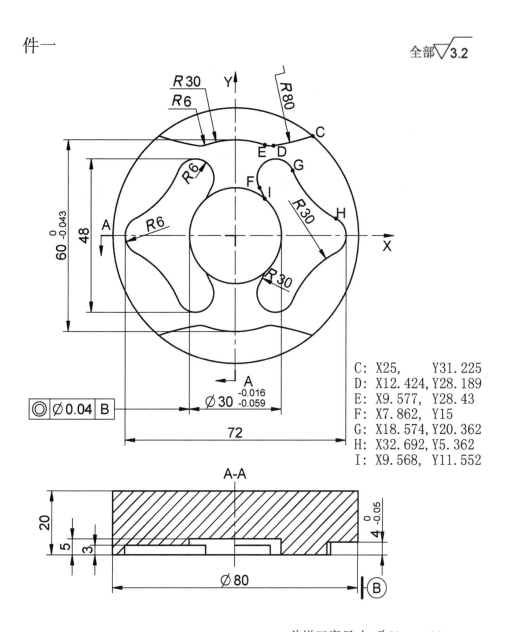

C: X25,　　Y31.225
D: X12.424, Y28.189
E: X9.577,　Y28.43
F: X7.862, Y15
G: X18.574, Y20.362
H: X32.692, Y5.362
I: X9.568,　Y11.552

前道工序尺寸: ∅ 80mm×20mm

图 7-81　零件图(件一)

件二

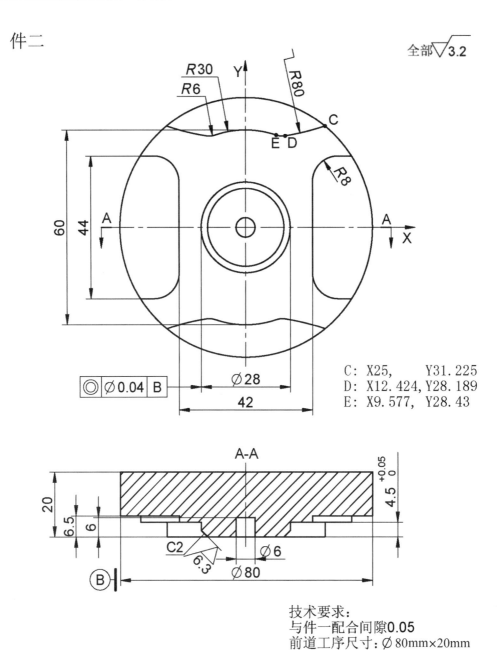

C: X25,　　Y31.225
D: X12.424, Y28.189
E: X9.577,　Y28.43

技术要求:
与件一配合间隙0.05
前道工序尺寸: $\varnothing$ 80mm×20mm

图 7-81　零件图(件二)

任务实施

1. 操作准备

1) 工具:笔、计算器等。

2) 工艺卡片(表 7-27)。

表 7-27

配合零件的加工 数控加工工艺卡				零件代号		材料名称		零件数量
设备 名称		系统 型号		夹具 名称			毛坯 尺寸	
工序号	工序内容			刀具 号	主轴 转速 r/min	进给量 mm/min	背吃 刀量 mm	备注
编制		审核		批准		年　月　日	共 1 页	第 1 页

3）刀具卡片（表 7-28）

表 7-28

序号	刀具号	刀具名称	刀片/刀具规格	刀具材料	备注
编制		审核	批准	年　月　日　共 1 页	第 1 页

2. 加工方法

选择合理切削用量，安排加工工艺路线，填写工艺卡片和刀具卡片。

3．操作步骤

（1）识图，对零件的材料、结构、技术要求进行分析。

（2）加工工艺分析。

1）机床与刀具的选择

2）工序与工步的划分

3）铣削工艺路径

4）切削用量的选择

（3）工艺卡片填写。

（4）刀具卡片填写。

4．任务评价（表7-29）

表7-29

班级		姓名		职业	数控铣工			
操作日期		日 时 分至		日	时 分			
序号	考核内容及要求		配分	等级	评分标准	自评	实测	得分
1	工艺卡片	工步内容	25	25	工序工步合理			
				15	1个工步不合理			
				5	2个工步不合理			
				0	3个及以上工步不合理			
		切削参数	25	25	切削参数合理			
				15	1个切削参数不合理			
				5	2个切削参数不合理			
				0	3个及以上切削参数不合理			
		其他各项	10	10	填写完整、正确			
				5	漏填或填错一项			
				0	漏填或填错两项及以上			
2	刀具卡片	刀具卡片内容	20	20	刀具选择合理，填写完整			
				10	1把刀具不合理或漏选			
				0	2把及以上刀具不合理或漏选			
3	练习	按时完成	10		30分钟内完成			
		对练习内容是否理解和应用	5		正确合理地完成并能提出建议和问题			
		互助与协助精神	5		同学之间互助和启发			
	合计		100					
	项目学习学生自评							
	项目学习教师评价							

注意事项：

（1）先外轮廓再内轮廓，先面后孔；

（2）基准件按零件尺寸精度要求加工，配合件按配合精度要求加工。

知识链接

一、零件型腔铣削的下刀方式

配合件的型腔数控加工对加工工艺有着特殊的要求。数控加工中对工艺问题处理的好坏，也将直接影响配合间隙和加工效率。而在各种型面的数控铣削中，合理地选择切削加工方向、进刀切入方式是很重要的，因为两者将直接影响零件的加工精度和加工效率。

1. 轮廓加工中的进刀方式

1）法线进刀和切线进刀

轮廓加工进刀方式一般有两种：法线进刀和切线进刀。如图 7-82（a）所示，由于法线进刀容易产生刀痕，因此一般只用于粗加工或者表面质量要求不高的工件。法线进刀的路线较切线进刀短，因而切削时间也就相应较短。

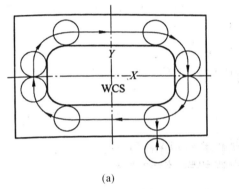
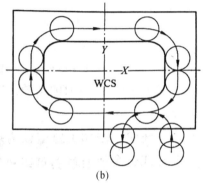

(a)   (b)

图 7-82　法线进刀与切线进刀方式

在一些表面质量要求较高的轮廓加工中，通常采用加一条进刀引线再圆弧切入的方式，使圆弧与加工的第一条轮廓线相切，能有效地避免因法线进刀而产生刀痕，如图 7-82（b）所示，而且在切削毛坯余量较大时离开工件轮廓一段距离下刀再切入，很好地起到了保护立铣刀的作用。

2）非典型轮廓加工中的进刀方式

对于一些非典型轮廓的加工，在采用切线进退刀的同时，还应沿轮廓走多一个重叠量 L，可以有效避免因进刀点和退刀点在同一位置而产生的刀痕。重叠量 L 一般取 1～2mm 即可，如图 7-83 所示。

2. 挖槽和型腔加工中的进刀方式

对于封闭型腔零件的加工，下刀方式主要有垂直下刀、螺旋下刀和斜线下刀三种，下面就如何选择各下刀方式进行说明。

1）垂直下刀

（1）小面积切削和零件表面粗糙度要求不高的情况。使用键槽铣刀直接垂直下刀并进行切削。虽然键槽铣刀其端部刀刃通过铣刀中心，有垂直切削的能力，但由于键槽刀只有两刃切削，加工时的平稳性也就较差，因而表面粗糙度较低。同时在同等切削条件下，键槽铣

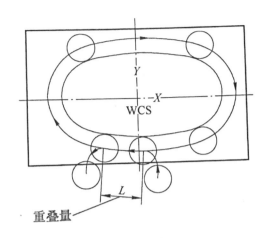

图 7-83　切削重叠量

刀较立铣刀的每刃切削量大,因而刀刃的磨损也就较大,在大面积切削中的效率较低。所以,采用键槽刀直接垂直下刀并进行切削的方式,通常只用于小面积切削或被加工零件表面粗糙度要求不高的情况。

(2)大面积切削和零件表面粗糙度要求较高的情况。大面积的型腔一般采用加工时具有较高的平稳性和较长使用寿命的立铣刀来加工,但由于立铣刀的底切削刃没有到刀具的中心,所以立铣刀在垂直进刀时没有较大切深的能力,因此一般先采用键槽铣刀(或钻头)垂直进刀加工落刀孔后,再换多刃立铣刀加工型腔。在利用 CAM 软件进行编程的时候,一般都会提供指定点下刀的选项。

2)螺旋下刀

螺旋下刀是现代数控加工应用较为广泛的下刀方式,特别是在模具制造行业中应用最为常见。刀片式合金模具刀可以进行高速切削,但和高速钢多刃立铣刀一样在垂直进刀时没有较大切深的能力。但可以通过螺旋下刀的方式(图 7-84 所示),通过刀片的侧刃和底刃的切削,避开刀具中心无切削刃部分与工件的干涉,使刀具沿螺旋朝深度方向渐进,从而达到进刀的目的。这样,可以在切削的平稳性与切削效率之间取得一个较好的平衡点。

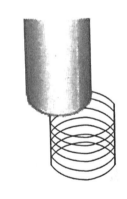

图 7-84　螺旋下刀方式

螺旋半径的大小一般情况下应大于刀具直径的 50%,但螺旋半径越大,进刀的切削路程就越长,下刀耗费的时间也就越长,一般不超过刀具直径的大小。螺距的数值要根据刀具的吃深能力而定,一般在 0.5～1 之间;第二层进刀高度一般等于第一层下刀高度减去慢速下刀的距离即可。螺旋下刀也有其固有的弱点,比如切削路线较长,在比较狭小的型腔加工中往往因为切削范围过小无法实现螺旋下刀等,有时需采用较大的下刀进给或钻落刀孔等方法来弥补,所以选择螺旋下刀方式时要注意灵活运用。

3)斜线下刀

斜线下刀时刀具快速下至加工表面上一个距离后,改为以一个与工件表面成一角度的方向,以斜线的方式切入工件来达到 Z 向进刀的目的,通常用于因范围的限制而无法实现螺旋下刀时的长条形的型腔加工,斜线下刀主要的参数有斜线下刀的起始高度、切入斜线的长度、切入和反向切入角度。起始高度一般设在加工面上方 0.5~1mm 之间,切入斜线的长度要视型腔空间大小及削深度来确定,一般是斜线愈长,进刀的切削路程就越长,切入角度选取得越小,斜线数增多,切削路程加长,角度太大,又会产生不好的端刃切削的情况,选 5°~30° 为宜。通常进刀切入角度和反向进刀切入角度取相同的值。

综上所述,正确理解数控铣削加工中各种进刀方式的特点和适用范围,同时在编程中设置合理的切削参数,对提高加工效率及零件表面质量有着重要的影响,如对避免接刀痕、过切等现象的发生以及保护刀具等都有重要的意义。

3. 轮廓加工具体的下刀方式

1)凸件

(1)槽内轮廓深度不是很深,区域比较大,采用螺旋下刀比较好一点,可以减少换用其他刀具的时间。精加工用其切线进刀,切线退刀,防止接刀痕的产生。下面也是一样。

(2)槽内凸台粗、精加工就直线进刀,在空挡的位置垂直下刀。

(3)圆弧槽的深度不是很深,粗加工采用极坐标螺旋下刀,精加工就直接下刀,直线进刀。外轮廓深度也不是很深,可以在外面直接垂直下刀,直线切入,精加工也一样。

(4)凸台跟外轮廓一样,采用的方法相同。

(5)钻孔和胶孔就直接垂直下刀。

2)凹件

(1)槽轮廓区域内没有岛的,可以螺旋下刀,精加工下刀方式跟凹件一样。

(2)开放式槽直接在工件外下刀,在轮廓延长线切入切出。

(3)钻孔和胶孔就直接垂直下刀。

二、配合件数控铣削工步方案的确定

根据零件图样和技术要求,制定一套加工用时少,经济成本花费少,又能保证加工质量的工艺方案。下面根据图纸分析零件加工工艺方案(图 7-85 所示)。

图纸中工件一用卡盘装夹校正工件圆心,以工件中心建立工件坐标系:

(1)粗精铣件 1 外凸轮廓保证尺寸 70.284→手动去除轮廓多余残料。

(2)粗精铣内轮廓(挖四个腰槽)→手动去除槽内多余残料。

工件二用卡盘装夹校正工件圆心,以工件中心建立工件坐标系:

(1)粗精铣内腔保证配合间隙 0.05mm.

(2)锥面倒角加工四个孔。

三、配合件误差分析

零件的尺寸和表面粗糙度都会影响其配合的紧密性,达不到配合的要求。其原因主要有刀具的选择、切削用量的选择等。刀具的选择主要体现在刀具的质量和适当的选刀上。切削用量主要体现在对于在加工不同材料时铣削三要素的选择有很大的差异上,所以选择铣削用量时应根据实际情况而定。

此外,在加工时要求机床主轴具有一定的回转运动精度,即加工过程中主轴回转中心相对刀具或者工件的精度。当主轴回转时,实际回转轴线其位置总是在变动的,那么就存在着

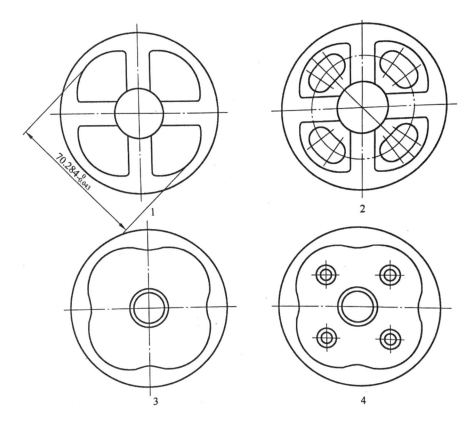

图 7-85　配合件零件图

主轴的回转误差。回转误差可分为三种形式:轴向窜动、径向圆跳动角度摆角、主轴回转误差对加工精度的影响,切削加工过程中的机床主轴回转误差使得刀具和工件间的相对位置不断改变,影响着成形运动的准确性,在工件上引起加工误差。机床 X、Y 轴有间隙和反向运动间隙,会出现实际轮廓与程序轮廓的误差。为避免误差影响配合,在编程时两个配合轮廓采用同向运动轨迹编程,保证轮廓一致性。

根据零件加工的质量结果和原因分析,提出以下解决方法:

(1)刀具的选用,应尽可能选择较大的刀具,避免让刀震动,以提高表面粗糙度。

(2)铣削用量的确定,在加工中,粗加工主轴转速慢一点,进给速度慢一点,铣削深度大一点(D<刀具半径),精加工转速可快一点。

(3)应尽量避免接刀痕产生,精加工刀具要锋利,刃口要直。

(4)装夹误差,主要是夹紧力和限制工件自由度要做到合理。

(5)加工余量的确定,X、Y 轴的加工余量应该合理。

(6)两个配合轮廓刀具轨迹方向要一致。

任务拓展

拓展任务描述:配合零件加工中存在的尺寸控制问题。

1)想一想

● 如何保证配合件配合精度?

● 基准件和配合件加工方法有何区别？

2）试一试

● 完成图纸（图 7-86、图 7-87）的配合零件加工。

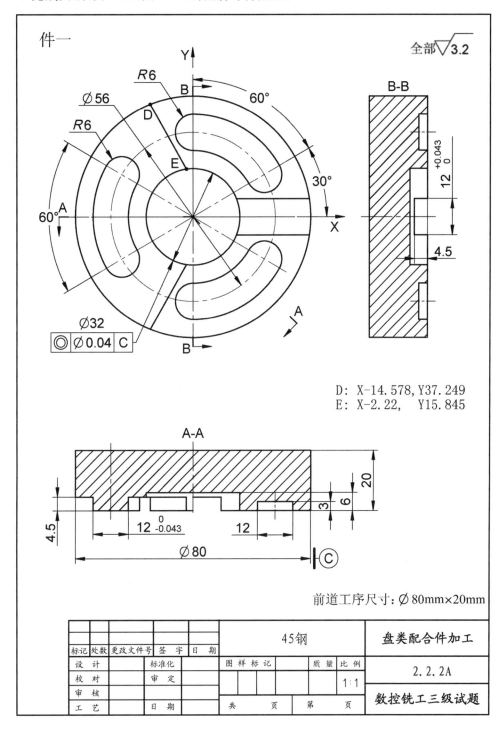

图 7-86

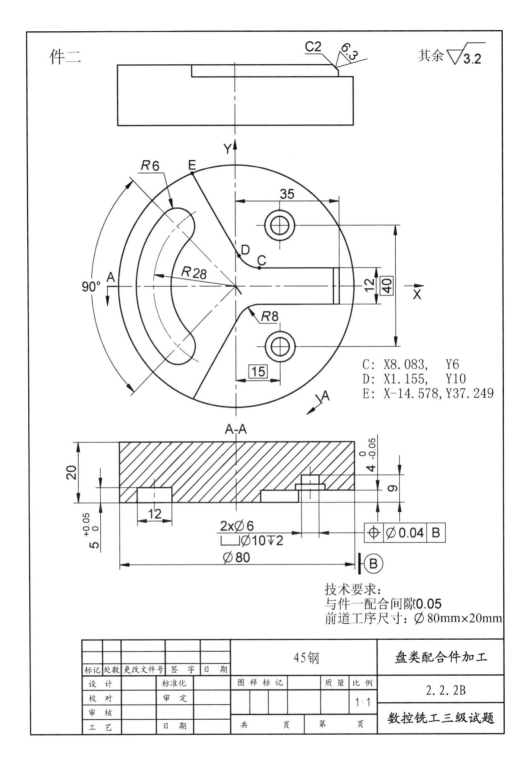

件二

C2 6.3   其余 ∇3.2

C: X8.083, Y6
D: X1.155, Y10
E: X-14.578, Y37.249

2x∅6
⌴∅10▽2

⊕ | ∅0.04 | B

技术要求:
与件一配合间隙0.05
前道工序尺寸: ∅80mm×20mm

标记	处数	更改文件号	签 字	日 期		45钢			盘类配合件加工
设 计		标准化			图样标记		质 量	比 例	2.2.2B
校 对		审 定						1:1	
审 核									数控铣工三级试题
工 艺		日 期			共 页		第 页		

图 7-87

作业练习

一、单选题

1. 数控铣床刚性攻螺纹时,Z轴每转进给量F应该( )丝锥导程。

A. 等于   B. 小于   C. 大于   D. 略大于

2. 内循环滚珠丝杠螺母副中,每个工作滚珠循环回路的工作圈数为( )。

A. 2.5 圈   B. 2 圈   C. 1 圈   D. 3 圈

3. 螺纹公称直径为D,螺距P≤1,攻螺纹前钻底孔的钻头直径为( )。

A. D-1.1P   B. D-1.3P   C. D-P   D. D-1.2P

4. 标准中心钻的保护锥部分的圆锥角大小为( )。

A. 60°   B. 30°   C. 90°   D. 45°

5. 设编码器每转产生 1024 个脉冲,M 法侧速时,在 1 秒内共测得 2048 个脉冲,则转速为( )r/min。

A. 80   B. 60   C. 100   D. 120

6. 步进电动机的转速与输入脉冲的( )成正比。

A. 电流   B. 数量   C. 电压   D. 频率

7. 加工 M6 的内螺纹,常采用( )。

A. 套丝   B. 旋风车削螺纹   C. 攻丝   D. 高速车削螺纹

8. 钻夹头刀柄用于装夹直径在( )以下的中心钻、直柄麻花钻等。

A. Ø13mm   B. Ø11mm   C. Ø14mm   D. Ø12mm

9. 交流伺服电动机的调速常采用( )方式。

A. 改变频率   B. 改变磁极对数   C. 改变转差率   D. 改变电阻

10. 数控机床进给系统的运动变换机构采用( )。

A. 滑动丝杠螺母副   B. 滑动导轨   C. 滚珠丝杠螺母副   D. 滚动导轨

11. 数控车床主轴一般都装有( )。

A. 磁栅   B. 脉冲编码器   C. 感应同步器   D. 光栅

12. 能自动消除直齿圆柱齿轮传动间隙的消除方法是( )。

A. 垫片调整   B. 双齿轮错齿调整

C. 偏心套调整   D. 轴向垫片调整

13. 调整机床水平时,若水平仪水泡向右偏,则( )。

A. 调高左侧垫铁或调低右侧垫铁

B. 调高右侧垫铁或调低左侧垫铁

C. 调高前面垫铁或调低后面垫铁

D. 调高后面垫铁或调低前面垫铁

14. 直流主轴电动机在额定转速以上的调速方式为( )。

A. 改变电枢电压   B. 改变磁通   C. 改变电枢电流   D. 改变电枢电阻

二、多选题

1. 变频器发生过电压故障的原因主要有( )。

A. 电源电压低于额定电压 10%

B. 降速过快

C. 电源电压高于额定电压 10%

D. 电动机过载

E. 电源缺相

2. 外循环滚珠丝杠副按滚珠循环时的返回方式主要有(　　)。

A. 腰形槽嵌块反向器式

B. 椭圆形反向器式

C. 插管式

D. 圆柱凸键反向器式

E. 螺旋槽式

3. 模具铣刀是由立铣刀演变而成,高速钢模具铣刀主要分为(　　)。

A. 圆柱形球头立铣刀

B. 波形立铣刀

C. 铲齿成形立铣刀

D. 圆锥形球头立铣刀

E. 圆锥形立铣刀

三、判断题

1. 滚珠丝杠螺母副的滚珠在返回过程中与丝杠脱离接触的为内循环。(　　)

2. 刚性攻丝与传统浮动攻丝的丝锥是一样的。(　　)

3. 用六个支承点就可使工件在空间的位置完全被确定下来。(　　)

4. 夹紧力的作用点应与支承件相对,否则工件容易变形和不稳固。(　　)

一、单选题(答案)

1. A　2. C　3. C　4. A　5. D　6. D　7. A　8. A　9. A　10. C　11. B　12. B　13. A　14. B

二、多选题(答案)

1. BC　2. CE　3. ADE

三、判断题(答案)

1. ✕　2. ✕　3. ✕　4. ✓

附录　铣削综合要素零件图纸

1. 图纸一

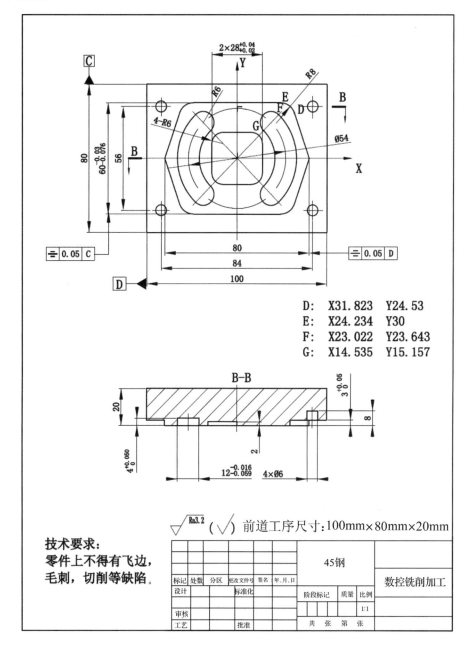

D:　X31.823　Y24.53
E:　X24.234　Y30
F:　X23.022　Y23.643
G:　X14.535　Y15.157

√Ra3.2 (√) 前道工序尺寸:100mm×80mm×20mm

技术要求:
零件上不得有飞边,
毛刺,切削等缺陷。

45钢

数控铣削加工

标记	处数	分区	更改文件号	签名	年、月、日
设计		标准化			
审核					
工艺		批准			

阶段标记	质量	比例
		1:1
共　张　第　张		

客观评分表

试题名称:零件加工与检测(图纸一)

编号	配分	评分细则描述	规定或标称值	得分
O1	10	符合宽度 60 尺寸公差	$60^{-0.03}_{-0.076}$	
O2	8	符合宽度 28 尺寸公差	$28^{+0.04}_{+0.02}$	
	8	符合长度 28 尺寸公差	$28^{+0.04}_{+0.02}$	
O3	10	符合槽宽度 12 尺寸公差	$12^{-0.02}_{-0.06}$	
O4	10	符合高度 4 尺寸公差	$4^{+0.05}_{0}$	
O5	10	符合高度 3 尺寸公差	$3^{+0.05}_{0}$	
O6	6	符合对称度公差(基准 C)	⟹ 0.05 C	
O7	6	符合对称度公差(基准 D)	⟹ 0.05 D	
O8	6	每个测量面表面粗糙度有一处降级扣 1 分,扣完为止	$Ra3.2$	
O9	8	少加工一个 Ø6 孔扣 2 分,扣完为止	4 * Ø6	
O10	8	未注公差的尺寸有一处超差扣 1 分,扣完为止	GB1804-IT14	
合计配分	90	合计得分		

主观评分表

试题名称:零件加工与检测(图纸一)

编号	配分	评分细则描述	考评员评分			最终得分
			1	2	3	
S1	5	使用操作不规范每次扣 1 分;零件加工完成后机床不清扫扣 2 分				
S2	5	操作不文明每次扣 2 分				
合计配分	10	合计得分				

2. 图纸二

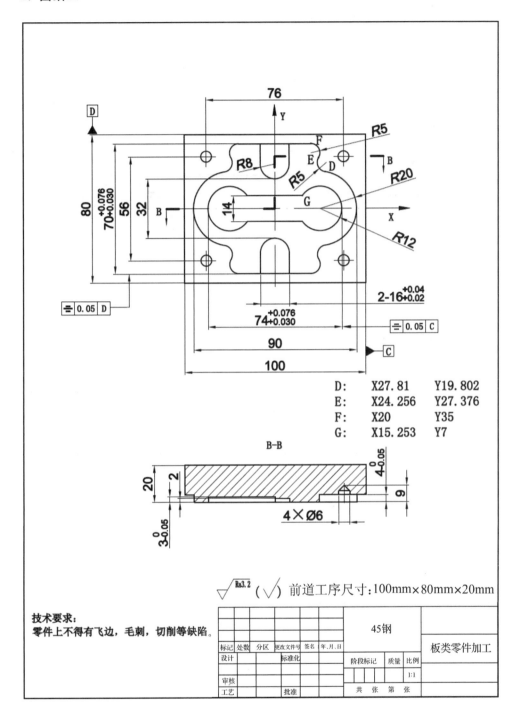

技术要求:
零件上不得有飞边,毛刺,切削等缺陷。

$\sqrt{Ra3.2}$ ($\sqrt{}$) 前道工序尺寸:100mm×80mm×20mm

D:	X27.81	Y19.802
E:	X24.256	Y27.376
F:	X20	Y35
G:	X15.253	Y7

标记	处数	分区	更改文件号	签名	年,月,日		45钢		
设计			标准化			阶段标记	质量	比例	板类零件加工
审核								1:1	
工艺			批准			共 张 第 张			

客观评分表

编号	配分	评分细则描述	规定或标称值	得分
O1	10	符合宽度 70 尺寸公差	$70^{+0.076}_{+0.030}$	
O2	8	符合宽度 16 尺寸公差	$16^{+0.04}_{+0.02}$	
	8	符合宽度 16 尺寸公差	$16^{+0.04}_{+0.02}$	
O3	10	符合长度 74 尺寸公差	$74^{+0.076}_{+0.030}$	
O4	10	符合高度 4 尺寸公差	$4^{+0}_{-0.05}$	
O5	10	符合高度 3 尺寸公差	$3^{+0}_{-0.05}$	
O6	6	符合对称度公差(基准 C)	⟦ 0.05 ⟧ C	
O7	6	符合对称度公差(基准 D)	⟦ 0.05 ⟧ D	
O8	6	每个测量面表面粗糙度有一处降级扣 1 分,扣完为止	$Ra3.2$	
O9	8	少加工一个 Ø6 孔扣 2 分,扣完为止	4 * Ø6	
O10	8	未注公差的尺寸有一处超差扣 1 分,扣完为止	GB1804-IT14	
合计配分	90	合计得分		

主观评分表

试题名称:零件加工与检测(图纸二)

编号	配分	评分细则描述	考评员评分			最终得分
			1	2	3	
S1	5	使用操作不规范每次扣 1 分;零件加工完成后机床不清扫扣 2 分				
S2	5	操作不文明每次扣 2 分				
合计配分	10	合计得分				

3. 图纸三

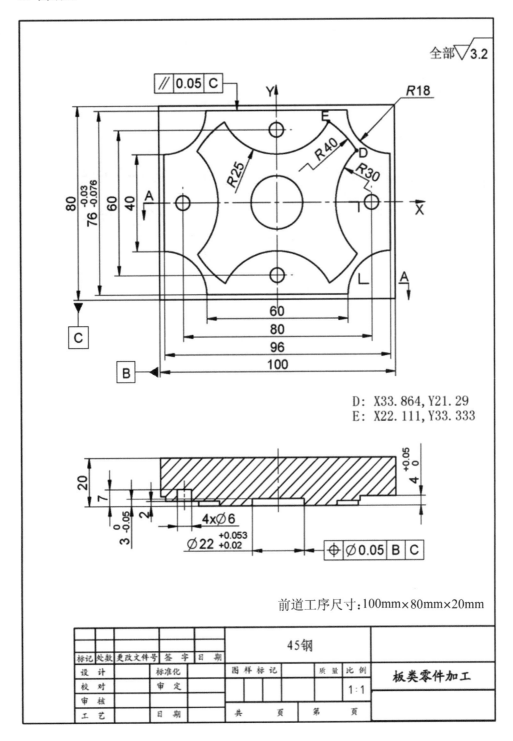

D: X33.864, Y21.29
E: X22.111, Y33.333

前道工序尺寸:100mm×80mm×20mm

标记	处数	更改文件号	签 字	日 期	45钢				板类零件加工
设 计		标准化			图样标记		质 量	比 例	
校 对		审 定						1:1	
审 核									
工 艺		日 期			共 页		第 页		

客观评分表

试题名称:零件加工与检测(图纸三)

编号	配分	评分细则描述	规定或标称值	得分
O1	15	符合宽度 76 尺寸公差	$76^{-0.03}_{-0.076}$	
O2	15	符合宽度 22 尺寸公差	$22^{+0.053}_{+0.02}$	
O3	10	符合高度 4 尺寸公差	$4^{+0.05}_{0}$	
O4	10	符合高度 3 尺寸公差	$3^{0}_{-0.05}$	
O5	8	符合位置度公差(基准 B)	⊕ ⌀0.05 B	
O6	8	符合位置度公差(基准 C)	⊕ ⌀0.05 C	
O7	8	每个测量面表面粗糙度有一处降级扣 1 分,扣完为止	$Ra3.2$	
O8	8	少加工一个 ⌀6 孔扣 2 分,扣完为止	4 * ⌀6	
O9	8	未注公差的尺寸有一处超差扣 1 分,扣完为止	GB1804－IT14	
合计配分	90	合计得分		

主观评分表

试题名称:零件加工与检测(图纸三)

编号	配分	评分细则描述	考评员评分			最终得分
			1	2	3	
S1	5	使用操作不规范每次扣 1 分;零件加工完成后机床不清扫扣 2 分				
S2	5	操作不文明每次扣 2 分				
合计配分	10	合计得分				

4．图纸四

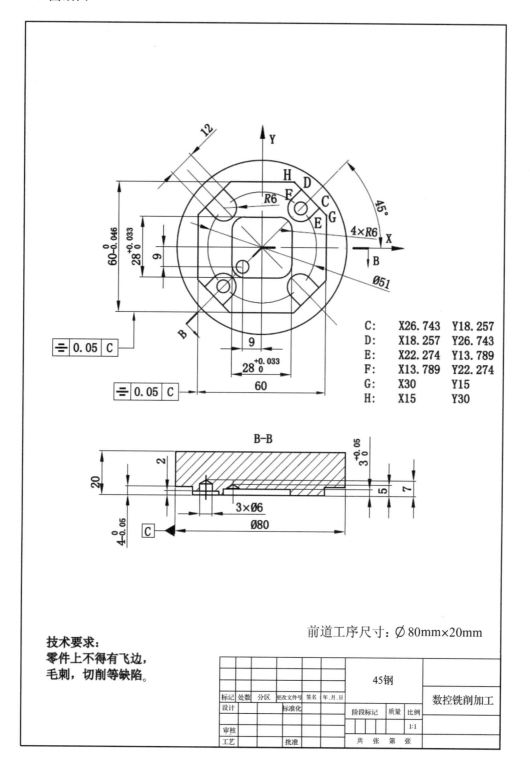

C:	X26.743	Y18.257
D:	X18.257	Y26.743
E:	X22.274	Y13.789
F:	X13.789	Y22.274
G:	X30	Y15
H:	X15	Y30

前道工序尺寸：∅80mm×20mm

技术要求：
零件上不得有飞边，
毛刺，切削等缺陷。

标记	处数	分区	更改文件号	签名	年,月,日		45钢			
设计			标准化						数控铣削加工	
						阶段标记	质量	比例		
审核								1:1		
工艺			批准			共　张　第　张				

客观评分表

试题名称:零件加工与检测(图纸四)

编号	配分	评分细则描述	规定或标称值	得分
O1	10	符合宽度 60 尺寸公差	$60^{0}_{-0.046}$	
O2	5	符合长度 28 尺寸公差	$28^{+0.033}_{0}$	
	5	符合宽度 28 尺寸公差		
O3	10	符合高度 4 尺寸公差	$4^{+0}_{-0.05}$	
O4	10	符合高度 3 尺寸公差	$3^{+0.05}_{0}$	
O5	4	符合宽度 12 尺寸公差	$12^{+0.04}_{+0.02}$	
	4	符合宽度 12 尺寸公差		
	4	符合宽度 12 尺寸公差		
	4	符合宽度 12 尺寸公差		
O6	6	符合对称度公差(基准 C)	⟅ 0.05 C	
	6	符合对称度公差(基准 D)	⟅ 0.05 D	
O7	6	每个测量面表面粗糙度有一处降级扣 1 分,扣完为止	$Ra3.2$	
O8	8	少加工一个 Ø6 孔扣 2 分,扣完为止	3 * Ø6	
O9	8	未注公差的尺寸有一处超差扣 1 分,扣完为止	GB1804-IT14	
合计配分	90	合计得分		

主观评分表

试题名称:零件加工与检测(图纸四)

编号	配分	评分细则描述	考评员评分			最终得分
			1	2	3	
S1	5	使用操作不规范每次扣 1 分;零件加工完成后机床不清扫扣 2 分				
S2	5	操作不文明每次扣 2 分				
合计配分	10	合计得分				

5. 图纸五

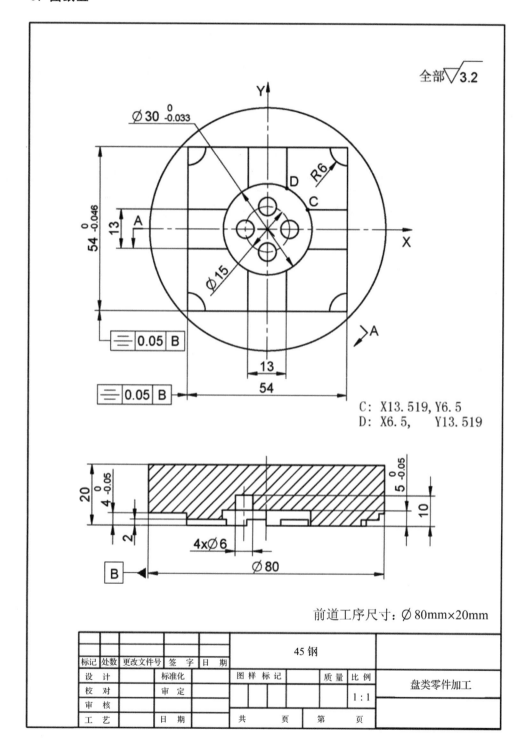

全部 √3.2

C: X13.519, Y6.5
D: X6.5,   Y13.519

前道工序尺寸: ∅80mm×20mm

标记	处数	更改文件号	签 字	日 期	45 钢			
设 计		标准化			图样标记		质量	比例
校 对		审 定						1:1
审 核								
工 艺		日 期			共 页	第 页		

盘类零件加工

客观评分表

试题名称:零件加工与检测(图纸五)

编号	配分	评分细则描述	规定或标称值	得分
O1	15	符合宽度 54 尺寸公差	$54^{0}_{-0.046}$	
O2	15	符合宽度 30 尺寸公差	$\varnothing 30^{0}_{-0.033}$	
O3	10	符合高度 4 尺寸公差	$4^{0}_{-0.05}$	
O4	10	符合高度 5 尺寸公差	$5^{0}_{-0.05}$	
O5	6	符合对称度公差(基准 B)	⊜ 0.05 B	
	6	符合对称度公差(基准 B)	⊜ 0.05 B	
O6	10	每个测量面表面粗糙度有一处降级扣 1 分,扣完为止	$Ra3.2$	
O7	10	少加工一个 $\varnothing 6$ 孔扣 2 分,扣完为止	$4 * \varnothing 6$	
O8	8	未注公差的尺寸有一处超差扣 1 分,扣完为止	GB1804-IT14	
合计配分	90	合计得分		

主观评分表

试题名称:零件加工与检测(图纸五)

编号	配分	评分细则描述	考评员评分			最终得分
			1	2	3	
S1	5	使用操作不规范每次扣 1 分;零件加工完成后机床不清扫扣 2 分				
S2	5	操作不文明每次扣 2 分				
合计配分	10	合计得分				

6. 图纸六

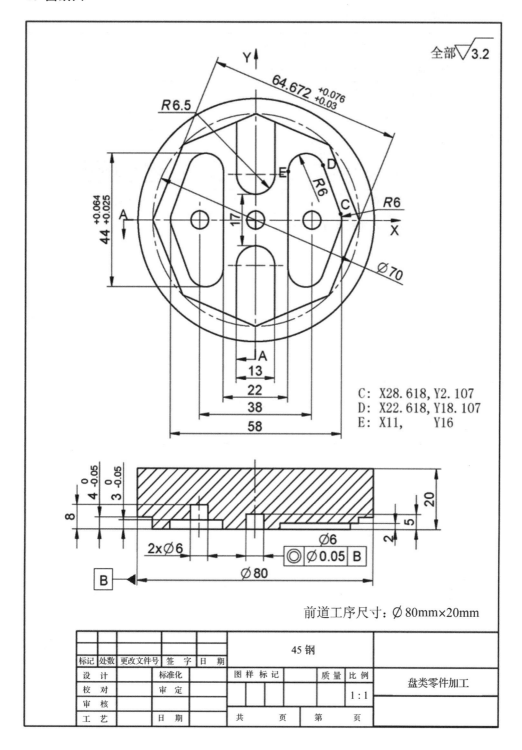

C: X28.618, Y2.107
D: X22.618, Y18.107
E: X11,   Y16

前道工序尺寸：∅80mm×20mm

					45 钢				
标记	处数	更改文件号	签 字	日 期					
设 计		标准化			图 样 标 记		质 量	比 例	盘类零件加工
校 对		审 定						1:1	
审 核									
工 艺		日 期			共 页		第 页		

客观评分表

试题名称:零件加工与检测(图纸六)

编号	配分	评分细则描述	规定或标称值	得分
O1	15	符合宽度 64.672 尺寸公差	$64.672^{+0.076}_{+0.03}$	
O2	15	符合宽度 30 尺寸公差	$44^{+0.064}_{+0.025}$	
O3	10	符合高度 3 尺寸公差	$3^{0}_{-0.05}$	
O4	10	符合高度 4 尺寸公差	$4^{0}_{-0.05}$	
O5	8	符合同轴度公差(基准 B)	◎ ⌀0.05 B	
O6	6	八边形与槽对称	是否符合	
O7	8	每个测量面表面粗糙度有一处降级扣 1 分,扣完为止	$Ra3.2$	
O8	10	少加工一个 ⌀6 孔扣 2 分,扣完为止	3 * ⌀6	
O9	8	未注公差的尺寸有一处超差扣 1 分,扣完为止	GB1804-IT14	
合计配分	90	合计得分		

主观评分表

试题名称:零件加工与检测(图纸六)

编号	配分	评分细则描述	考评员评分			最终得分
			1	2	3	
S1	5	使用操作不规范每次扣 1 分;零件加工完成后机床不清扫扣 2 分				
S2	5	操作不文明每次扣 2 分				
合计配分	10	合计得分				

参考文献

［1］人力资源和社会保障部教材办公室.数控铣工(中级)［M］.北京：中国劳动社会保障出版社,2011.

［2］刘海,孙思炯.数控铣工技能实训［M］.天津：天津大学出版社,2011.

［3］周麟彦.数控铣床加工工艺与编程操作［M］.北京：机械工业出版社,2009.

［4］朱勇.数控机床编程与加工［M］.北京：中国人事出版社,2011.

［5］郑民章.数控铣削技术(上册)［M］.上海：上海科学技术出版社,2016.